U0204482

LIU JI WULI

六极物理

严伯钧 著

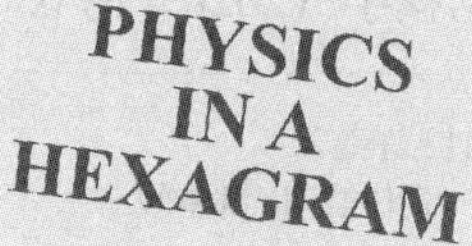

图书在版编目（CIP）数据

六极物理 / 严伯钧著．—南宁：接力出版社，2020.5
ISBN 978-7-5448-6602-6

Ⅰ.①六…　Ⅱ.①严…　Ⅲ.①物理学－普及读物　Ⅳ.①O4-49

中国版本图书馆 CIP 数据核字（2020）第 050935 号

责任编辑：马　婕　申立超　　装帧设计：许继云
责任校对：高　雅　杜伟娜　贾玲云　　责任监印：郝梦皎
社长：黄　俭　　总编辑：白　冰
出版发行：接力出版社　　社址：广西南宁市园湖南路 9 号　　邮编：530022
电话：010-65546561（发行部）　　传真：010-65545210（发行部）
http://www.jielibj.com　　E-mail:jieli@jielibook.com
经销：新华书店　　印制：唐山嘉德印刷有限公司
开本：710 毫米 ×1000 毫米　1/16　　印张：27.75　　字数：380 千字
版次：2020 年 5 月第 1 版　　印次：2022 年 11 月第 10 次印刷
印数：153 001—158 000 册
定价：68.00 元

目录

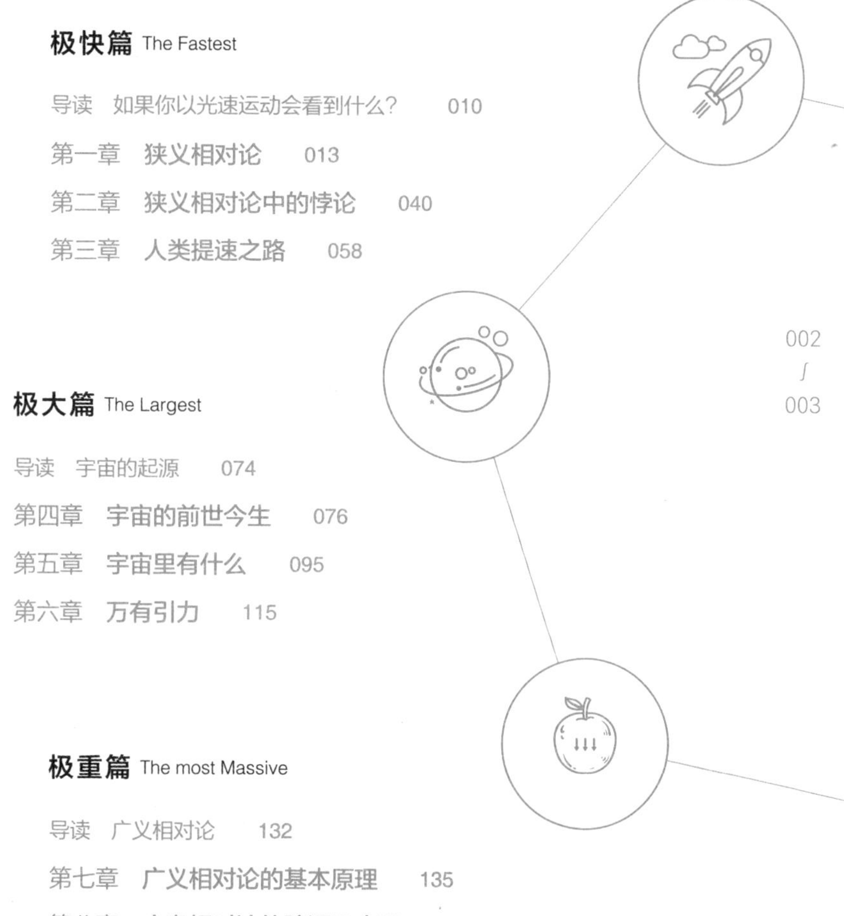

极小篇 The Tiniest

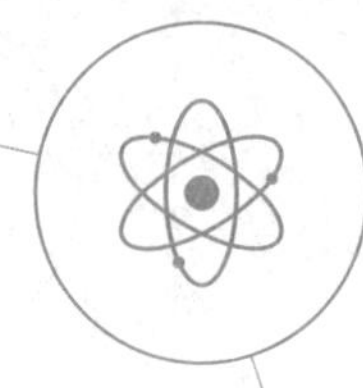

极热篇 The Hottest

极冷篇 The Coldest

/// 序言 ///

什么是“六极”？

我们在初中学物理，高中学物理，进入大学，如果读的是理工科，还要学物理。但其实不难发现，初中物理、高中物理、大学物理，甚至到研究生的物理课，所讲的知识范围大致是相似的，都要学习力学、热学、电学，当然对于物理学专业的学生来说，进入大学以后还要学习量子力学（quantum mechanics）。

从初中、高中再到大学，我们要一遍遍地学习这些学科，有一个重要原因是，数学越来越难。初中只要解一元二次方程就够了，高中就要会一些解析几何，高三开始学一些微积分（calculus），进入大学就要加上微分方程、线性代数、抽象代数，甚至群论、拓扑学（topology）。

传统物理学的讲法之所以是先讲力学，再讲热学、电学，再到量子物理，是因为伴随着物理学的发展，数学工具也要发展以与之匹配。但我一直希望做到的，是不让数学成为一个人理解深刻物理学思想的门槛。

我认为不用高深的数学，也能理解高深的物理，其实是源自我的一段经历。

在美国深造期间，我曾受邀担任一场中学生科学创新比赛的评委。在比赛中，我注意到一位美国中学生参赛者的课题，居然是与费曼（Richard Feynman）的路径积分（path integral）相关的，这让当时的我大吃一惊。因为路径积分可以说是物理学中非常专业、高级的一部分，即便是物理学专业本科生也未必会去学习。所以我当时的第一感觉是，这孩子简直不知轻重，最后弄得一知半解，不够扎实，对于以后的物理学专业学习没有什么好处。物理学习的过程还是应该按部就班，一步一个脚印。但是后来听了这位中学生的演讲，可以说颠覆了我对物理学习这件事情的认知。他通篇没有进行任何数学计算，仅仅是从逻辑推理的角度，结合了生活中的一些经验，就把路径积分的核心思想解释得明明白白。

这让我意识到，高深的物理学知识，经过拆解，其实甚至可以不用数学，就可以讲解得明明白白，因为大道，其实至简。

所以就有了这本《六极物理》。

六极物理，其实是依据人的感官，以人能感知的世界为线索，把现有的物理学重新做了一遍拆解：我们生活的环境中，所有物理参数相对我们来说，都是适中的、温和的，否则生命无法存续。我们用肉眼看不见宇宙的深处；我们的运动速度不会太快；地球的引力（gravity）不会太大；我们用肉眼也看不见微观世界，看不见分子、原子（atom），甚至细菌都看不见；地球上的气温不会太高，也不会太低，否则我们不被冻死也要被热死。因此，如果要让物理学的现象变得明显，一个方法是把环境参数调到极限，才能看到这里面的神奇表现。

于是，我把物理学分为六个“极”，分别是极快、极大、极重、极小、极热、极冷。

极快篇，我将为你讲述爱因斯坦（Albert Einstein）的狭义相对论（special relativity），也就是当我们的运动速度快到接近光速（speed of light）的时候，我们会看到什么神奇的现象。

极大篇，我将为你讲述大尺度的物理学，从地球到太阳 1.5 亿千米的距离，一直到全宇宙几百亿光年（light year）的大小。

极重篇，我将为你讲述爱因斯坦的广义相对论（general relativity），例如在电影《星际穿越》（*Interstellar*）中，男主角和女主角去黑洞边上的行星（planet）考察了 3 小时，回来以后就发现飞船上等待他们的同事居然等了 20 年，我会告诉你，这到底是为什么。

极小篇，我将带你进入原子的内部世界，看看我们这个世界到底是由什么东西组成的。

极热篇，我将把温度升高到难以想象的程度，我会告诉你，当我们能操控 1 亿摄氏度（Celsius）这种高温，也许我们就会一劳永逸地解决能源问题，以后可能就再也不用石油做能源了。

极冷篇，我会把温度降到接近绝对零度（absolute zero），物质将会出现各种各样神奇的形态。譬如超导体（superconductor），超导体如果普及民用的话，以后我们就再也用不到交流电了。

什么是科学?

在正式开始聊物理之前，我们可以先讨论一下什么是科学。

其实科学并非真理，科学只是代表可被验证，或者用波普尔的话来说，科学只是“可证伪”，它永远有被推翻的可能。正是这种可证伪性，人类对于世界的认知才能不断地提升，因为验证了什么是错的，才知道正确的方向在哪里，认知水平才能提升。科学的发展，与其说是一部人类对于世界认知的进步史，还不如说是一部人类认知的“打脸史”。科学的进展，是在不断地推翻旧成果，或者说是在不断地扩大研究边界的过程中获得的。可以说，科学骄人的成绩背后，是比成果多得多的伤痕，完全是科学家们负重前行的结果。

物理学，作为科学中最重要的一分子，顾名思义，是研究万事万物运行规律的学科。它的目标是帮助人类从物质层面，更好地认知这个世界。

物理学的研究方式

物理学的基本研究方式，可以分为三个环节，分别是:归纳、演绎、验证。归纳法，就是通过现象总结规律。譬如说，一个人见过欧洲范围内的所有天鹅都是白色的，于是他通过经验总结规律，得出一个结论——世界上的天鹅都是白天鹅，这是典型的归纳法。归纳法的特点是，只能证伪，不能证明。譬如有人在澳大利亚看到一只黑天鹅，那么世界上的天鹅都是白天鹅的结论就被证伪了。

演绎法，则是以一条基本假设为前提，进行逻辑推演。譬如，凡是人都会死，苏格拉底是人，所以苏格拉底会死。这是典型的三段论演绎法。演绎法是只能证明不能证伪的，因为只要前提是正确的，必然会导出后面的推论。就算结论是错误的，也是因为公理前提出了问题。譬如就刚才苏格拉底会死的论证，是基于凡是人都会死的公理给出的，但是人真的都会死吗？你并不能保证以后生命科学发达了，不会出现永生的人。所以对于物理学来说，还要有关键的一环，就是验证。

物理学是一门实证科学，物理学里的所有结论都要得到实验的验证，才能被认为是正确的，并且这种正确，只是在一个特定范围内的正确性。任何一项物理学成果，都不能说是放之四海而皆准的。在地球上好用，在太阳系(solar system)里不一定好用；在太阳系好用，未必在全宇宙都好用。

所以物理学的研究方法，可以概括为：归纳、演绎、验证。通常是实验给出归纳性的原理，再由理论给出演绎推导的结论，然后通过实验去验证那些通过演绎法推导出来的结论。譬如电磁波（electromagnetic wave），并非通过实验先发现，而是被理论预言的。先是因为库仑、安培、法拉第等物理学家通过实验归纳总结出了许多关于电和磁的经验性规律，再由麦克斯韦（James Clerk Maxwell）通过强大的计算能力，在理论上推导出了统合一切经典电磁现象的麦克斯韦方程组，麦克斯韦从方程组当中直接预言了电磁波的存在，并且大胆预言了光就是电磁波，而电磁波是在麦克斯韦方程组被推导出来几十年后才被一个叫赫兹（Heinrich Hertz）的物理学家用实验验证的。

在《六极物理》中，我的讲述方式便是严格参照归纳、演绎以及验证的方式进行的。

用不带数学计算的方式，把核心的理论物理学知识，做通俗易懂的讲解，是我的夙愿，所以，今天你看到了这本《六极物理》。让我们给思想插上理性的翅膀，在物理学的天空中，尽情翱翔吧！

The Fastest

极快篇

/// 导读 ///

如果你以光速运动会看到什么？

“极快篇”，是讨论当物体的运动速度快到极限，接近光速的时候，会发生哪些神奇的物理现象。“极快篇”包含的内容，主要是爱因斯坦的狭义相对论。

之所以叫**狭义相对论，是因为它研究的对象主要是做匀速直线运动（uniform linear motion）的物体**，只考虑物体运动速度大小的影响，并不讨论加速、减速的情况。除此之外，狭义相对论也不讨论存在引力的情况，引力是广义相对论的讨论范畴。

狭义相对论，是把物体的运动状态和时间、空间的性质联系起来的理论。

对大多数人来说，爱因斯坦的相对论可能是最为神奇的科学理论，但是相对论说的具体是什么，却没有多少人真的清楚，并且爱因斯坦在刚刚发表相对论的时候，据说世界上只有不到三个人能看得懂，因为它太反常识了。

在日常生活中，我们根本无法感受到相对论的神奇效果，为什么呢？因为我们的运动速度实在是太慢了。确切地说，是跟光速比起来太慢了。光的速度是每秒约 30 万千米，1 秒可以绕地球约七圈半，而**狭义相对论的效果要在运动速度接近光速的时候才会明显表**

现出来。

狭义相对论对于物理学的发展是非常重要的。当研究尺度缩小到原子，甚至是原子核（atomic nucleu）内部存在的运动速度极快的基本粒子时，就不得不考虑相对论效应了。狭义相对论是我们认识极度微观世界的必经之路。

当然，在解决现实问题的时候，比如真的要研究宇宙天体的行为，广义相对论才是适用的，而狭义相对论讨论的只是一种理想情况。

如果人随着一道光以光速运动会看到什么景象？这应该是爱因斯坦最早思考的关于相对论的问题，尽管那个时候爱因斯坦还远远没有提出相对论。

我们不如来思考一下这个问题，看看能够得到哪些启发。我们知道**光的传播是需要时间的**。现在我们通常说，宇宙当中某天体距离我们 ×× 光年（光年，一个距离单位，代表光用时一年时间所走过的距离，1 光年约等于 9.46 万亿千米）。

譬如，我们现在正在观察一个距离我们 10 光年远的天体，那我们的眼睛所接收到的来自这个天体的光，实际上是 10 年前这个天体发出的，它需要花 10 年的时间才能来到地球上被我们看见。

假如我们现在瞬间移动到距离地球 2000 光年以外，拿着望远镜看地球，我们看到的地球上发出的光，则应该是 2000 年前发出来的。也就是我们将能够看到汉朝发生的事情。你现在设想一下，站在距离地球 2000 光年远的地方，这个时候开始一边用望远镜看着地球，一边开始快速后退。我们假设你后退的速度跟光速一样，那么是不是你眼前的光似乎很难赶上你？

直觉上，即将进入你眼睛的从地球传来的光，一直无法传到你眼睛里，因为你后退的速度跟光一样快，它追不上你。那么对你来说，你看到的地球上的景象应该是定格了的景象，因为你一旦开始以光速后退，地球上新的景象就没有办法被你看到了。

那是不是对你来说，一旦你以光速运动，你的时间应该就静止了呢？再极端一些，如果你后退的速度超过光速的话，是不是能赶上更早时间发出来的光呢？也就是，届时你再看地球的话，你看到的景象应当是倒放的景象，因为你的速度比光还快，你在不断地追赶之前的光，你看到的地球上的景象应当如电影倒放一般。那是不是相应地，只要我们的运动速度超过光速，我们就能感受到时间倒流呢？先不说超光速是否可能实现，通过这个思维实验（thought experiment），我们是不是能够得到一点儿启发，那就是时间的流逝可能跟物体的运动速度有关？当然，狭义相对论会告诉我们，确实没错，一个观察者所感受到的某个被观察对象的时间流逝速度与该对象相对于观察者的运动速度息息相关。

内容安排

第一章，我们介绍狭义相对论的两条原理——狭义相对性原理（principle of special relativity）和光速不变原理（principle of constant of light velocity）。在这两条原理的基础上，所有狭义相对论的效果都是逻辑上的必然导出。

第二章，我们进入狭义相对论的深入讨论。因为狭义相对论是在理想情况下的逻辑推演，很多实际情况并不适用，所以难免会存在一些悖论。通过解决这些悖论，我们从中可以看出广义相对论诞生的必要性。

第三章，我们要着眼于现实，讨论在从低速到高速的发展过程中，人类科技会面临哪些瓶颈？其中会包含许多空气动力学（aerodynamics）的知识。因为从静止、加速到趋近光速，这里面有巨大的技术鸿沟要去跨越，我们必须脚踏实地去了解，我们提速的困难在什么地方。

第一章
Chapter 1

狭义相对论
Special Relativity

第一节

光速不变原理

…●…

时间与空间是否独立?

我们生活在四维时空（4-dimensional spacetime）中。

首先，空间有三个维度（dimension），譬如任何一个物体都有长、宽、高。长度、宽度、高度都是可以发生变化的，加上时间，时间也是可以变化的，如此便有了时空的四维。当然，更准确的描述是，我们生活在3+1维的时空中。换言之，**我们要描述在宇宙中发生的任何一个事件，都需要至少四个坐标**（coordinate）。

例如，我给别人寄快递，要写对方的地址。地址其实就是一个三维的空间坐标，我肯定要写对方具体是在哪条街，几号，这里的街和号，就代表了两个空间坐标。我还要写对方是住在哪层楼，这就有了第三个空间坐标，即便对方家是别墅，也是有楼层的，别墅入口的楼层通常是一楼。

所以不管怎么样，写任何地址，都会有等效的三个空间坐标。除此以外，快递员要把包裹亲自交到对方手上，还得跟对方确认几点在家，也就是时间坐标。所以完全定下来一个事件，需要四个坐标，三个空间坐标和一个时间坐标。

这里就出现了一个看似不是问题的问题：**时间坐标和空间坐标之间**

有关联吗？或者说，时间的流逝速度和你的空间位置，甚至是运动速度，有没有什么联系？

先别急着下定论，请先想象下面这样一个场景：我跟你两个人各佩戴一块手表，我们俩先把手表校准，然后你就坐着宇宙飞船，去太空游玩了一圈。我们假设两块手表都是非常精准的，那么请问：你去太空转了一圈回来之后，我们两人的手表指示的时间还会是一模一样的吗？

这个问题看似根本不是个问题，因为根据生活经验，既然两个人的表都很准，那不管是谁坐宇宙飞船出去转了一圈，表上的时间应该都是一样的。

这个答案其实就对应了牛顿（Isaac Newton）的**绝对时空观**（absolute space and time）。什么是绝对时空观呢？就是牛顿，甚至爱因斯坦之前的所有学者都认为，**时间的流逝是绝对的，它是独立运行的，跟空间没什么关系，全宇宙都可以使用同一个钟来计时。**

当然，对于牛顿来说，这个结论其实是经验性（empirical）的，他并没有什么实在的证据。只是因为在我们日常生活中，哪怕你是个飞行员，天天开飞机，你的手表跟地面上的人的也不会有什么不一样。

但就是这样一个看似不是问题的问题，引起了爱因斯坦的注意。相对论的一个核心就是：**空间和时间不是割裂的，它们并非相互独立，而是有非常紧密的内在联系。**

相对速度（relative velocity）

我们不妨再来想象第二个场景：现在的机场，都有水平传送带，可以让旅客走得快一些。假如有一个传送带，以 10 米 / 秒的速度运动。这个时候，爱因斯坦站在传送带上，以相对于传送带 1 米 / 秒的速度，顺着传送带的方向向前走。而传送带外的地面上站着普朗克。

问题是：传送带上的爱因斯坦，相对于地面上站着不动的普朗克的

图1–1　普朗克和爱因斯坦相对速度

运动速度是多少？

根据生活经验，这个问题不难回答。很明显应该就是传送带相对于地面的速度加上爱因斯坦相对于传送带的速度，也就是 10+1=11，单位是米 / 秒，这与我们的生活经验完全符合。而且即使你真的去做这个实验测量一下，得到的也一定是这个答案，没有任何疑义。

像这样的操作叫作**伽利略变换**（Galilean transformation）：爱因斯坦相对于普朗克的速度 = 爱因斯坦相对于传送带的速度 + 传送带相对于普朗克的速度。

下面我们把场景稍微变一下：爱因斯坦就站在传送带上一动不动，手里拿着一个手电筒，他打开手电筒的开关，一束光向前射出。我们知道光速大约是每秒 30 万千米。

这个时候我再问：对于普朗克来说，它看到的手电筒射出的光的速度是多少呢？

根据之前的经验，这个问题同样可以用伽利略变换来回答：对于普朗克来说，他看到手电筒发出的光的速度，应该是每秒约 30 万千米，加上传送带的速度 10 米 / 秒，也就是普朗克看到的光的速度应该大于爱因斯坦看到的光的速度。

图1-2　光对普朗克的相对速度

先扣扳机还是子弹先飞出？

让我们姑且假设伽利略变换是正确的，来看看第三个问题——先扣扳机还是子弹先飞出？这个问题也可以说是一个思维实验。

现在想象普朗克拿着一把手枪，对着爱因斯坦开了一枪。我们假设爱因斯坦反应极快，他能看到子弹从枪膛里射出。下面考虑一下整个开枪射击的过程，这里面的因果关系（causality）一定是普朗克先扣扳机，然后子弹才从枪膛里射出。

也就是，爱因斯坦能看到两个事件的发生：第一个事件是普朗克用手扣动扳机，第二个事件是子弹从枪膛里飞出。爱因斯坦之所以能看见这两个事件，是因为普朗克扣动扳机的手上面的光射入了爱因斯坦的眼睛，并且子弹飞出的时候，子弹上面的光也射入了爱因斯坦的眼睛。

这里矛盾就开始显现了。先来想想上面第二个场景得到的结论，伽利略变换：扣动扳机的手上发出来的光，相对于爱因斯坦的速度，应该是手上的光相对于手的速度，加上手扣动扳机的速度；子弹飞出来时，子弹上的光相对于爱因斯坦的速度，应该是子弹上的光相对于子弹的速度，加上子弹相对于爱因斯坦的速度。

很显然，子弹射出枪膛的速度，要比手扣动扳机的速度快得多。子弹的速度能达到900米/秒，世界上出拳最快的拳击手，出拳的速度也只有每秒几十米。这样对于爱因斯坦来说，子弹上射出的光的速度，要比扣动扳机的手射出的光的速度快。

这里就出现了一个巨大的矛盾，因为子弹射出的光更快，它会比扣动扳机那只手的光先一步到达爱因斯坦的眼睛里。爱因斯坦会先看到子弹从枪膛里射出，普朗克才扣动了扳机。这样对于爱因斯坦来说，**整个事件的因果关系就颠倒了**。

那问题出在什么地方呢？回想一下，之所以我们会得出这么一个荒谬的结论，**是因为运用了伽利略变换**。伽利略变换对于除了光以外的东西，似乎是很好用的。但是一旦在光速上做文章，就立刻破溃了。所以我们可以得出一个结论：至少在光速是多少的问题上，伽利略变换并不正确。

此处，我们就引出了相对论最核心的一条原理——光速不变原理。

光速不变原理说的是什么呢？简单理解就是，**对于任何一个观察者，无论观察者处在什么运动状态，不论他的速度是多少，他探测到的光速永远都是一个恒定的值**。

有了光速不变原理，我们再来看上面两个问题：传送带上的爱因斯坦打开手电筒，对于爱因斯坦来说，光速是每秒约 30 万千米，而普朗克看到手电筒发出的光，也是每秒约 30 万千米；扣动扳机的手发出的光相对于爱因斯坦是每秒约 30 万千米，子弹上射出的光相对于爱因斯坦来说，也是每秒约 30 万千米。这样的话，就不会出现子弹上的光比手上的光快的情况，也就不存在先看到子弹飞出，手再扣动扳机的情况了，因果关系也就不会颠倒了。

光速不变原理可以说是狭义相对论最核心的一条原理。但是除了光速不变原理之外，其实狭义相对论还有另外一条最核心的原理——狭义相对性原理。

狭义相对性原理比光速不变原理还要基础，我们甚至可以说光速不变原理是建立在狭义相对性原理基础之上的。或者说，有了狭义相对性原理，光速不变原理便是必然的。

狭义相对性原理说的事情其实非常简单：**在不同的惯性参考系（inertial frame of reference）当中，所有物理定律都是一样的**。

这句话看起来很简单，但是细细琢磨起来，内容却很丰富。让我们来考虑一个场景：假设有两艘宇宙飞船，它们在宇宙中航行，它们都处在匀速直线运动状态，并且它们之间有相对速度，这个时候远处射来一束光，两艘飞船都尝试去测量这束光的速度。我们尝试论证这两艘飞船测出来的光速是一样的。

这两艘飞船都处在匀速直线运动状态，换句话说，它们都没有加速度（acceleration）。并且这两艘飞船，其实无法判断自己是不是在运动，因为不存在绝对的运动，也不存在绝对的静止，运动和静止都是相对的，两艘飞船能做出的判断只能是相对于对方来说，自己是运动的，或者它们可以说对方相对于自己是运动的。也就是这两艘飞船所处的参考系，完全是等价的。

既然是等价的，那根据狭义相对性原理，它们就应当拥有一样的物理定律。譬如说关于电磁学的物理定律，描述这个物理定律的方程是麦克斯韦方程组。两艘飞船各自的参考系当中的麦克斯韦方程组必须拥有一样的形式，否则就不满足狭义相对性原理。然而我们通过简单的计算就会发现，如果光速可变的话，不同参考系里的麦克斯韦方程组会有不同的形式，因此为了保证狭义相对性原理的成立，不同惯性参考系当中的光速必然是不变的，于是光速不变原理在麦克斯韦方程组的形式这个问题上，通过狭义相对性原理被推导出来了。

我们可以做一个类比，譬如说两架飞机在空气中做匀速直线运动，它们有相对速度。这个时候从远处传来一道声波（acoustic wave），两架飞机里的观察者尝试去测这道声波的波速，他们会获得不同的波速，这是因为声波的波速相对于空气介质是恒定的，但是两架飞机相对于空气介质的速度是不同的，因此它们可以测到不同的波速，但类似的情况放在时空本身是不成立的。因为光的传播不需要介质（medium），它可以直接在时空中传播，我们甚至可以粗略地认为，时空本身就是光传播的介质。

如果一艘飞船只是在太空中航行，在它周围什么东西都没有，它看不见任何天体，也看不见任何其他参照物，它甚至不能说自己的运动速度是多少，因为空间当中每一个位置都是一样的。任何一个参考系里的观察者都无法描述自己相对于时空本身的速度是多少，速度这个概念在观察者与时空本身这二者之间是破溃的。既然不存在观察者与时空这个介质之间的速度这样一个概念，但是他们又确实能够测量出光速，那就只存在一种合理的情况，就是不同观察者，只要他们的参考系都是惯性参考系，不存在加速度，则他们测量出的光速应当是一样的，否则就会使得不同的参考系相互之间不等价了，不等价的参考系当中未必有相同的物理定律，这就与狭义相对性原理冲突，因此，从这个角度来看，光速不变原理确实是狭义相对性原理的显性呈现。

第二节

“以太”并不存在

狭义相对论的根基——光速不变原理，说的是对于任何一个观察者，不管他的运动速度是多少，他去测量光速永远都会得到一个不变的值。既然说到了测量，那科学家究竟是如何验证光速真的是不变的呢？

这就要说到19世纪末的著名实验——迈克耳孙－莫雷实验（Michelson-Morley experiment）。理解这个实验，需要建立三个阶段的认知。

波动如何传播？

第一阶段，我们要理解：**机械波的传播是需要介质的**。

光，其实就是电磁波。跟我们日常生活中接触到的声波、水波一样，电磁波也是一种波动，它是电磁场（electromagnetic field）的波动。

水波和声波很好理解，比如你往水里扔一块石头，这块石头让水泛起涟漪，涟漪会以石头为中心扩散出去；我们之所以能听到声音，是因为空气的波动传到了人的耳朵里，刺激了听觉神经。水波和声波分别是水和空气在做上下前后起伏的振动，而电磁波也是电场和磁场的强度（field strength）随着时间的推移以及空间位置的变化而发生变化。

这里就出现了一个问题：机械波的传播是需要介质的。声音在空气里传播,空气就是声音传播的介质。我们上中学的时候都做过一个实验：把一个正在响的闹钟放在玻璃罩子里，如果你把玻璃罩子里的空气不断抽出，就会发现闹钟的声音越来越小，等空气都抽完了，你也听不到闹钟的声音了。这就是因为作为传播介质的空气不存在了，声音也就无法传播了。

但电磁波的传播似乎不需要介质，宇宙飞船跟地球通信，用的就是电磁波。在太空中，没有水也没有空气，电磁波是怎么传播的呢？

于是早年的科学家们就提出了一种假想的介质，叫作以太（ether）。以太这种东西看不见摸不着，弥漫在整个宇宙空间当中。光，也就是电磁波就是通过以太这种介质进行传播的。迈克耳孙－莫雷实验最初的目的就是去寻找以太这种物质。

波的干涉现象

这就来到了第二阶段的认知，我们要理解一个物理现象：只要是波，不管是声波还是光波，甚至我们在之后的内容中会介绍的物质波，它们都存在一个现象，叫作波的干涉（interference）。

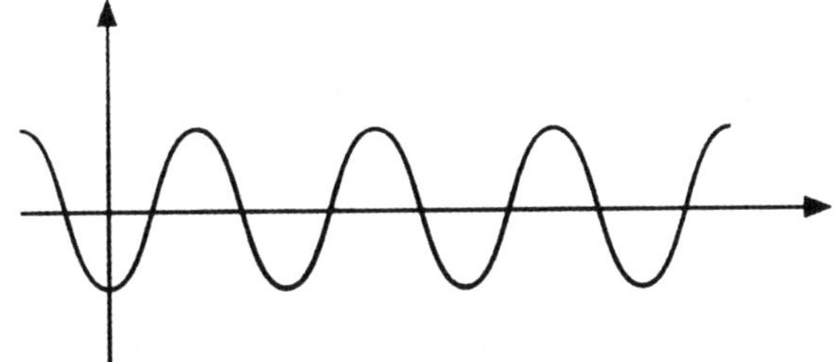

图1–3　余弦波

一束波，准确说，一束横波，它的样子大概是一条上下振动的曲线，中学里学过的有正弦波（sine wave）和余弦波（cosine wave）。波有波峰和波谷。

现在想象一下，如果你在冲浪，当一排海浪冲刷过来的时候，你就会随着海浪上下运动起来。当波峰经过你的时候，你处在最高点；波谷经过你的时候，你处在最低点。

再考虑如果有两排振动情况相同的海浪同时向你冲过来，两排浪都经过你的时候你会怎么振动？其实就是把两排浪的运动直接相加：如果两排浪都让你往上运动，你的运动幅度就比一排浪的时候更大；如果一排浪让你往上，另外一排浪让你往下，你就会折中一下，甚至干脆不动了，这就是波的叠加原理（superposition principle）。

只要是波，都满足叠加原理。如果换成是光波，假设有两束光波的波峰同时经过，那振动幅度更大，能量更强，就会显得更明亮。如果是一个波峰和一个波谷经过，它们的振动相互抵消，振幅小，能量弱，就会变暗。

所以当两束光打到同一片区域发生干涉现象时，有的位置是波峰碰波峰，或者波谷碰波谷，有的位置是波峰碰波谷，**波峰波谷相遇区域内就会形成明暗相间的条纹**。

迈克耳孙－莫雷实验的原理

第三阶段，我们来了解迈克耳孙－莫雷实验的原理，它就是基于波的干涉现象发明出来的。

迈克耳孙（Albert Abraham Michelson）和莫雷（Edward Morley）是两位物理学家的名字，他们因为这个实验获得了 1907 年的诺贝尔物理学奖。这个实验是为了验证以太是否存在。

首先要明确一点，**波相对于它的介质的速度是恒定的。**

我们说声速（speed of sound）约是 340 米 / 秒，其实指的是声音相对于空气的速度。空气静止的时候，声速对于人来说也约是 340 米 / 秒，但如果声音是伴随着一阵风迎面吹来的，这个时候声音相对于你的速度就不是大约 340 米 / 秒了。

以太被假设为光的传播介质，**所以光相对于以太的速度是恒定的，**大约每秒 30 万千米。

当时的科学家们假设以太弥漫在全宇宙空间中，相对于太阳是静止的。地球绕太阳公转的速度大约是 30 千米 / 秒，所以地球是在以太中穿行的。人站在地球上，实际上是时时刻刻都有一阵“以太风”以 30 千米 / 秒的速度吹来，因为以太相对于太阳静止，而地球又相对于太阳公转，所以地球相对于以太是运动的。

迈克耳孙和莫雷做了一台仪器，名叫迈克耳孙干涉仪（Michelson interferometer）。首先左边是一个光源，它会发出一束光，打到中间的分光镜上；分光镜会把这束光分为两束，一束继续向右，一束垂直于原方向向上射出；然后在右边和上边各放一面镜子，镜子会让两束光回弹；这两束光在中间汇聚以后，再被一个装置汇聚到下方。这里要明确的是，两面反射镜跟中间分光镜的距离，须调节至完全相等。

那么根据波的干涉原理，这两束光汇聚以后打到同一个地方，就会发生前面所说的干涉现象，产生一组明暗相间的条纹。

具体干涉的形态跟什么有关呢？跟两束光传递到干涉仪下面观察处

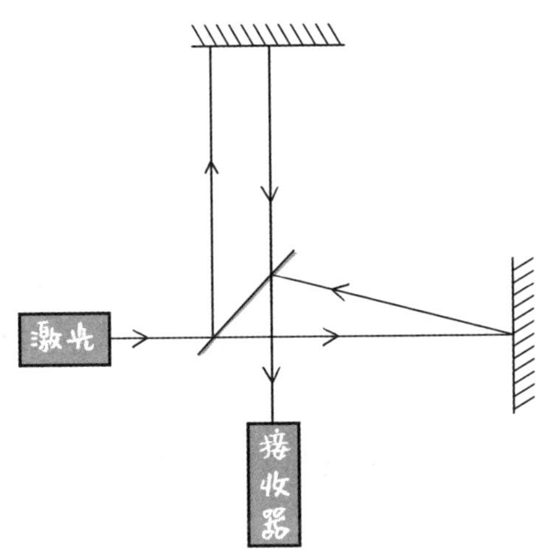

图1-4　迈克耳孙干涉仪原理图

的时间差有关。不妨想象一下，我们假设有两束波，它们的波长完全相同，传递的速度也完全相同，那么两束波的运动周期也是一样的。

我们不妨假设波的周期（period）是 2 秒，也就是一个完整的波需要两秒钟才能传递完，如果两束波到达的时间差是两秒钟的整数倍，那么这两束波的步调就是完全一致的，波峰和波谷一定是同时到达的。但是如果两束波到达的时间差是 1 秒，或者说是奇数秒，3 秒，5 秒，7 秒，那么就会出现波峰遇到波谷的情况。

现在我们来调节一下整台实验仪器的方位，让向右传播光的方向，刚好是逆着以太风运行的。那么相应地，向上传播的光的方向，就垂直于以太风。

这种情况下，如果以太存在，两束波到达下方汇聚的时候，一定会存在一个时间差。道理很简单，因为向右边传播的光到达右边的镜子再弹回来，去的时候是逆风，回来的时候是顺风。所以对于这个放在地球上不动的干涉仪来说，光去的时候和回来的时候速度是不一样的。并且光一来一回走过的路程，也就是右边镜子到中间分光镜的距离，是可以量出来的，这样就可以计算出这一来一回的时间。

同理，向上射出的光虽然既不逆风也不顺风，但它一来一回的时间也能计算出来。最后我们会发现这两个时间是不一样的，所以这两束光汇聚后会形成特定的干涉条纹。

这个时候如果转动这台干涉仪，比如让它转过 45° 。那么在转动的过程中，两束光相对于以太风的运动方式一直在改变，所以它们相对于实验仪器的速度也一直在变。可以想象，两束光的时间差在转动过程中也一直在改变，最后就会影响到干涉条纹。也就是如果以太风存在的话，干涉条纹的形状会发生变化。

然而这个实验的结果令人大失所望：**不管你怎么转动实验仪器，干涉条纹都不发生一丁点的变化**，实验结果跟以太的基本假设完全不一致。

所以，迈克耳孙－莫雷实验的结果向我们证明了两件事：

（1）以太并不存在，光可以在真空中传播，不需要任何介质；

（2）光速跟测量者的运动状态没有关系，它在任何情况下都是不变的。很显然，地球的公转完全没有影响到我们测量的光速大小。

并且，科学家充分发挥了严谨的实证精神，在地球上的各种地方都做过这个实验。甚至到了 21 世纪还有人去做这个实验，实验设备达到了 $1/10^{16}$ 的精度，仍然没有得到任何与最初的实验不同的结果。

这就印证了我们在序言里介绍的物理学研究的方法论：先归纳，基于波相对于介质速度不变这一点，假设光相对于以太的速度也不变；再演绎，推导出如果以太存在，会有干涉条纹的变化发生；最后验证，验证的结果跟演绎不符，就说明一开始的归纳错了，以太并不存在。

到这里，我们就通过实验验证了光速不变原理。如果你要继续问，为什么光速是不变的？这个问题就无法回答了，因此它是基本原理，最多可以说是因为狭义相对性原理，则光速必须不变。原理通过归纳法得来，是逻辑推理的源头，它不能用演绎法证明出来，也就不能问为什么，只能说世界的规律本来如此，只能通过实验去验证，它只存在被证伪的可能，但无法通过逻辑演绎进行证明。我们只能把光速不变原理当成推理的原点，承认它的正确性，再由此出发，看看这个原理能推导出什么结论。

第三节

钟慢效应（time dilation）

在中国古代的神话体系中，有“天上方一日，地上已千年”的说法，天上一天等于人间一千年。其实，如果考虑相对论效应的话，这完全是可能的，只要天上的神仙们运动得足够快就可以了。

运动速度越快，时间流逝的速度就越慢，这种现象叫作钟慢效应，是狭义相对论的必然导出。

速度越快，时间越慢

假设有一列火车正在行驶，爱因斯坦站在火车里一动不动。车的地板上有一盏灯，爱因斯坦可以控制手里的开关，让地板上的灯向上打出一束光。然后火车顶上有一面反光镜，刚好可以把光反射下来，被一个紧挨着灯的接收器接收。爱因斯坦手上还有一个计时器，当光射出的时候，他会按动计时器，然后等光反射回来被接收器收到的时候，爱因斯坦会再按一次计时器。这样的话，计时器显示的时间，就是光从射出再被反弹回来，最后被接收器收到的时间。当然，这里我们假设爱因斯坦的反应奇快，他掐表没有任何时间差。

与此同时，火车向前运行。而地面上还有一个观察者普朗克，普朗克站在地面上不动，他也要测量光从火车的地板上射出到被反射回地板，再被接收器收到所用的时间。

图1-5 普朗克和爱因斯坦的火车游戏

我们的目的是去比较一下，同一件事情，也就是光从射出到被接收，在两个不同的观察者看来，所用的时间是不是一样的。

牛顿会告诉你，这两个时间肯定是一样的。但是现在有了光速不变原理，**这两个时间真的是一样吗？**

首先，对于爱因斯坦来说问题很简单，他测量到的时间，就等于车厢的高度乘以 2 再除以光速。因为一来一回，光走过的距离是车厢高度的两倍。

其次，看看地面上的普朗克。由于在光传播的过程中，火车已经在往前走了，所以对于地面上的普朗克来说，车顶的反光镜，已经前进了一段距离，所以普朗克看到的光走过的距离，是直角三角形的斜边的两倍。很显然，直角三角形的斜边是大于直角边的，也就是大于车厢的高度。

虽然普朗克看到的光从发出到被接收的整个过程，跟火车上的爱因斯坦看到的是一样的，对应于同一个事件的开始和结束。但是很明显，对于普朗克来说，它看到的光走过的路程要比爱因斯坦看到的长。

而根据光速不变原理，普朗克看到的光的速度跟爱因斯坦看到的是一样的，都是每秒约 30 万千米。时间等于路程除以速度，对于光从发出到被接收这件事，普朗克观察到的时间就比爱因斯坦观察到的时间要

图1-6　钟慢效应模拟

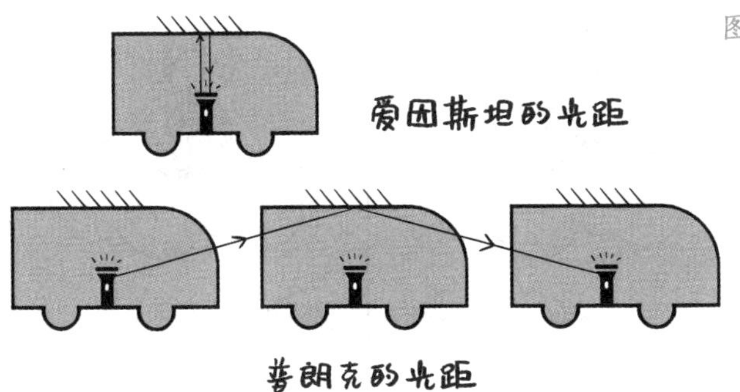

长。如果普朗克可以看到爱因斯坦的手表，他就会发现爱因斯坦的手表比自己的手表走字慢，这就是钟慢效应。也可以换一种说法：对于地面上的人来说，火车上的人的时间膨胀了（dilated）。可能火车上的人的1秒，就等于地面上的人的2秒，1秒当2秒用，所以膨胀了。

所以“天上方一日，地上已千年”是完全有可能的，只要天上的神仙运动的速度非常快，理论上确实可以达到这个效果。那天上的神仙要运动多快呢？根据计算，他们的运动速度必须达到光速的99.9999999996247%，才能有这个效果。

自己不觉得慢，别人看你慢

初步了解了钟慢效应后，我们来看看如何具体理解钟慢效应。有一个关键点要牢记，钟慢效应是指当你处于高速运动的过程中，**别人看你的钟走得慢了，而不是你自己看自己的钟也走得慢**。

比如你吃一顿饭大概要半个小时。这个时候你坐上一艘宇宙飞船，就算宇宙飞船运动的速度非常快，以接近光速在运动，你在这艘宇宙飞船上吃一顿饭，对你自己来说，大概还是需要半个小时。不管你以什么样的速度运动，都不影响你自身对于时间流逝的感受。

只不过这个时候，如果地面上有人在观察你吃饭，对于他来说，你

图1-7　天上一日，地上千年

吃饭的过程就像电影里的慢镜头，你的动作变得非常缓慢。最终效果是，等你坐着宇宙飞船吃完一顿饭回来，你地球上的亲戚朋友可能已经老了10岁了。

钟慢效应，指的是不同的参考系，在有相对运动的时候，它们对于同一件事情时间流逝的快慢，感受是不一样的。而自己对于自己参考系里面发生的事件，时间快慢不会有任何变化，这才是对钟慢效应的正确理解。

钟慢效应的证据

钟慢效应听上去非常神奇，但是要明显看到时间变慢的效果，需要运动速度非常接近光速。很显然，在现实世界中，宏观物体根本没有办法加速到如此快的速度。但是在微观世界，钟慢效应已经得到了证明。在粒子物理（particle physics）领域，科学家们对宇宙射线（cosmic rays）的研究，已经充分地证明了钟慢效应的存在。

宇宙射线中有各种各样的粒子，这些射线在射向地球的过程中，是以接近光速的速度运动的。射线中的粒子在进入大气层以后大多会经历衰变（decay），衰变成其他粒子。根据计算，很多粒子的衰变周期，或者说它的寿命，是非常短的。如果我们用它的寿命乘以它的运动速度，就能算出这种粒子在衰变前能够走过的距离。结果发现，这个距离远远小于大气层的厚度，也就是说，如果这些粒子的寿命真的这么短的话，它们是无法到达地面，被人类的实验仪器探测到的。

但事实并非如此，我们通过实验手段，探测到了很多宇宙射线中的粒子，这个事实本身就可以用来验证钟慢效应。因为对于地球上的观察者来说，宇宙射线中的粒子运动的速度非常快，所以它的时间是会膨胀的。可能原来一个粒子的寿命只有几纳秒（nanosecond，10^{-9}秒），但只要它的速度够快，它的寿命在地球上的人和实验仪器看来，可能有几十纳秒、几百纳秒。这样的话，这些粒子就有充足的时间可以到达地球表面，钟慢效应就得到了验证。

运动起来的物体，它的时间流逝相对于其他观察者会变慢，这是相对论效应的展现。它的道理十分简单，完全是通过光速不变原理推导出来的。理论上，飞机上的飞行员和空乘人员整天在空中飞，他们的时间流速就要比地面上的人慢一些，也就是他们要比地面上的人年轻一些。只不过这种时间膨胀的效应微乎其微，可以完全忽略。

根据计算，我们假设一位空乘人员工作20年，一天工作8小时，等他的整个飞行生涯完成后，算下来他会比地面上的人年轻大约0.00006秒。所以尽管相对论如此反常识，但是我们平时的运动速度都太慢了，相对论的效果在日常生活中小到可以完全忽略。

第四节

尺缩效应（length contraction）

…•…

这一节我们继续介绍相对论带来的另外两个神奇效果。

第一个叫作尺缩效应，顾名思义，就是一把相对地面在运动着的尺子，长度会在尺子运动的方向上缩短。这里的缩短，要再强调一下，**是地面上，相对于地面静止的观察者测量到的尺子长度会变短。**但是如果尺子上有另一个观察者的话，**他测量到的尺子长度还是原来的长度**，因为相对于尺子上的观察者来说，尺子并没有运动。

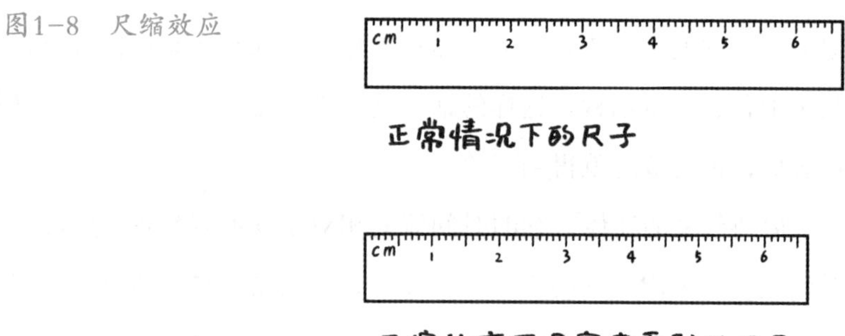

图1-8 尺缩效应

而且相对于地面上的静止观察者来说，尺子只是在它运动的方向上缩短了，垂直于运动方向的长度不会改变。如果一个正方形在沿着它的一条边的方向运动，它就会变成一个长方形。如果正方形是沿着它的一条对角线运动的话，它就会变成一个菱形。

如何定义长度

仍然用一个思维实验来解决这个问题。既然是要测量尺子的长度，那就要先定义一下，尺子的长度在不同的参考系中是怎么量出来的。

图1-9　爱因斯坦和普朗克的尺子游戏

假设这个时候爱因斯坦站在地面上不动，他可以这样测量尺子的长度：当尺子的头部经过爱因斯坦的时候，他记录下一个时间，与此同时，在尺子的头部做一个记号；当尺子的尾部经过他的时候，他也记录下一个时间，并在尺子的尾部也做一个记号。这样的话，对于爱因斯坦来说，他量出来的尺子的长度，其实就是他记录下来的两个时间差，乘以尺子的运动速度。

再来看看站在尺子上的普朗克，他要如何去测量尺子的长度？刚才说了，地面上的爱因斯坦在尺子的头部和尾部都做了记号，那么对于尺子上的普朗克来说，他只要也记录下爱因斯坦做这两个记号的时间差，再乘以爱因斯坦相对于他的速度，其实也就是这把尺子的速度，就可以了。最后再去比较这两个时间差之间的关系，就可以得出尺子的长短到底变化了多少。

尺缩效应的推导

根据上一节我们讲钟慢效应的过程，直觉上能感觉到，这个时间差在普朗克和爱因斯坦看来,肯定是不一样的。类比上一节钟慢效应的结论,对于爱因斯坦来说,他给尺子的头部和尾部做记号这两件事,是在同一个地方发生的,因为他自己的位置没有变。但是对于尺子上的普朗克来说,爱因斯坦在头部和尾部做记号这两件事,不是在同一个地方发生的。

这是不是很像上一节做的钟慢效应的思维实验?在钟慢效应里,光从地板上射出再回到探测器这两件事,对于爱因斯坦来说是在同一个地方发生的。但是由于火车在移动,对于普朗克来说,这两件事不是在同一个地方发生的。所以前后发生的两件事,如果对于一个观察者来说是在同一个地方发生的,他测量出来的时间,一定比另一个看这两件事不在同一个地方发生的观察者测量出来的时间要短。

同理,对于刚才测量尺子长度的实验,爱因斯坦所用的时间肯定也没有尺子上普朗克用的时间长。因为给尺子头部和尾部做记号这两件事,对于爱因斯坦来说是在一个地方发生的,而对于普朗克来说不是。

有了爱因斯坦做记号的时间差比普朗克看到记号的时间差要短这个结论,我们就知道:爱因斯坦测量到的尺子的长度,一定比普朗克测量出来的更短。因为爱因斯坦的时间差更短,而尺子的长度被定义为尺子运动的速度乘以两个记号的时间差。这就是尺缩效应,对于一个观察者来说,任何一个运动的物体,在它运动方向上的长度会缩短。

当然,如果纯粹从狭义相对论的理论性推导来说,应当用洛伦兹变换(Lorentz transformation)对尺缩效应进行推导,还必须要强调,尺子长度的定义,必须是同时性地获得尺子两端在两个不同参考系当中的坐标,坐标之间的距离才能被定义为尺子的长度。所以严格来说,我们上面的定性推导方法并非完全正确,不过其结论与通过洛伦兹变换进行的理论性数学推导的结论是一致的。

上一节我们讲到,地球上能够接收到很多宇宙射线中的寿命很短的粒子。根据钟慢效应,因为粒子运动速度快,所以对于地球上的观察者来说,粒子的寿命变长,足够支撑它们穿越大气层来到地球表面。

我们现在变换到粒子的参考系，看看这件事情该怎么解释。

假设你现在是宇宙射线中一个寿命很短的粒子，你在自己的参考系里，看自己的寿命还是很短，但是你又能穿越大气层到达地球表面，恰恰是因为尺缩效应。由于你的速度相对于地球很快，大气层到地球表面的这段距离，对于你来说大大缩短了，你在衰变之前还是可以到达地球表面的。

再看相对速度

再来看关于狭义相对论的一个神奇效果，就是我们在前文中提到的有关相对速度的例子。再来回顾一下，爱因斯坦在机场传送带上走路，传送带的速度是 10 米 / 秒，爱因斯坦相对于传送带的速度是 1 米 / 秒；普朗克站在传送带外的地面上，问普朗克看爱因斯坦的速度是多少？伽利略变换给出的答案很简单，就是两个速度相加，10+1=11，单位是米 / 秒。但是我们现在已经学习了钟慢效应和尺缩效应了，这个答案就不那么显而易见了。

如果爱因斯坦在传送带上走了 1 秒的时间，他就走了 1 米的距离。然而由于尺缩效应和钟慢效应，这个 1 米在普朗克看来是不到 1 米的，这 1 秒在普朗克看来也不止 1 秒。速度等于距离除以时间，现在分子比 1 米小，分母比 1 秒大，所以可以很快得出结论：普朗克看爱因斯坦相对于传送带的速度肯定不到 1 米 / 秒，普朗克看爱因斯坦的总速度肯定也不到 11 米 / 秒。

还有更神奇的，回顾一下爱因斯坦打开手电筒的思维实验。手电筒的光相对于爱因斯坦的速度是光速，如果按照伽利略变换，普朗克会发现他测量到的光速要比爱因斯坦测量到的光速大。但是如果按照相对论的速度叠加的方法去计算的话，会发现普朗克测量到的光速，和传送带上爱因斯坦测量到的光速是完全一样的，这就刚好符合光速不变的基本假设，狭义相对论也就完美地自圆其说了。

第五节

为何光速无法超越

…●…

全世界最广为人知的物理学方程——质能方程（mass-energy equivalence），$E=mc^2$，也就是能量等于质量乘以光速的平方。这个方程到底在说什么？它又是怎么来的？光速为什么无法超越？

在理解质能方程之前，要先介绍一下相对论中另外一个特殊的效果，那就是一个运动的物体相对于地面上的观察者来说，它的质量会变大。这一相对论效应的证明过程比较复杂，但我们还是可以尝试理解一下。

动量守恒（conservation of momentum）

首先我们要介绍物理学当中的一个重要概念——动量（momentum）。什么是动量呢？简单来说，**一个物体的质量乘以它的速度，就是这个物体的动量**。可以粗略地认为，一个物体动量的大小，正比于要让这个运动的物体停下来的难易程度。很显然，一个物体的速度越快，就越难让它停下来，比如超速的汽车不容易刹车。而在速度一样的情况下，质量越大，也越难停下来，一辆时速 100 千米的大货车肯定要比一辆时速 100 千米的小轿车更不容易停下来。所以动量的公式写出来就是质量乘以速度，它表征了一个物体运动的“量”的多少。

关于动量有一条铁律，叫作动量守恒定律。说的是一个物理系统，在没有外力的作用下，不管这个系统内部发生怎样的相互作用，不论是碰撞、摩擦、融合，整个系统的动量从头到尾不会发生任何变化。

比如一个小球，质量是 m，运动的速度是 v，它撞向一个质量是 M 的大球，大球的速度是 V。

第一种情况，两个球是很光滑的，撞完之后，又各自分开，获得了两个不同的速度，小球的速度从 v 变成了 v_1，大球速度从 V 变成了 V_1。那么动量守恒告诉我们，不管 v_1 和 V_1 具体是多少，碰撞之后的总动量，mv_1+MV_1 一定等于碰撞前的总动量 mv+MV。

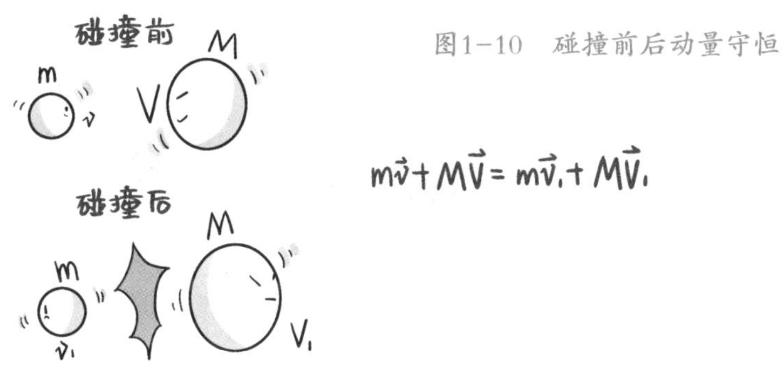

图1-10 碰撞前后动量守恒

同样，假设两个球之间粘了一个口香糖，碰撞之后它们不再分开，获得了一个共同的速度 V_2，那么碰撞之后的总动量 mV_2+MV_2，也一定等于 mv+MV。因为如果把这两个球当成一个整体，这个整体在碰撞前后是不受外力作用的，动量一定守恒。

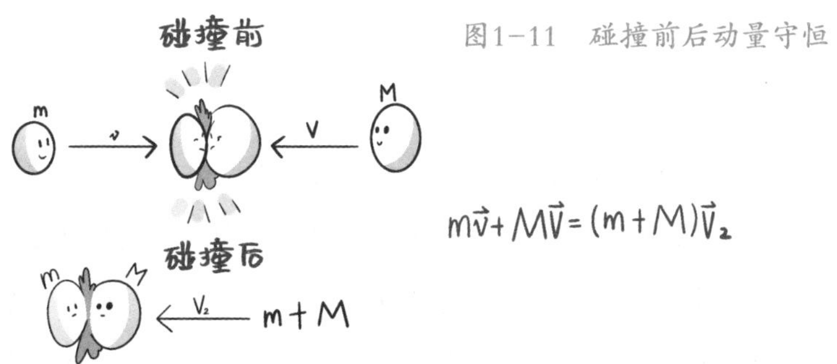

图1-11 碰撞前后动量守恒

其实与这两个球粘在一起相反的过程动量也是守恒的。比如有一个大球 M，以速度 V 在运动，它里面装了炸药，炸药爆炸以后，M 分裂成了两个小球，质量分别是 m_1 和 m_2，速度分别是 v_1 和 v_2。这种情况下，不管这几个数值具体是多少，一定满足 $MV= m_1v_1+ m_2v_2$。因为大球爆炸前后，系统的整体不受外力作用。

图1-12　爆炸前后动量守恒

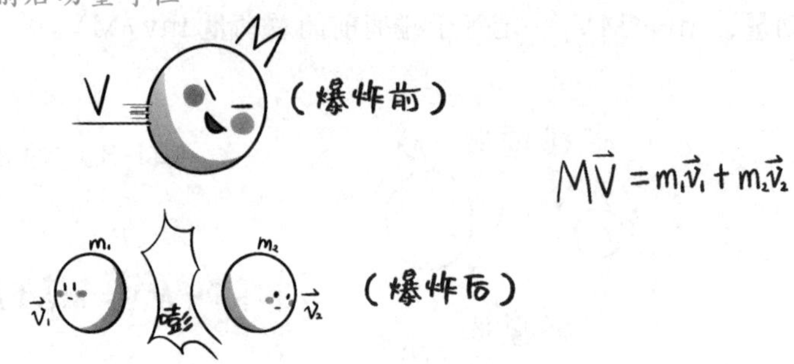

速度越快，质量越大

有了动量守恒的知识之后，就可以解释为什么运动着的物体质量会增加。

我们想象这样一个物理过程：假设有一个大球 M，它正以速度 v 相对于地面的观察者普朗克运动。大球上也有一个观察者，还是爱因斯坦，他相对于大球 M 是不动的。这个时候爱因斯坦在大球上放了个炸弹，并操控它突然爆炸，大球被炸成了大小相同的两个小球向两边飞出。并且它们飞出去的时候，相对于爱因斯坦的速度都是 v，爱因斯坦相对于普朗克的速度保持不变，还是原来的 v。

对于地面上的普朗克来说，左边这个小球由于爆炸后获得了向左的速度 v，刚好抵消了原来作为大球的一部分向右运动的速度 v。所以对于普朗克来说，这个小球就停下来了，速度为 0。再看另一个向右运动的小球，它相对于爱因斯坦来说有一个向右的运动速度 v，但这个时候普朗克看这个小球的速度，可就不是 2 v 了。参考上一节介绍的考虑相对论效应后的速度叠加，跟之前讲过的传送带的问题是一样的。所以大球爆炸后，向右运动的小球相对于普朗克的速度，是小于 2 v 的。

到这里就可以用动量守恒了，整个系统由于没有受到外力的作用，爆炸前和爆炸后相对于普朗克的动量应该是不变的。爆炸前的动量是大

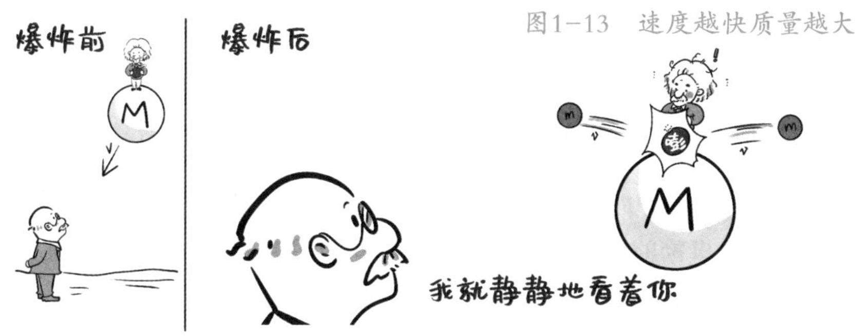

图1-13　速度越快质量越大

球的质量乘以大球的速度，等于 Mv。爆炸之后，左边的小球停了下来，速度是零，所以对动量没有贡献。但是右边那个小球，质量假设是 m，速度比 2 v 要小，如果动量要守恒的话，就可以得出一个结论：m 的质量要大于 M 的一半。

而在不考虑相对论效应的情况下，M 炸成两个质量相等的小球，每个小球的质量应该精确地等于 M 的一半，但事实是根据动量守恒以及相对论效应，这小球的质量必须大于 M 的一半，所以运动的物体质量会增大的结论就这样得出来了。

$E=mc^2$

既然已经知道了运动的物体质量会增大，就能推导出爱因斯坦著名的质能方程 $E=mc^2$。

中学时我们都学过动能(kinetic energy)这个概念。在牛顿体系中，用力对一个物体做功（ work），推着它走一段距离，这个物体的动能就会增加。有了对于动能的定义之后，结合牛顿第二定律，再加上简单的微积分，就可以推导出动能的表达式：动能等于质量乘以速度的平方再除以 2。在经典力学中，物体的动能就是这个形式。

在经典力学里，质量是不变的。而上面已经证明了，随着物体的速度加快，质量也会变大。所以如果真要完整地表达一个物体的能量，我们必须把质量的增加计算进去。如果把质量随着速度的变化代入动能的公式，再进行一个相对复杂的微积分操作，就很容易得出，一个物体的总能量，$E=mc^2$，这里的 m 是考虑了相对论效应之后的质量。

质能方程告诉了我们一件很重要的事：**能量即质量，质量即能量。它们是同一事物的两种表现形式**，并且可以互相转化。把质量转化成能量的过程，释放出的能量是极其巨大的。

简单算一下就知道，光速是一个非常大的数字，3×10^8 米 / 秒，再平方一下，就是 9×10^{16} 米 ^{2}/ 秒 ^{2}。即便只有 1 千克的质量，全部转化成能量可以释放出 9000 万亿焦耳，足够烧开 200 亿吨水。值得一提的是，原子弹和氢弹爆炸之所以威力如此巨大，正是通过核反应（nuclear reaction）把质量转化成了能量。

光速无法超越

掌握了质能方程以后，来看看它的一个重要推论：**光速是不可超越的**。

当我们给一个粒子加速的时候，随着它的速度越来越快，质量也越来越大。现在不妨把质量随着速度增加而增加的公式写出来。不难发现，当速度跟光速相比很小的时候，质量的变化几乎可以忽略。但是当速度越来越接近光速，分母上的数值就越来越接近 0，总质量（m，动质量）就会越来越接近无穷大（infinity）。

$$m = \frac{m_0}{\sqrt{1 - \frac{v^2}{c^2}}}$$

当物体的速度无限接近光速的时候，物体的总质量就会趋向于无穷大。但是很显然，宇宙中未必有无限大的能量，因此，永远不可能让一个静止时质量不为零的物体加速到光速。

这样我们就回答了最开头的问题，如果你以光速运动的时候，你的时间会静止吗？答案是，要看从什么角度来看待这个问题。根据钟慢效应，当你相对于某观察者的运动速度接近光速的时候，你的时间流逝速度，在该观察者看来是非常慢的，也许你自己掐着表，只过了一分钟，该观察者的时间可能已经过了好几年，当你越发接近光速的时候，这种效果就越发明显，当你真的达到光速的时候，你的一秒钟就等于该观察者的无限久，也就是说，如果我们假设宇宙的寿命是有限的，对于达到光速运动的你来说，你的转瞬之间，全宇宙就终结了。所以从这个意义上来说，你自己的时间确实是趋向于静止的，因为在宇宙存在的整个时间段当中，你自己看你自己的时间，几乎还没有任何流逝，宇宙就终结了，虽然你感受到自己的时间流速是正常的。

那超越光速运动会回到过去吗？质能方程说了，有质量的物体根本达不到光速，就更别说超越光速了。除非你的静止质量（rest mass）也是 0，这样在分子、分母都为 0 的情况下，整个表达式有可能给出一个有限的值。这就是光本身可以达到光速的原因，因为光子（photon）没有静止质量，它运动起来的速度必须是光速。

由光速不变原理，我们推论出了很多神奇的效应。比如，钟慢效应：运动越快，时间流逝的速度越慢；尺缩效应：运动越快，长度越短；还有运动越快，质量越大。通过这些结论，可以直接推导出爱因斯坦的质能方程 $E=mc^2$。它告诉我们，**能量和质量是一回事，是同一事物的两面**，并且任何物体的运动速度都无法超越光速。

相对论还告诉我们，**时间和空间不是相互独立，而是相互关联的**，运动状态决定了时间流逝的状态。相对论揭示了在我们这个宇宙中，一切物理观测结果都要指明是相对于哪个观察者而言的。

第二章
Chapter 2

狭义相对论中的悖论
Paradox in Relativity

狭义相对论从刚发表的时候开始，就受到了学术界的诸多拷问，因为狭义相对论的结论对当时物理学界来说过于反常识，物理学家们也针对狭义相对论提出了许多问题，其中有几个特别著名的悖论，这些悖论指出了狭义相对论中不完备的地方，由此发现，狭义相对论终将被扩展为广义相对论。

第一节

梯子悖论（ladder paradox）：相对论会颠倒因果吗

梯子悖论，揭示了相对论如何看待**同时性**（simultaneity）和**因果律**（law of causation）的问题。

什么是梯子悖论

原版的梯子悖论是用一架梯子和一栋房子来举例的。

为了便于理解，我们还是用爱因斯坦、普朗克和一列火车来说明。假设现在有一列火车，以接近光速的速度运动，正准备钻过一条隧道。火车上坐着爱因斯坦，隧道附近有一个相对于地面静止的观察者普朗克。梯子悖论我们给它改名叫“火车悖论”。

图2-1 爱因斯坦和普朗克的隧道游戏

先假设这列火车静止的时候，长度比隧道略长。火车运动起来之后，由于它的运动速度很快，地面上的普朗克看火车就会出现尺缩效应。我们假设，火车的运动速度刚好使得普朗克看到的火车缩短后的长度精准地等于隧道的长度。

隧道的出入口有两扇可开闭的门，用电子开关控制，开关掌握在普朗克手里。当火车进入隧道，运动到车头跟隧道的出口对齐，且车尾跟隧道的入口对齐时，普朗克会按下开关，让两扇门**同时**关上。但为了不让火车撞到门上，他关门之后马上再打开，让火车顺利通过。

那么对于普朗克来说，有这样一个瞬间，整列火车都被装在了隧道里。但当我们切换到爱因斯坦的视角来看这个问题时，就出现了矛盾。

对于爱因斯坦来说，火车是不动的，反而是隧道相对于自己迎面而来。所以在爱因斯坦看来，隧道的长度会缩短，比火车的长度还要短。也就是，根本不可能出现普朗克按下开关以后，整列火车被装在隧道的情况。因为隧道比火车短，一个短的隧道不可能装下一列长的火车。

但火车究竟有没有被隧道装在里面，这是一个客观事实。怎么会出现两个不同的观察者对同一个客观事件有不同的答案呢？这就引出了相对论如何看待同时性的问题。

图2-2　爱因斯坦和普朗克的不同视角

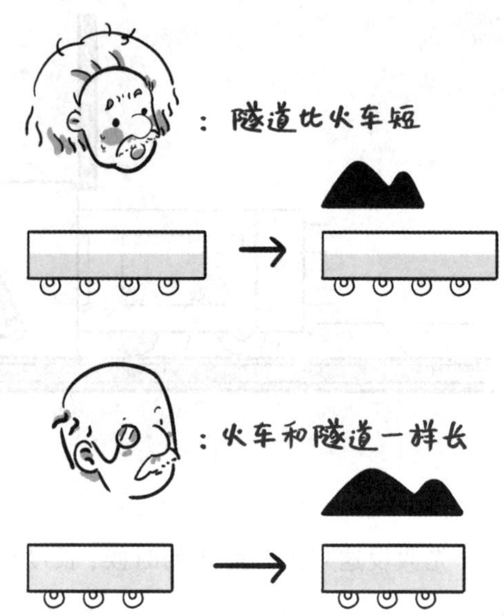

什么是"同时"？

那要如何解释刚才的悖论呢？火车到底有没有被装在隧道里呢？

其实这取决于我们怎样定义一个事件。首先来检验一下对于火车被装在隧道里这个状态的描述。火车有没有被装在隧道里？其实指的是有没有那么一瞬间，整列火车全部进入隧道，并且隧道的出口和入口同时处于关闭状态。

这里的关键词是"同时"。火车是否被装在隧道里这件事情的本质，在于两扇门是不是同时处在关闭状态。对于普朗克来说，只要有那么一瞬间，整列火车全部进入隧道，并且隧道的出口和入口同时处于关闭状态，火车被装在隧道里这个事实就成立了。

但是对于爱因斯坦来说，火车全部进入隧道的情况不会发生，因为隧道的长度比火车还短。

但是如果普朗克真的让两扇门都关闭，爱因斯坦会看到什么呢？爱因斯坦会看到隧道的前门先关闭，然后马上打开，车头顺利通过隧道出口。等车尾通过隧道入口时，入口处的门才关闭。也就是说在普朗克看来两件同时发生的事，在爱因斯坦看来不是同时发生的。所以，只要把对于事件的定义拆解清楚，就不会发生具体事实的矛盾。

火车有没有被装在隧道里，这是人为定义的概念，不是物理的语言，所以要把这个定义拆解成物理的语言后，才能分析。

如何颠倒因果?

从上面的分析可以看出，在普朗克看来同时发生的事，在爱因斯坦看来并不是同时发生的。也就是说，在相对论里事件发生的先后次序，在不同的参考系里可能是不一样的。

在此基础上不妨大胆猜测一下：在一个参考系看来有先后顺序的两件事，在另外一个参考系里，它们的发生次序有可能是颠倒的。

还是用火车钻隧道的例子就可以证明这一点。这一次，我们让爱因斯坦的火车运动得再快一些，快到尺缩效应下的火车长度比隧道还要短一些。由于隧道两个口的门关闭的规律是，入口处的感应器检测到车尾通过就关门，出口处的感应器则是检测到车头通过就立刻关闭，这样的话，在普朗克看来，车头还没有到隧道出口的时候，车尾就已经进入了隧道入口。隧道入口的门先关闭，出口的门后关闭。

但是在爱因斯坦看来，车速更快的话，说明隧道经历了尺缩，比火车短了更多，一定是隧道出口的门先关闭，入口的门后关闭，否则就会出现火车被隧道入口的门拦腰截断的情况，因为在爱因斯坦看来，隧道比火车还要短，车头到出口的时候，车尾还没有进入隧道。

所以对于哪扇门先关闭这件事，普朗克和爱因斯坦看到的结果必然是不同的。这就证明了在相对论中，事件发生的先后次序是可以颠倒的。

同时性的相对性（relativity of simultaneity）自然而然会引出一个最基本的问题：**在相对论里，因果律可以颠倒吗**？

第一章第一节中，我们就提到手枪和子弹的思维实验。从逻辑上来说，开枪这件事，必定是手先扣动扳机，子弹才能从枪口飞出，因果律必须要成立。

但是从火车钻隧道这个思维实验来看，似乎事件的先后次序又可以颠倒，这要如何解释呢？这里就引出了相对论里因果关系是否可以颠倒的问题。或者说，判断两件事是否可能存在因果关系的依据是什么？

在某一参考系看来，两个事件的发生必定对应两组四维的时空坐标，包括一个时间坐标和三个空间坐标。这两个事件发生的空间坐标的差异，也就是它们之间的距离，除以它们在这个参考系中发生的时间差，会得出一个速度。

判断因果关系的依据是这样的：在某个参考系中，如果这个速度大于光速的话，那么在另一个参考系看来，这两件事发生的先后次序就可能颠倒。换句话说，它们之间没有因果关系。

要如何理解两个事件之间的因果关系呢？就是一件事的发生是由另一件事导致的。

可以想象一下这个过程：第一个事件发生了，它会导致第二个事件的发生。那么第二个事件在发生前，一定要"知道"第一件事发生了。那么知道的过程就需要信息的传递。

然而信息的传递速度最快就是光速。也就是说，第二个事件得知第一个事件的发生有一个时间差，这个时间差最快就是两个事件发生的空间距离除以光速，因为充当信息传递最快的角色是光，或说电磁波。

所以，如果我们发现两件事情发生的时间差乘以光速得到的距离，小于它们之间的空间距离的话，就可以断定这两件事情没有因果关系。因为它们的时空间隔过大，导致第一个事件的发生不可能被第二个事件知晓，这两件事一定是相互独立的。

比如说在未来世界，人类文明已经扩展到全宇宙。在某个星球上发生了一桩命案，那么宇宙侦探来查案的时候，他要先调查一下死亡时间，知道命案是什么时候发生的。然后用现在的时间和死亡时间的间隔乘以光速，得出一个距离。

最后他就可以以这个命案发生的地点为球心，以刚才算出的距离为半径，在空间中画一个球。凡是现在在这个球以外的人，都不可能是凶手。因为在这个范围以外的事件，都跟命案没有因果关系。

这就是相对论告诉我们如何判断因果。反过来说，**任何两件有因果关系的事，它们发生的空间距离除以时间差得到的速度，必定要小于或者等于光速**，这样它们才有存在因果关系的可能。

而这样的两件事，在任何参考系看来，它们发生的次序都不可能颠倒。所以在相对论中，既定的因果关系是不会被打破的。

第二节

刚体悖论：狭义相对论对材料性质的影响

自从光速不可被超越的结论提出后，科学家们设计了很多思维实验，试图证明光速存在被超越的可能。

超光速思维实验

假设孙悟空站在地面上，命令他那根金箍棒伸得很长很长，一直捅到月球（moon）上，并事先跟月亮上的嫦娥约定：如果看到金箍棒动了，就放一束烟花。之后孙悟空在地球这一端向上推动金箍棒。如果金箍棒是一个绝对坚硬的物体，另一端的嫦娥会立刻看到金箍棒动了一下。这样的话，孙悟空就以超过光速的速度给嫦娥传递了一个信息。

月球到地球的距离有 38 万千米，光信号发过去需要超过一秒钟的时间，而孙悟空用金箍棒却能完成信号的瞬间传递。

孙悟空利用金箍棒还有很多方法可以做到超光速。比如他可以命令金箍棒伸长到银河系的中心，然后用力地挥动金箍棒。这样金箍棒的尖端就以孙悟空为圆心，以自身的长度为半径在宇宙中做圆周运动。而物体做圆周运动的速度等于半径乘以角速度，因此只要金箍棒足够长，孙悟空不需要挥舞得很快，金箍棒尖端的速度也可以轻松超过光速。

上面这两个案例，错就错在都假设金箍棒是刚体（rigid body）。

刚体就是完全没有弹性的物体。在现实世界中，一个物体不管多硬，只要有外力施加上去，都会发生形变。只不过硬度大的物体，在受到同样大小的外力的情况下，形变要比硬度小的物体小。

在弹性力学中，对物体施加的单位面积的外力叫应力（stress），单位体积物体大小的变化相对于没有外力时候的大小比例叫应变（strain）。应力除以应变，叫作杨氏模量（Young's modulus）。杨氏模量越大，物体的硬度就越大，所以刚体就是杨氏模量无穷大的物体。

然而刚体是不存在的。因为万事万物都由原子构成，当给一个物体施加外力的时候，其实是第一排原子先发生运动，再推动下一排原子运动。而这两排原子之间是有距离的，第一排原子把运动传递给下一排原子就需要一定的时间。

所以即便第一排原子被推动得再快，这种运动信息传播的速度也不会超光速。孙悟空在地球上推动金箍棒，金箍棒的反应是先被压缩，然后再把这种压缩的趋势传递到月球上。这个传递速度并非光速，而是等于金箍棒内的声速，因为金箍棒被推动本质上是一种机械运动，机械运动在固体中的传播速度就是声速。

再看梯子悖论

了解了什么是刚体，我们再来看看火车悖论（梯子悖论）还能产生哪些有趣的现象。

还是假设爱因斯坦坐着高速运动的火车进入了隧道，普朗克操控隧道前后两扇门关闭。这次普朗克就不把门打开了，真的把这列火车装在隧道里。那么下一秒钟，火车就会撞到隧道出口的门上。

我们假设门是坚硬无比的，火车冲不出去，这样的话，火车就会被迫停下来。那么在普朗克看来，停下来的火车就被限制在了隧道里。但是由于火车停下来了，尺缩效应就没有了，火车要恢复原来的长度。而这个时候隧道的前后门已经关上了，所以火车就必须要经历一个被压缩的过程。

但是爱因斯坦会看到更奇特的现象。

首先爱因斯坦肯定会看到火车撞到前门的事件，但是根据同时性的相对性，这个时候后门还没有关闭。按理说，火车被迫停了下来，尺缩效应也会跟着消失。而火车本来就比隧道长，所以，不会发生整个被隧道装住的情况。

但是火车进入隧道被装住又是一个客观事实，普朗克明明做到了，还让火车经受了非常严重的挤压。这又是怎么回事呢？

答案是这样的：当火车头跟前门相撞的时候，车头感受到冲击力停了下来。但是这个时候车尾不会立刻停下来，因为车头已经停了这件事的信息，至少要以光速传递给车尾才行。所以在车头刚刚经历撞击的时候，车尾还没有反应过来，而是在惯性作用下继续向前运动。

图2-3　机械波在火车内传播

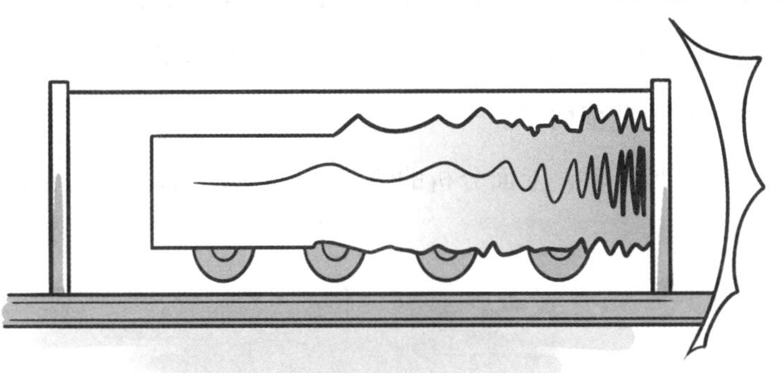

按照物体的材料属性，车头已经停下来这个信息要什么时候能够传递到车尾，应该是由材料的弹性决定的。材料经历形变的信息在材料内的传播，叫作材料内的机械波，此信息传递速度应当是材料内的声速。

通常，杨氏模量越大的物体，它传递机械波的速度也更高，比如一根紧致的弹簧振动起来，就比一根同样大小的松的弹簧频率更高。所以车头停下来的信息传递到车尾的速度，是由火车的材料属性决定的。基本上火车的材料越硬，就会越快停下来。

但从另一个角度来看，情况就不是这样了。对于地面上的普朗克来说，火车什么时候完整地进入隧道是确定的。在普朗克看来，前门和后门关闭的时间是同时的，通过狭义相对论中的“洛伦兹变换”，我们可以精确地知道切换到爱因斯坦的视角，前门和后门关闭的时间差，这个时间差是唯一确定的。

也就是说，无论火车是用什么材料做的，它必须在确定的时间进入隧道。这样的话，火车的弹性似乎就跟材料没有什么必然联系了。

这里就又出现了矛盾，在真实世界里，一个物体的弹性不可能跟它的材料无关。我们可以用不同的材料来造这列火车，比如用钢铁和棉花糖，看到的效果肯定是不一样的。

然而根据狭义相对论的计算，无论怎么改变火车的材料，似乎都不影响它的弹性。那么要如何解决这个悖论呢？

在学习狭义相对论的时候，不得不时刻强调它的使用边界。**狭义相对论研究的对象太过理想，只适用于匀速直线运动的物体**。一旦涉及加速、减速的问题，比如爱因斯坦乘坐的火车突然停下来，就已经不在狭义相对论的讨论范围内了。

因为有了加速度，上面分析的悖论就成了一个狭义相对论解决不了的问题。

第三节

埃伦费斯特悖论（Ehrenfest paradox）：时空的扭曲

埃伦费斯特悖论是埃伦费斯特针对狭义相对论提出的一个思维实验。为了解决悖论，你会发现狭义相对论真的是不够用了，必须要引入广义相对论的基本假设才能解释。

这个悖论也大大启发了爱因斯坦去思考广义相对论的问题。

埃伦费斯特悖论

首先来复习一下最基本的几何知识。中学里都学过如何计算一个圆的周长，圆的周长等于圆的半径乘以 2π，其中 π 是圆周率，是个无理数（irrational number），约等于 3.1415926。

假设有一个圆盘，半径用字母 r 来表示。首先让圆盘高速旋转，速度快到什么程度呢？快到它边缘的旋转速度非常接近光速。

这个时候，假设爱因斯坦站在圆盘的中心，因为圆盘的中心并没有旋转，所以爱因斯坦是静止的。现在爱因斯坦要去观察两个物理量：一个是爱因斯坦正前方看到的圆盘边缘的一小段圆弧的长度，另一个是连

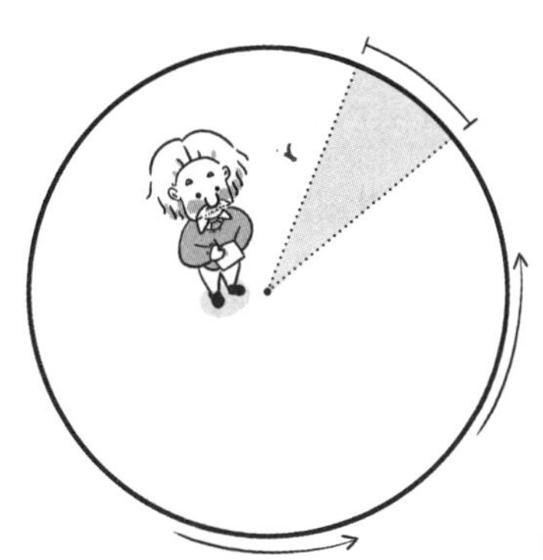

图2-4　爱因斯坦观测圆弧长度和圆盘半径

接爱因斯坦和这一小段圆弧的半径。

根据之前介绍过的尺缩效应，由于这一小段圆弧的长度与圆盘边缘的旋转方向是一致的，爱因斯坦看到圆弧的长度会缩短。但是这条半径与圆盘边缘转动的方向是垂直的，所以尺缩效应不会作用在半径上，半径的长度不会缩短。

要知道，圆的周长是由一段段圆弧组成的，如果每一小段圆弧的长度都缩短了，圆整体的周长也会跟着缩短。那么问题来了，圆的周长是 2π 乘以半径，换句话说，周长和半径成正比。但是很明显，在这种情况下，圆的半径没有变，周长却变短了，于是就出现了矛盾。

圆盘的周长到底变还是不变？这就是埃伦费斯特悖论的核心。

欧几里得几何（Euclidean geometry）的破溃

这个悖论要如何解释呢？跟上一节的结论类似：在这个悖论的情况下，狭义相对论并不适用。

一定要反复强调，狭义相对论的适用情况是匀速直线运动，是没有加速度的情况。但是这个悖论里的圆周运动并不是匀速直线运动，圆盘在转圈时有向心加速度（centripetal acceleration）。

如果我们看圆盘边缘的每一个点，它们确实在以固定的速率绕圆心转动。但是在转动的过程中，虽然速度大小是不变的，方向却一直在改变，所以圆盘上的点并不是在做匀速直线运动。

既然在这个悖论里狭义相对论不适用，就要用广义相对论来解决问题。广义相对论的一个重要观点是：**时空是可以发生扭曲的**。

先来说说什么叫平坦的时空（flat spacetime）。我们上中学都学过几何，中学学的几何是欧几里得几何。欧几里得几何里有一个基本假设，或者说公理，就是两条平行线永不相交，或者说两条平行线只在无穷远处相交。然而这个公理只在平坦的平面上才成立。如果是在一个不平坦的平面，或者说一个曲面上，它就不成立了。

举个简单的例子，我们在一张平坦的纸上画一个正方形或者长方形，它的四个角都是直角，且两组对边分别平行。也就是说在一个平面上，如果用一条线把两条线连起来，并且这条线跟两条线的交角都是直角的话，就能判断出这两条线是平行线，它们永远不会相交。

但这个判断标准在曲面上就不成立了，比方说地球的表面。我们知道，地球上任意两条经线在南极和北极会汇聚到一点，但是在地球上的其他地方都不会相交。如果我们在两条经线中间找到一条纬线，这条纬线与这两条经线的交角一定都是 90° 。因此在一个球面上，只看局部关系的话，可以说这两条经线是平行的，但它们显然不是永远不相交的，而是会在南北两极汇聚。

这种研究曲面的几何，就不是欧几里得几何了，而是黎曼几何（Riemannian geometry）。黎曼（Riemann）是 19 世纪最伟大的数学家之一，广义相对论就是建立在黎曼几何的基础上的。

但是要知道，一个圆的周长等于 2π 乘以半径的结论，是在欧几里得几何里才成立的。在空间不平坦的情况下，欧几里得几何不成立。

这样我们就知道如何粗略地解释这个悖论了：首先由于整个圆盘并非在做匀速直线运动，所以狭义相对论不适用，要用到广义相对论；广义相对论的核心概念是扭曲的时空，**时空扭曲**（distortion of spacetime）**之后，就不能用欧几里得几何的结论去算圆的周长了**。

因此，在这个悖论的设置中，圆的周长确实缩短了，但是圆周的半径并没有变化，这并不构成矛盾，只因为周长等于 2π 乘以半径是在欧几里得平坦空间的情况下才成立，如果是满足非欧几何的空间，并没必要满足这个简单的几何关系。

第四节

双生子悖论：狭义相对论破溃了吗？

哥哥和弟弟谁更年轻？

狭义相对论中最著名的悖论，要数双生子悖论，也叫双生子佯谬（twin paradox），同样是一个思维实验。

假如有一对双胞胎兄弟，哥哥坐着一艘宇宙飞船，以接近光速的速度去太空里转了一圈，又回到地球上，而弟弟一直在地球上待着。问：飞船回来以后，兄弟俩谁的年纪更大一些？

根据钟慢效应，由于哥哥的运动速度非常快，所以在弟弟看来，哥哥的时间流逝速度非常慢。这样等哥哥回来后，弟弟经历的时间更长，所以哥哥反而比弟弟年轻，哥哥就变成了弟弟，弟弟变成了哥哥。

这样一个推论看似没有什么问题，但是这里面隐含着严重的逻辑矛盾。

虽然是哥哥坐着宇宙飞船去太空里转了一圈，但是在哥哥看来，何尝不是弟弟在地球上，地球相对于哥哥坐的宇宙飞船，也以接近光速的速度转了一圈。因为运动完全是相对的，无论是哥哥还是弟弟，都会觉得自己是不动的，是对方在运动。

所以对于哥哥来说，应该是弟弟的时间流逝速度更慢。当自己回到地球以后，哥哥应该更加年老，哥哥还是哥哥，弟弟还是弟弟。

相信你一定坐过高铁，不知道你有没有过这样的感受：当你坐在高铁上，车还没有开动，在你坐的高铁旁边还有另外一列高铁。如果你望向窗外，发现对面的高铁开动了，这个时候你很有可能会产生错觉，你无法判断到底是对面的高铁开了，还是自己坐的高铁开了。

因为**运动是相对的**，你只能判断对面的高铁相对于你运动了。至于到底是你所乘坐的高铁开动了，还是对面的高铁开动了，你是无法判断的，因为高铁实在太平稳了，这时你几乎无法通过触觉来判断自己的列车是否开动。

同理，在宇宙飞船的思维实验中，如果哥哥和弟弟不知道自己具体是在地球上还是在宇宙飞船上，只能看到对方的相对运动的话，就会产生钟慢效应的悖论。也就是对于哥哥来说，弟弟更年轻了，而对于弟弟来说，哥哥也更年轻了，那么究竟是谁更年轻了呢？

但是很显然，一件事不会有两个结果。真要做这么一个实验的话，最终要么是哥哥更年轻，要么是弟弟更年轻。如果折中一下，两个人的时间流逝速度还是一样的话，那钟慢效应的推论不就破溃了吗？

考虑加速过程

与前文的结论类似，狭义相对论的研究对象只能是做匀速直线运动的物体，不考虑有加速度的情况。加速度也属于广义相对论的讨论范畴（注：现代关于广义相对论与狭义相对论的界限问题，不同学术流派有不同观点，譬如有的流派认为可以把加速的情况吸收进入狭义相对论的理论体系当中，而广义相对论只处理存在引力的情况，这种做法从计算上来说确实存在先进之处，但是两种方法并无对错之分）。

如果真的分析一下这个思维实验，就会发现，我们在逻辑上有一个巨大的跳环。一开始，哥哥和弟弟都在地球上，两个人是相对静止的。之后哥哥坐上了宇宙飞船，宇宙飞船一路加速到接近光速，哥哥实实在在地经历了一个加速过程。

但是之前已经说了，狭义相对论只讨论匀速直线运动的情况，不考虑加速的情况，因此在分析这个问题的时候，不能只在狭义相对论的框架下来讨论，也必须要借助广义相对论。

其实仔细想一下就会发现，双生子悖论会遇到困难，是因为哥哥最终要回到地球跟弟弟见面。这一见面，就会有谁更年轻的问题。但是如果哥哥飞出去以后，一直不回地球的话，即便在哥哥看来，弟弟流逝的时间更慢，在弟弟看来，哥哥流逝的时间也更慢，这本身是没有矛盾的。

只要不存在最后哥哥回到地球与弟弟见面的环节，哥哥和弟弟各自的时间在自己看来都是正常的。而对于对方来说，只要没有验证的环节，狭义相对论就不会破溃。

来看一个具体的例子。假设哥哥的飞行速度快到刚好使得弟弟看哥哥时间流逝的速度是弟弟的十分之一，这个速度是非常接近光速的，大约是光速的99.5%。由于运动是相对的，哥哥看弟弟的时间流逝速度也应该是自己的十分之一。假设哥哥出发的时候，两个人都是20岁。

当弟弟看自己的时间过了1年的时候，他给哥哥发了一条信息，说：哥哥，我这里已经过了1年了，我现在21岁了。然而在哥哥看来，由于弟弟的时间过得非常慢，弟弟在发出这条信息的时候，哥哥自己已经过了10年了。并且对于哥哥来说，这10年间自己是以接近光速的速度在飞行的，所以弟弟发信息时，哥哥离地球的距离大概是10光年。而这条信息从发出到被哥哥接收到，又要花上10年左右。因为根据光速不变原理，这条信息要以光速跨越10光年的空间距离追上自己。所以当哥哥收到信息的时候，自己相较于从地球出发时已经过了20年了。

图2-5 哥哥比弟弟年轻？

哥哥收到信息后马上给弟弟回信，说：弟弟，我已经 40 岁了。其实这个时候哥哥可以推算出，弟弟应该是 22 岁。但是在弟弟看来，整个过程就不是这样了。由于弟弟发信息的时候自己只过了 1 年，所以哥哥离自己也只有约 1 光年远，信息只需要追 1 光年的距离。

但是在信息追赶哥哥的过程中，哥哥还在继续以略低于光速的速度远离。所以弟弟发出的信息虽然是光速，但是它要追上以略低于光速飞行的哥哥是要花非常久的时间的，因为哥哥的飞行速度是光速的 99.5%，所以信息追上哥哥的相对速度只有 0.5% 的光速，这个相对速度要跨越 1 光年的相对距离，要花 200 年时间。等哥哥收到这条信息的时候，弟弟这里已经过了 200 年的时间了，与哥哥之间的距离也远远超过 200 光年。

还是根据光速不变原理，哥哥的回信在弟弟看来要以光速跨越这段距离，还需要经过很长时间，大约又是 200 年才能传到弟弟手中，而在回信中哥哥声称自己只有 40 岁，但弟弟接到哥哥信息时已约 420 岁了。

这样一来就没有矛盾了。无论是哥哥还是弟弟，收到对方的信息后再跟自己当时的时间进行比较，都会发现，从信息上来看，对方比自己年轻了。狭义相对论的钟慢效应对双方来说都是成立的。

到底谁更年轻?

上面的分析仍然是在狭义相对论的范围内讨论的。如果运用广义相对论，真的让哥哥返回地球跟弟弟见面，到底谁会更年轻呢？答案是哥哥，因为哥哥会经历速度改变的过程。

在广义相对论中，经历加速或减速的过程会使时间的流逝速度变慢。哥哥要想完成星际旅行，必须先加速，运动到最远处减速停下来，然后返航时再经历一次先加速后减速的过程。

根据广义相对论，哥哥完成这一系列动作，时间流逝是更慢的。关于应用广义相对论如何完满地解决双生子悖论问题，我将在“极重篇”

给出具体解释。

通过本章中关于狭义相对论的若干个悖论我们可以看出，狭义相对论其实重新定义了许多传统观念中不清晰的概念，很多悖论是可以通过对概念的清晰界定解决的。但是更多地，我们从这些悖论中了解到了狭义相对论的局限性，毕竟它只讨论匀速直线运动的情况，更广泛的情况自然是要用到广义相对论才能解决的。

狭义相对论对于双生子悖论的解释 *（星标表示非必读内容）

双生子悖论实际是一个非常著名的问题，关于双生子悖论的解释一直到 20 世纪 50 年代,也就是狭义相对论已经被研究得非常明晰的时代，还被再次热烈地讨论过。爱因斯坦本人最早对于双生子悖论的解释，就是前文提到的讨论加速过程并运用广义相对论等效重力的解释，但是其实即便不考虑加速过程，双生子悖论依然可以得到解释。

我们可以通过设计一个思维实验来进行论述。想象一个观察者 A，他始终在地球上，观察者 B 乘坐宇宙飞船，在地球上进行加速，等加速到一定程度飞出地球，在飞出的一刹那，B 与 A 把手表对准。对准时间后，B 便以匀速飞往外星。在外星上也有一个观察者 C，C 也在不断加速，等 B 到达外星的时候，C 以跟 B 相同的速度大小飞向地球，并且在 C 飞出去的瞬间，C 会跟 B 对时间，并把自己手表上的时间调成跟 B 相遇的时间。这样的话当 C 到达地球的瞬间（C 并未减速，而是保持与 B 相同大小的速度掠过地球），C 的手表上的时间就应该是排除加速过程，从地球到外星之间往返的时间。这样我们就得到了一个不考虑加速过程的双生子悖论的设置。

这样的设置就能很好地解释双生子悖论，双生子悖论的根本矛盾在于，哥哥的参考系和弟弟的参考系应当是完全对称的，双方看对方都是在相对于自己运动，这样的话，双方看对方都更年轻，最后不应当出现两个人年龄不同的“非对称”的结果。但是从上面的设置可以看出来，离开地球和返回地球，根本是两个完全不同的参考系，因为这两个参考系速度大小虽然相同，但是方向完全相反，因此地球上观察者 A 的参考系，与 BC 二者的参考系并非对称，最终结果是非对称的完全合理。如果真的代入数字，通过洛伦兹变换进行计算，就会发现，确实是出去飞了一趟的人，时间流逝速度更慢。通过参考系的非对称，就解释了双生子悖论。

第三章
Chapter 3

人类提速之路
The path of Raising Speed

这一章我们从相对论的虚无缥缈中抽离出来。因为相对论效应要求的速度太高了，可以说生活在宏观世界的我们是根本无法达到的。人类目前最快的飞行器也只有 200 千米 / 秒的速度。

所以这一章我们就脚踏实地地讨论一下，在现实世界中，人类交通工具要提速所面临的一些问题。

第一节

空气动力学

人类要提速，第一道要越过的屏障是空气阻力（air resistance）。空气阻力大大限制了人类交通工具的速度，日常民用的交通工具，**本质上都是在跟空气做斗争**。

空气阻力

对地面交通工具来说，要克服的阻力有两个，分别是地面的摩擦力（friction force）和空气阻力。飞机比汽车快很多，正是因为飞机飞起来之后就没有地面的摩擦力了。但是原则上，地面摩擦力可以通过磁悬浮（magnetic levitation）的技术解决，空气阻力才是真正难以克服的。

根据人的直观感受，肯定是运动速度越快，受到的空气阻力就越大。这很好理解，因为当你运动起来的时候，空气相对于你就好像一阵风迎面吹来。运动速度越快，你感受到的风速就越快，风作用在你身上的力就越大。风级就是根据风速快慢来划分的，级数越高，风速越快，破坏力也越大。

但这里有一个问题：空气阻力跟速度具体是什么样的关系呢？答案是：空气阻力跟空气相对于交通工具的**速度的平方**成正比。也就是说，当运动速度提升到原来 2 倍的时候，受到的空气阻力是原来的 4 倍。

这样一种平方关系导致交通工具的提速异常困难，因为提速的同时伴随着巨大的能量消耗。比如我国的高铁从时速 300 千米提升到“复兴号”的 350 千米，其实用了比较久的时间。除了有安全性的考量，成本和能耗也是一个重要的因素。

超跑界最快的跑车之一叫布加迪威龙（Bugatti Veyron），它从时速 0 加速到 200 千米是很轻松的，但是从时速 200 千米加速到时速 400 千米就要费很大的劲儿，消耗的能量要多 5 倍都不止。

空气阻力与速度的关系

那为什么空气阻力跟速度是平方关系呢？用之前在第一章学习的动量知识就可以解答。

一个物体运动的量的大小，叫作动量，等于它的质量乘以速度。动量可以理解为让一个物体停下来的难易程度，很显然，一个物体的质量越大、速度越快，让它停下来的难度就会越大。

空气阻力其实就是一个个空气分子打在交通工具上。当交通工具运行的时候，这些空气分子相对于交通工具的表面有一个速度。整个过程可以理解为交通工具让这些空气分子相对于自己停了下来，所以要给空气分子一个相应的作用力。

而牛顿第三定律（Newton's third law）告诉我们，**施力者作用任何力在受力者上，都会获得一个大小相等、方向相反并作用在同一点的反作用力**，所以交通工具同样会受到空气分子给的反作用力，也就是空气阻力。

那么空气阻力要如何计算呢？前面已经说到，空气阻力等效于让空气分子相对于交通工具停下来的冲击力。也就是说，**空气阻力正比于单位时间内打到交通工具表面空气动量的改变量**。

假设单位时间内，有一定量的空气打到交通工具的表面，这些空气的质量等于体积（volume）乘以密度。空气密度通常是恒定的，而单位时间内流过的空气体积，其实正比于空气的速度。很明显，单位时间内会有多少空气撞到交通工具的表面，要看交通工具的速度快慢。速度越快，单位时间内就会行驶越长的距离，就会有越多的空气撞上来。

单位时间内的空气阻力正比于空气的动量，动量等于质量乘以速度，质量又正比于空气的速度，所以总的空气阻力就跟速度的平方成正比。到这儿就十分清楚了，为什么飞机要飞得高速度才能快。因为海拔高的地方空气稀薄，这样才能大大减小空气阻力，在节约燃料的前提下保证飞行速度。

飞机升力的来源

空气虽然阻碍了交通工具的前进，但是飞机能上天，部分靠的其实也是空气阻力。首先可以来做一个简单的实验，将两张纸并排放置，然后在两张纸之间吹一口气。

直觉告诉我们这口气会把两张纸往两边推开，但是结果恰恰相反，这两张纸是倾向于往中间靠拢的。这个实验的结果相当反常识，这是为什么呢？这个物理实验所揭示的规律是：**速度越快，气压**（air pressure）**越小**。因为你吹了一口气，纸张中间的空气速度加快了，气

图3-1 吹气实验

压就减小了。此时纸张外面的气压较大，两张纸就被压向了中间。

其中的原理应该如何理解？为什么流速快的空气气压会变小？首先要理解空气的气压是怎么来的。想象用一个盒子去把空气包住，由于空气分子有微观的运动，会不断地击打盒子的内壁，这种击打的作用力就表现为气压。根据上面的阻力知识可以知道，气压的大小应该是跟空气的密度有关的，密度越大，气压就越大。

这也跟生活经验相符。比如给自行车轮胎打气，肯定是气越满，越难打进去，本质就是空气多了，但是体积没变，气压就随着空气密度的增大而增大了。

那为什么空气流速越快，气压会越小？因为吹气的时候，一口气的总量是恒定的，但是速度越快，它在空中划过的距离就越长，对应于这些空气的体积就越大。体积越大，密度越小，气压也就越小。

飞机可以升空，靠的就是空气流速快气压会降低的原理。飞机机翼的横截面上表面会做成弧形，下表面做成平面或弧度相对较小的曲面。

当飞机运动起来的时候，机翼前方的空气会被它切成两份，从机翼的上下两侧分别流动到机翼的后方。但是很明显，由于机翼上方的弧度大，上方空气走到后方所经历的路程要比下方空气的路程长。由于空气是处处连通的，很难出现瞬时的真空状况，所以为了保证处处有空气，

图3-2　飞机升力的来源之一

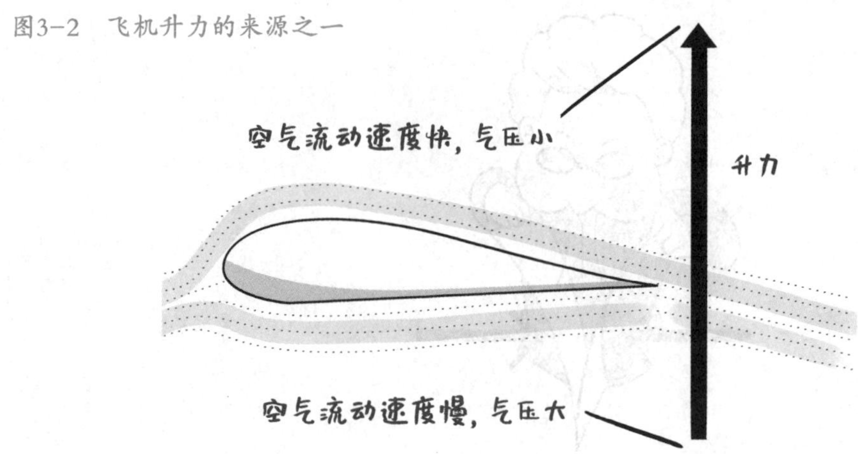

上方空气必须以更快的速度流动到后方。这就导致上方空气的气压一定要比下方空气的气压小，机翼就受到了一个向上的压力差。

这就是飞机升力的来源之一，并且当飞机的运行速度越快，这个压力差就越大。

当然，飞机的起飞除了伯努利定理（Bernoulli's principle）以外，还有一个来源就是飞机会把机翼后方的挡板放下来，当空气流过的时候，自然会产生一个向上的力，这完全是作用力和反作用力的效果。当飞机在高空巡航的时候，挡板收起来，这时飞机的升力主要靠的就是伯努利定理了。

目前民航客机的速度可以达到每小时 1000 千米左右。但是再往上就无法继续线性地增长了，会碰到下一个瓶颈，那就是声速。飞机如果要超声速（supersonic speed），还需要克服来自声音的阻力。

第二节

超声速

随着飞行高度的上升，飞机周围空气的密度会逐渐变小，可以在很大程度上减少空气阻力。那如果要飞得更快，是不是只要不断往高飞就可以了呢？

事情没有那么简单，因为当速度接近声速的时候，新的阻力来源就出现了。这也是为什么对于飞机，尤其是战斗机来说，超声速是一个重要的节点，就是因为超声速这件事情非常难，要突破声障（sonic barrier）的掣肘。

超声速

首先要理解什么是超声速。仅仅把超声速理解为运行速度超过声速是不到位的。我们知道，声速大约是 342 米 / 秒，这个速度指的是声音在一个标准大气压和室温条件下，相对于空气介质的传播速度。

而我们说的超声速，实际上是指飞机相对于空气介质的速度要超声速，而不是相对于地面。那二者有什么区别呢？因为空气是会流动的，飞机在飞行的时候会带动周围的空气向前运动。飞机必须相对于周围的空气运动速度超过声速，才叫作超声速。

由于高空空气稀薄，气压低，声音在这种情况下的传播速度还不到 342 米 / 秒。综合计算下来，飞机真要超声速，相对于地面的速度大约要接近 400 米 / 秒，才算真正意义上的超声速。

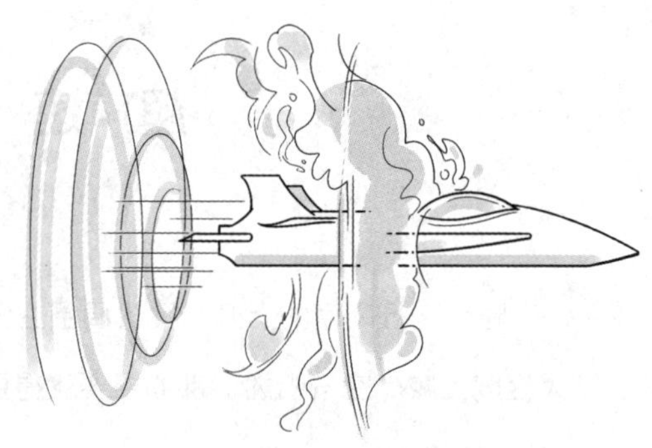

图3-3 飞机速度超过声速

声障

飞机在速度接近声速的时候，会出现新的阻力来源，那就是声障。顾名思义，就是声音产生的障碍，那要如何理解声障呢？空气中传播的声音其实是空气介质所传递的机械波。既然是波，它就携带能量。

飞机在飞行的时候，有非常多的声音发出。比如跟空气的摩擦、发动机的噪声，这些都是声波能量的发射源。当飞机速度没有达到声速的时候，这些噪声都以声速相对于飞机周围的空气向四面八方发射出去。

但是飞机的速度一旦超过声速，就会迎面撞上自己刚刚发射出去的机械波的能量块。这种撞击，就是声障。声障的产生，会让飞机承受比在声速以下飞行的时候高 3—4 倍的阻力。

因此，超声速并非一件容易的事情，当交通工具的运行速度接近声速的时候，它的加速就变得异常困难了。

第三节

宇宙速度：飞出太阳系

人类如果要探索宇宙，需要逐步达成三个目标，分别是飞离地面、飞出地球以及飞出太阳系。对应的物理上的要求是我们要分别达到第一、第二和第三宇宙速度。

第一宇宙速度（first cosmic velocity）

在飞出地球之前，我们要先解决一个问题，就是如何一直待在天上不掉下来。这个问题其实牛顿早在 17 世纪时就已经思考过了。比如你在地面上捡起一块石头把它扔出去，那么根据生活经验，肯定是用的力越大，石头就被扔得越远。这里的关键并不是扔石头用的力气有多大，而是石头飞出去时的速度有多快。速度越快，石头最终落地的距离就越远。

这个时候，牛顿就发挥了极限思维。什么是极限思维呢？就是把条件参数推到极限，看看会出现什么情况。在牛顿时代，地球是个球体已经是被大家广泛接受的常识了。如果石头被你扔出去的速度快到一个极限，会不会绕地球转一圈，最后回到出发点，砸中你自己的后脑勺呢？

牛顿认为只要石头的速度够快，就不会再掉落到地上了，而是一直绕着地球的表面飞行。

并且在这个基础上，如果石头的速度再快一些的话，就有可能永远地飞出地球，再也回不来了。后来我们知道，根据牛顿的万有引力定律（law of universal gravitation），这个问题的答案跟牛顿的猜想是完全一致的。

任何一个物体，比如一颗人造卫星，或者一个飞行器，如果要绕着地球飞行再也不掉下来，需要达到一个临界速度，这个速度就叫第一宇宙速度。

当然，这里必须要说明，这样的飞行一定是在大气层之外进行的。如果是在大气层里面的话，空气摩擦会减小飞行器的速度，飞行器最终还是会掉下来。飞行器在达到第一宇宙速度之后，就进入了地球的轨道。这个时候它就可以关掉引擎，不需要额外的动力也可以一直绕着地球旋转。

那么第一宇宙速度有多大呢？其实用向心力（centripetal force）就可以简单地计算出来。

图3-4　牛顿的思考

比如你用一根绳子绑住一个重物，然后用绳子拽着重物旋转。你会发现重物转得越快，绳子的张力就越大。绳子的这个张力就提供了重物旋转的向心力，向心力越大，对应的圆周运动速度就越快。那么对于一个在地球表面飞行的物体来说，它受到的向心力就是地球对它的引力。这个引力的大小在地球表面基本是固定的，因为它只跟飞行器离地球球心的距离和地球的质量有关。

根据刚才的分析，万有引力的大小确定了向心力的大小，向心力的大小就决定了飞行器绕地球运动的速度。类比绳子转重物的情况，再利用万有引力等于向心力的条件，就能计算出第一宇宙速度的大小，结果大概是 7.9 千米 / 秒。这个速度可不慢，是声速的 20 多倍。普通的飞机、超声速飞机都达不到这样的速度。所以，要想发射人造卫星，就必须要利用火箭了。

能量守恒定律（conservation of energy）

既然人类的飞行器已经能做到一直在天上飞不掉下来，下一步我们自然要问，如何脱离地球引力的束缚飞向太空呢？直觉告诉我们需要更快的速度，但是这个直觉又不太好理解。

道理很简单，万有引力影响的距离是非常远的，就算你离地球几十亿光年，到了宇宙的边缘，你还是可以感受到地球的引力，只不过这个引力已经非常小了。但是小归小，这个力还是存在的。一旦你在远处停了下来，它还是可以把你拽回去。所以看起来我们好像永远也无法摆脱地球的束缚。其实要摆脱地球的束缚，我们还要学习物理学中一个最基本的定律，叫作能量守恒定律。

能量守恒定律说的是，**能量既不会凭空出现，也不会凭空消失，一个封闭系统的总能量一定是保持不变的。**

封闭系统就是一个与外界完全没有能量交换的系统，系统里的能量不会跑出去，外界的能量也不会输入系统。但是系统内部的能量可以在不同的形式之间相互转化。比如一辆汽车一开始速度很快，然后你把发动机熄火，踩刹车让它停下来。这个时候，汽车的动能就减小了。

其实汽车的能量并没有消失，而是转化成了轮胎和路面、轮胎和刹车皮，以及汽车和空气摩擦产生的热能。这些能量加起来，一定等于汽车损失的动能，这就是能量守恒定律。

能量守恒定律也是一条原理性的定律，它经受住了无数实验的检验。我们无法用演绎法去推导它，只能说世界的规律本来如此。

第二宇宙速度（second cosmic velocity）和第三宇宙速度（third cosmic velocity）

有了能量守恒定律，我们就可以解决如何摆脱地球束缚的问题。首先要明确，什么叫作摆脱地球的束缚？

地球引力的作用是永远无法摆脱的，你飞得再远，地球也有引力作用在你身上，但是这个引力会越来越小。这样我们就可以把摆脱地球的束缚定义为：**无论飞到什么地方，离地球有多远，即便是宇宙的边缘，飞行器总有足够的动能可以继续飞得更远**，这本质上就已经是摆脱地球的束缚了。这里其实有一个思维的转变，就是把摆脱地球的束缚定义成了一个动态过程，从能量的角度来看待这个问题。

重新认识了摆脱地球束缚的概念之后，再结合能量守恒定律，第二宇宙速度就可以计算出来了。飞行器飞离地球，在宇宙中运动的时候，它的总能量其实是由两部分组成的。一部分是它的动能，还有一部分是地球对它的引力产生的重力势能，也叫引力势能。重力势能很好理解，在地球表面上一个物体的海拔越高，重力势能就越大。因为它从高处落下的时候，肯定是高度越高，落地的速度越快。

飞行器在地球表面刚刚发射的时候，发动机加速让它获得了动能，但它同时还具有与地球之间的重力势能。这里我们可以假设，它是直接在太空里起飞的，没有空气摩擦的问题。那么根据能量守恒定律，不管它飞到什么地方，它的总能量是不变的，也就是等它飞出去之后，重力势能增加，动能减少，并且重力势能的增加量一定等于动能的减少量，因为总能量是要守恒的。

把摆脱地球的束缚转化成物理语言，就是当飞行器飞到无穷远处的时候，它的动能依然不为 0。此外，我们还可以把飞行器飞到无穷远处的重力势能算出来（在无穷远处重力势能为 0）。

下面能量守恒定律就派上了用场，我们让飞船在地球上发射时的动能加上重力势能，等于它在无穷远处的动能加上重力势能，并且令宇宙飞船在无穷远处的重力势能还要大于 0，就可以倒推回在地球起飞时的速度至少要多大，也就得到了第二宇宙速度。

通过计算，我们得到地球的第二宇宙速度大概是 11.2 千米 / 秒，这跟第一宇宙速度 7.9 千米 / 秒相比又大了不少。

然而，实际情况并没有那么简单。当你真的达到了第二宇宙速度后，还有太阳引力在等着你。为了摆脱太阳的束缚，还需要达到第三宇宙速度。

第三宇宙速度的计算方法跟第二宇宙速度是类似的。只要计算飞行

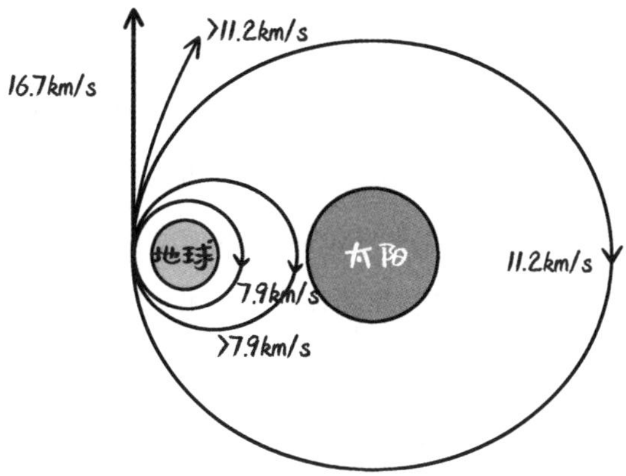

图3-5　三种宇宙速度

器发射时的动能加上相对于太阳的重力势能，让这个总能量在到达无穷远处的时候，仍然可以令飞行器的动能大于 0，这就叫完全脱离太阳的束缚了。

第三宇宙速度算出来更大一些，大约是 16.7 千米 / 秒。其实真飞出了太阳系，还有银河系，出了银河系还有河外星系，等等，所以光有第三宇宙速度是不够的。由此可见，人类的提速之路异常艰辛。

但是情况也没有那么糟糕，因为一旦进入了太空，给飞行器加速的能量就未必需要自己生产了。我们可以很好地利用其他天体，从它们身上“偷”能量。

第四节

弹弓效应（slingshot effect）：星际航行的“神”操作

在我们真正飞出大气层进入太空之后，为了更高效地飞行，就需要充分利用各大天体的引力，来给飞行器加速，因为飞行器携带的燃料是有限的。

这里就要用到太空航行里一个非常重要的物理现象，叫作弹弓效应。

生活经验

踢足球的人会有这样的经验，踢一个向你迎面滚过来的球，比踢一个待在地上不动的球要踢得更高更远。这里的物理原理究竟是什么呢?

这里其实用到了一个力学概念，叫作弹性碰撞（elastic collision）。弹性碰撞的特点是，两个物体在碰撞之前和碰撞之后，相对速度的大小是不变的。

皮球具有弹性，脚踢球就很接近于弹性碰撞。当球向你滚过来的时候，脚跟球接触的瞬间，它们之间的相对速度比球不动时更快。

所以足球在被踢出去离开脚的时候，相对于脚的速度，是跟被踢出去之前相对于脚的速度差不多的。踢完球，脚还是往前的，所以这个时候皮球相对于脚的速度不变，而它相对于地面的速度，还要加上脚向前运动的速度，这个速度当然比踢一个不动的球更大。弹弓效应的原理，跟踢滚过来的足球踢得更高远的原理是一样的。

弹弓效应的基本原理

前几年有一部电影，叫《火星救援》。其中有一个情节是，人类派往火星的探测小分队在从火星返航的途中，发现在火星上遭遇了风暴的男主角还活着，并且在火星上利用自己的科学知识生存了下来。

队员们当然决定回火星接他，但他们的做法不是让宇宙飞船停下来，再掉头返回火星，而是让飞船继续朝地球加速飞行，在地球边缘打了个转，最后才飞回火星。

为什么要这样做呢？因为宇宙飞船的速度是非常大的，要把宇宙飞船停下来再反向加速，要耗费非常多的能量。有限的燃料可能无法支持宇宙飞船达到理想中的速度。而加速飞往地球，绕地球半圈反而可以获得更大的速度，这就是弹弓效应。顾名思义，就是让地球充当了弹弓，宇宙飞船在地球这个“弹弓”的作用下，被“弹射”了出去。

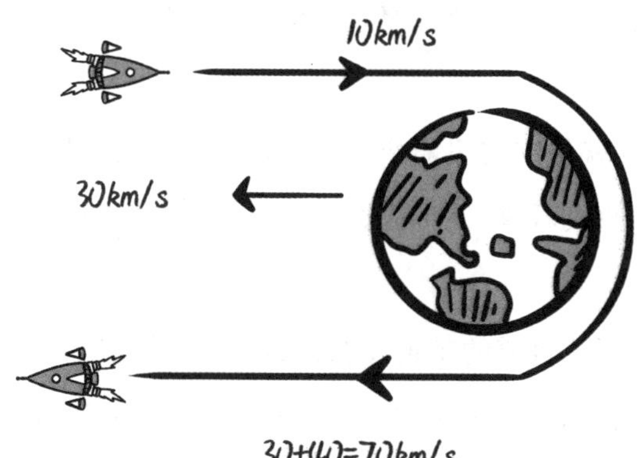

图3-6　弹弓效应

从宏观的效果来看，整个过程跟地球踢了一艘朝它滚过来的宇宙飞船一般。要知道，地球围绕太阳公转有一个不小的速度，差不多是 30 千米 / 秒，而一般宇宙飞船的速度大概只有 10 千米 / 秒。如果宇宙飞船沿着地球空间轨道的切线飞向地球，那么宇宙飞船和地球之间的相对速度就是 30+10=40 千米 / 秒。

之后宇宙飞船被地球从反方向"踢"回去，根据刚刚介绍的弹性碰撞的原理，宇宙飞船相对于地球的速度也是 40 千米 / 秒。但是别忘了，地球在把宇宙飞船踢出去的同时自己还在绕着太阳公转，所以这个时候宇宙飞船相对于太阳的速度就是 30+40=70 千米 / 秒。

弹弓效应的加速机制

那地球是具体怎么给宇宙飞船加速的呢？其实也很简单，宇宙飞船在接近地球的时候，会进入地球的外部轨道，暂时成为一颗绕地球运动的卫星。

地球不光有月亮这一颗卫星，其实地球上空还飘浮着成千上万的人造卫星，这么多的卫星堆在天上不会相撞，主要原因就是每颗卫星都有自己既定的运行路线，我们称之为轨道。就像铁轨一样，虽然我们可能有上千趟列车，无数条轨道，运行起来错综复杂，但是只要轨道相互不交叉，就不会发生相撞的事故。

整个弹弓效应的加速过程就是宇宙飞船快速从地球的一侧飞入地球的轨道。这个时候在地球上的人看来，宇宙飞船只是开始绕地球转动而已。

由于地球有引力，进入了地球轨道的宇宙飞船，可以说是被地球“俘获”了，开始绕地球转圈。而转圈的速度是宇宙飞船和地球的相对速度，也就是上面所说的 10+30=40 千米 / 秒。

宇宙飞船以 40 千米 / 秒的速度绕地球转了半圈以后，再开动发动机把自己推出地球的轨道。宇宙飞船离开地球的相对速度还是 40 千米 / 秒，但这个时候相对于太阳来说，它已经加上了地球公转的速度了，也就是 40+30=70 千米 / 秒。

当然在利用弹弓效应的实际操作过程中，宇宙飞船无法获得如此大的加速，我此处只是代入数字让你感受一下加速的过程。70 千米 / 秒这个速度已经远远超过地球的第二宇宙速度了，这样的高速是无法让宇宙飞船自然地围绕地球转动半圈再加速飞出的。

在现实中，宇宙飞船也是这样运行的。让地球上发射的宇宙飞船飞出太阳系需要 16.7 千米 / 秒的第三宇宙速度，单靠火箭加速是很难达到的。那么就要事先算准行星的运行轨道，比方火星的运行轨道，算准火星的运行方向，在适当的时机让火星充当宇宙飞船的弹弓，才能让宇宙飞船获得很大的速度，因此轨道的计算是极其重要的。

The Largest

极大篇

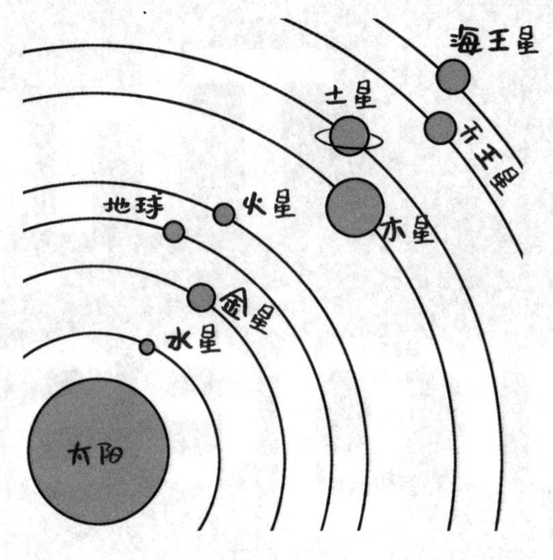

/// 导读 ///

宇宙的起源

说到大，你能想到什么？根据我们的生活经验，最容易联想到的大是空间尺度的大。可以大到什么程度呢？自然是大到全宇宙的范围。

除此之外，还有时间尺度的大，它体现为时间的长久。时间可以久到什么程度？久到从宇宙的诞生到宇宙的死亡，当然前提是宇宙如果有一个灭亡的终点的话。

“极大篇”，是要帮助你认识尺度极大的存在。**除了空间的大，还有时间的长。**

内容安排

第四章，我们先把宇宙当成一个整体，了解宇宙的诞生、成长和未来；我们会在本章中讨论，为什么**宇宙的大小必须是有限的**，以及为什么宇宙必须是有一定年龄的，宇宙大爆炸理论（the big bang theory）很好地描述了宇宙如何诞生。

第五章，我们再来看看宇宙里都有些什么东西，其实就是各种各样的天体。从质量小的到质量大的，它们长什么样，以及各自都有些什么性质；虽然宇宙中天体的种类多如牛毛，有恒星、行星、卫星、彗星（comet）、中子星（neutron star）、白矮星（white dwarf）、红矮星（red dwarf）、黑矮星（black dwarf）、红巨星（red giant）、超新星（supernova）……数不胜数，但是总的来说，如果把天体作为一个单体对象研究的话，**天体的质量等级最具有决定性意义**，质量的大小直接决定了一个天体的演化路径。

第六章，我们来了解一下宇宙当中万物的联系，让看似不相干的天体互动起来。这里涉及一个既熟悉又陌生的概念——万有引力；万有引力是牛顿率先提出的，然而牛顿有一句名言，大意是“我之所以有这样的成就，是因为我站在巨人们的肩膀上”，此话并非过谦，而是所言非虚，第六章要研究清楚牛顿是如何站在开普勒（Johannes Kepler）和伽利略（Galileo Galilei）两位巨人的肩膀上建立起万有引力理论的。

阅读完“极大篇”，你将会对人类目前有关宇宙的探索有一个相对全面的认知。

第四章
Chapter 4

宇宙的前世今生
The Past and the Future of the Universe

第一节

宇宙的现状

…●…

宇宙的诞生、成长和未来有一个时间极长的过程，但是我们先不讲诞生，而是先讲成长。

为什么呢？因为物理学的基本研究方法，是从**现有的、可以观测到的信息**入手。宇宙目前处在一个成长期；宇宙的诞生发生在很久之前，我们没看到；而宇宙的未来，我们也还看不到。所以我们只能够从宇宙当下的成长入手，先研究宇宙的性质，再通过演绎法，反推回宇宙诞生的时候是什么样的，并预言宇宙的未来。

核心问题：多大？多久？

上千年之前，哲学家、科学家们就在思考两个终极问题。

（1）宇宙是有限大，还是无限大的？换句话说，宇宙有没有边界？

（2）宇宙是存在了有限久，还是无限久？宇宙是不是也像人类一样，有诞生、消亡的过程？

对于这个问题，牛顿给出了一个看似无可辩驳的答案：宇宙当然是无限大的。

牛顿的理由也很简单，因为那个时候牛顿已经发现了万有引力定律，就是任何有质量的物体之间都存在相互吸引的作用力。如果万有引力是正确的话，那宇宙中的所有天体之间都应该相互吸引。但是很明显，我们现在观察到的天体、星系之间都保持着一定的距离。这个距离还很大，动辄几光年、几十光年。

但万物并没有因为万有引力的存在而相互靠近，那是万有引力失效了吗？是什么样的力量，在阻止宇宙中的物质挤成一团呢？似乎只有当宇宙是无限大的时候，才能解释这个现象。

牛顿的论证也很简单，假设单看宇宙中某一个天体 A，当它受到某个天体 B 的吸引，根据万有引力，它就有向这个天体 B 运动的趋势。由于宇宙是无限大的，**则一定可以在这个天体 A 的另外一侧再寻找到一个天体 C，它对天体 A 产生一个与天体 A 和天体 B 之间方向相反且相同大小的吸引力**。如此，天体的受力便平衡了，不会发生与其他天体挤成一团的情况。 这当中的核心推论是，“无限大”意味着只要找，就一定能找到，无限大包含了一切可能性。当然，这个推论与其说是个物理学推论，实际则更具哲学意味，我们其实无法用实验的方式去验证它。

总体来说，恰恰因为宇宙是无限大的，所以宇宙中的每一个点都是中心点。处在中心点的天体，一定可以在它周围找到足够多的物质，使自己受到的引力平衡，宇宙就不会收缩成一团了。相反，如果宇宙是有限大的话，必然会在万有引力的作用下收缩到一个中心点。

其实现在看来，牛顿的论证过于理想化，因为无限大只是一个数学概念，从生活经验来说，人是无法感知无穷大的。但宇宙并没有因为万有引

图4-1 宇宙中的天体受力平衡

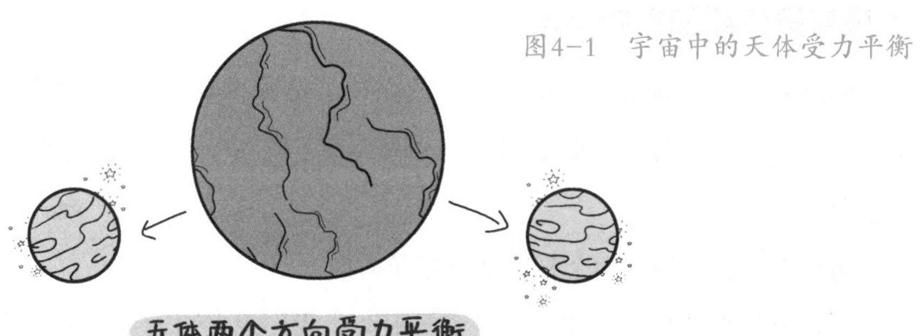

力的作用而收缩，我们还好好地活着，这又让牛顿的论证看似无懈可击。

那就先让我们假设牛顿是对的，再来看看下一个问题：宇宙有没有一个年龄？它是存在了有限久，还是无限久？

我们知道，地球差不多是46亿年前诞生的，太阳大约是50亿年前诞生的。那宇宙是不是也有一个年龄呢？对于这个问题，19世纪的德国哲学家奥伯斯（Heinrich Wilhelm Olbers）给出了他的回答：根据牛顿宇宙无限大的论证，**宇宙必然是已经存在了有限久的时间**。如果宇宙存在了无限久的话，那我们现在就不可能看到白天黑夜交替，应该一**整天都是白天**。

奥伯斯的论证也非常通俗易懂。既然宇宙是无限大的，那宇宙中就应该有无限多的正在发光的星星。如果仰望星空，不管朝哪个方向看过去，那个方向上一定会有正在发光的，并且已经存在了无限久的星星，因为“无限”的意思就是，只要找，就一定会有。在奥伯斯的时代，人们已经知道了**光的传播是需要时间**的。如果宇宙存在了无限久，那么所有星星发出的光，必然都已经传到了地球上并被我们观察到。因此不管我们向哪个方向望过去，都能看到有星星在发光。这样一来，整个天空都应该被星光填满，地球上应该永远是白天。

然而现在的情况是白天和黑夜交替变换，所以只要宇宙是无限大的，宇宙的年龄就一定是有限的。

牛顿与奥伯斯的自相矛盾

如此看来，宇宙是否无限大，以及存在了是否无限久这两个问题，似乎已经被轻松回答了。但是如果把这两个答案放在一起的话，这两个论证就有破溃的危险。

为什么呢？因为这两个答案是自相矛盾的。

根据奥伯斯的论证，宇宙存在了有限久。我们现在知道宇宙的年龄大概是 138 亿岁，也就是说在 138 亿年以前，宇宙并不存在，它有一个诞生的过程。这就好像盖房子一样，我们用有限的时间，只能盖出一栋有限大的房子。宇宙是怎么变成无限大的呢？也就是说，无限大的宇宙却有一个有限大的年龄这一结论，存在根本的逻辑矛盾。除非宇宙从诞生开始，就是无限大的。这倒是比较符合神话故事中的“创世”思想，但对于物理学家们来说，这个“创生”的过程是无法用物理学去理解的。

问题的问题

那么这种矛盾要怎么解决呢？有时候，一个问题找不出正确答案，可能不是解法有问题，**而是问题本身问错了**。例如，你问我，一个苹果的心率是多少？苹果没有心脏，哪里来的心跳？这就是一个典型问错了的问题。

宇宙是否无限大？存在了是否无限久？这两个问题一旦问出来，其实已经假定了宇宙目前的状态是固定不变的。它完全忽视了另外一种可能性——宇宙有可能时刻在变化。宇宙难道不会是一栋只盖到一半的房子吗？针对这个问题，直到 1929 年，美国天文学家哈勃（Edwin Hubble）才给出了一个令人信服的答案。

第二节

哈勃定律（Hubble's law）：宇宙在膨胀

哈勃定律

1929 年，美国天文学家哈勃提出了他一生中最重要的一条关于宇宙的定律——哈勃定律。哈勃定律指出，**宇宙正在加速膨胀**。

膨胀比较好理解，就是宇宙在越变越大。宇宙中的任意两个点，都在相互远离。而加速的意思是说，如果宇宙中两个点的距离越远，那么它们相互远离的速度就越快。可以用吹气球来形容这个过程。我们的宇宙就好像一个正在被吹大的气球表面，宇宙中的天体、星系就好像气球上的不同点。在气球被吹大的过程中，气球上任意两个点的距离是越来越远的。

哈勃是怎么发现宇宙正在膨胀的呢？这源于他用天文望远镜对宇宙中 20 多个星系进行的观测。哈勃发现，所有的星系都在远离我们，且离我们越远的星系，远离的速度越快，于是就得出了宇宙在膨胀的结论。哈勃还总结出了一个经验公式，就是著名的哈勃定律：

$$v = HD$$

v是星系远离的速度，D是星系之间的距离，H是哈勃常数（Hubble constant），差不多是70 km/（s·Mpc）。秒差距（pc）是一个距离单位，约等于3.26光年。也就是一个与我们相距大约是3.26光年的星系，远离我们的速度大概是每秒7厘米。

那么问题来了，宇宙为什么在膨胀，而且还是加速膨胀呢？

用我们吹气球的例子来类比。气球会膨胀是因为有人在吹它，也就是需要给气球一个初始推动力。现在科学家们普遍认为这个初始推动力是由宇宙大爆炸（the big bang）产生的。

大爆炸理论可以解释为什么宇宙在膨胀，但是不太能解释为什么会加速膨胀。我们吹气球的时候，会觉得气球越吹到后面越费劲。而宇宙这个大气球，越吹到后面还越有劲儿，好像连着一个鼓风机一样。

那么使宇宙加速膨胀的能量是哪里来的呢？

宇宙膨胀的能源：暗能量（dark energy）

目前的物理学理论还没有办法解释宇宙加速膨胀的问题。于是，科学家们提出了一个概念，叫作暗能量。

什么是暗能量呢？就是支撑宇宙加速膨胀的能量。之所以叫暗能量，就是因为它看不见、摸不着，连仪器也没有办法探测到，我们现代的实验对它几乎是一无所知。

暗能量只是科学家为了解释宇宙膨胀现象强行“发明”出来的概念。如果暗能量真的存在的话，根据计算，它占全宇宙能量与物质总量的68% 左右。暗能量的概念可以解释一些宇宙学（cosmology）的问题，但是除了宇宙膨胀现象之外，我们几乎看不出其他效果。

回到基本问题

再回到宇宙是有限大还是无限大的问题。**目前的答案是：宇宙是有限大的，并且在不断地膨胀**。既然宇宙有限大，就会碰到牛顿最早提出的问题：宇宙中的天体为什么没有在万有引力的作用下挤成一团呢？

有了哈勃定律，这个问题就简单了。因为尽管万有引力有令万物聚合的趋势，但是宇宙的膨胀超越了万有引力的效果，甚至使天体间的距离越来越远。

再来看看宇宙是不是存在了无限久这个问题。奥伯斯关于宇宙存在了有限久的结论，是从牛顿宇宙无限大的观点推导出来的。现在牛顿的观点错了，这个问题就需要重新考虑。

现代物理学中，我们对宇宙的年龄有一个确定的答案：宇宙大约是在 138 亿年前诞生的。而这个结论是从哪里来的呢？

答案是通过哈勃望远镜观测得来的（哈勃望远镜是通过火箭升上太空，并在地球轨道中运行的一台反射式天文望远镜，跟天文学家哈勃并无直接关系，只是以哈勃的名字命名用以纪念哈勃对天文学做出的卓越贡献）。因为太空里没有大气层的干扰，哈勃望远镜可以收集到更多宇宙中的光和其他信息。

科学家得出宇宙的年龄大约是 138 亿岁的依据是，**哈勃望远镜能看**

图4-2　哈勃望远镜

到的最远的地方，差不多就是 138 亿光年远，再远就看不到了。这个解释其实跟奥伯斯的论证有异曲同工的地方。光用来走到地球的时间，最多就是 138 亿年左右。

比 138 亿光年还要远的星球的光，还没有足够的时间可以传到地球上。所以光可以用的时间，就是宇宙存在的时间。

至此，我们开篇提出的两个终极问题都得到了回答:宇宙是有限大的，并且还在加速变大;宇宙存在了有限久，年龄是 138 亿年左右。

宇宙既然是有限大的，那它的大小是多少呢？答案是直径 940 多亿光年，这是通过哈勃定律计算得出的结果。虽然我们只能看到 138 亿光年远，但这并不代表宇宙的半径就是 138 亿光年。

因为我们看到宇宙最远处发出的光，经过了 138 亿年的时间才到地球上。但是在这段时间里，当初发光的点还在不断远离我们，所以宇宙的半径肯定不止 138 亿光年。如果把宇宙看成一个球体的话，根据科学家们的计算，宇宙的直径大约是 940 多亿光年。

有了这两个答案，我们还要继续追问，宇宙是怎么来的？它刚刚诞生的时候是什么样子？这个问题直接导向了宇宙大爆炸理论。

第三节

光谱（spectrum）与多普勒效应（Doppler effect）：宇宙在膨胀的证据

在讨论宇宙大爆炸理论之前，我们要对哈勃所做的工作有更多的了解。哈勃是通过观察星系的运动情况，从而得出了所有星系正在远离我们的结论，并且星系离我们的距离越远，远离我们的速度就越快。

如何知道天体离我们有多远?

当我们用天文望远镜观察宇宙的时候，能看到的只是发光的天体。那怎么知道某个天体离我们有多远呢？又怎么知道它在远离我们而去呢？难道是哈勃用的望远镜特别高级吗？

这里的关键技巧有两个，分别是光谱和多普勒效应。

光谱：物质的指纹

在元素周期表上，已知有 92 种天然元素（不包含同位素）。

我们周围的物质都是由原子组成的。每种原子的内部结构不同，拥有不同的物理、化学性质。总的来说，原子的内部结构可以分为原子核和电子（electron）。其中原子核带正电荷，电子带负电荷，电荷之间同性相斥、异性相吸，静电荷之间的作用力叫库仑力（Coulomb's force），电子在原子核库仑力的吸引下围绕原子核运动。

原子有不同的能量等级，叫作能级（energy level），表现为电子在围绕原子核运动时所处的不同状态。量子力学神奇的地方就在于，原子内的能级不是任意的，而是只能取某些特定的值。物理定义：电子的能

图4-3 电子跃迁

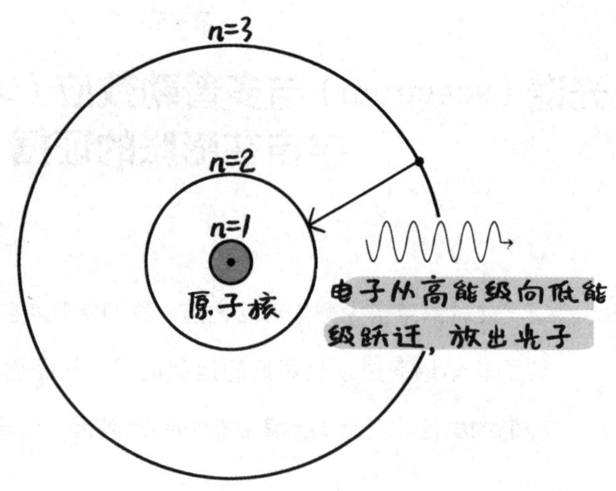

量是量子化的（quantized）。量子化的意思就是电子的能量可上可下，但是它上下的规律就像爬楼梯一样，只能取一些特定的值，能级之间有能量间隔，而不是像滑梯一样每个值都能取到。

物理学里还有一个重要原理，叫作能量守恒定律：能量不能凭空出现，也不能凭空消失。在一个封闭系统里，能量的总量保持不变。

当一个处在高能级的电子跳到低能级时，它的能量减小了。但根据能量守恒定律，这部分能量不能凭空消失，那它跑到哪里去了呢？答案是这部分能量会变成一个光子，从原子里射出。光子携带的能量，恰好就是电子从高能级运动到低能级所损失的能量。这种原子释放出光子的行为就是热辐射（thermal radiation）的成因。

因为电子的能量是量子化的，只能取特定的值，所以当电子在能级中跃迁时，发出的光子能量，也只能取某些特定的值。

然而光子的能量只与它的频率（frequency）有关，因此特定的原子产生的热辐射，它发出的光就只能是某几种特定的频率。

如果是可见光，不同频率就对应于不同的颜色。比如太阳光可以分为红橙黄绿蓝靛紫，从红光到紫光频率逐渐变高。我们去研究某种原子的热辐射现象时，把它发出的所有可能的光记录下来，就得到了它的光谱。比如氢原子的光谱对应的波长如图 4-4。

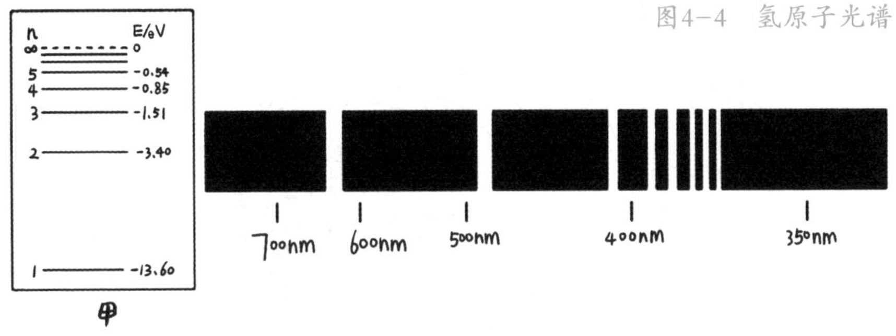

图4-4　氢原子光谱

每一种原子都有唯一的光谱，两两不相同。也就是说，原子的光谱相当于它的“指纹”，看到光谱，就知道是哪种原子在发光，并且根据光谱中不同频率的光的强度，我们还能推测出发光的物质处在什么样的温度。

多普勒效应：天体的测速器

多普勒效应在生活中很常见，一辆汽车按着喇叭呼啸而来，你听到的声音先高后低，这其实就是多普勒效应。

多普勒效应说的就是，当声源和接收者存在相对运动时，接收者收到的声音频率会与声源发出的频率不同。具体的规律是，当两者相互靠近的时候，声音频率会变高，反之则降低。多普勒效应的物理过程可以这么理解，我们听到声音的时候，听到的其实是声波。声波就是空气的周期性振动，一次完整的振动可以被描述为一个“波包”（wave packet），从波头开始到波尾结束，前面一个波包的波尾就是后面一个波包的波头。你听到的声音变高了，本质是因为你的耳朵在单位时间内接收到了更多数量的波包。

一辆汽车按着喇叭呼啸而来，喇叭发出一个波头之后，还要继续发出波尾。但是当它真的发出波尾的时候，在这一段振动周期里，相对于接收者来说，声源已经往前运动了一段距离。也就是说，当波尾传到接

图4-5 声波的不同接收

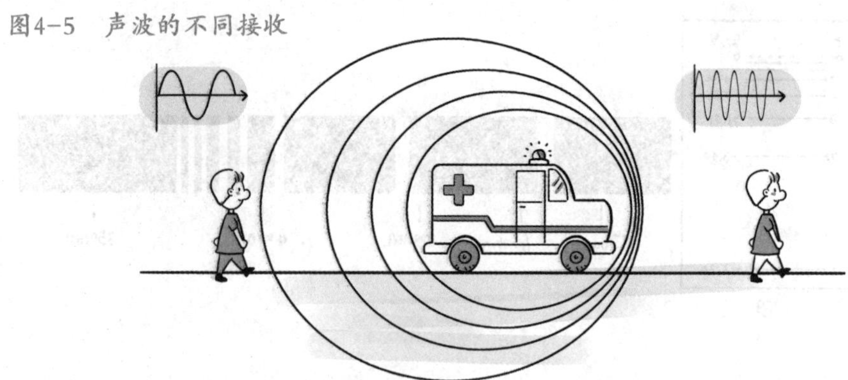

收者耳朵里的时候，它要跨越的距离比波头要跨越的距离短。波尾到达耳朵的时间，就比汽车不动的情况下用的时间要短。因此，接收者接收到一个完整波包所用的时间，相较于汽车静止的情况下缩短了，在单位时间里，接收者接收到了更多的波包，声音的频率就变高了。

在汽车远离的情况下，波尾发出的时候，汽车相对于接收者已经远离了一段距离。波尾要比波头花更长的时间才能传到人的耳朵里。因此在单位时间里，接收者接收到的波包就减少了，对他来说，声音的频率就变低了。

多普勒效应不仅适用于声波，对一切波都有用。光，也就是电磁波，电场和磁场在传播过程中进行着交替振动，也存在多普勒效应。

同理可证，当光源在向接收者靠近的时候，接收者接收到的光的频率比光源发出的原频率要高，在天文学上叫作蓝移（blueshift）；当光源在远离接收者的时候，接收者接收到的光的频率比原频率要低，叫作红移（redshift）。因为在光谱上，频率变低是往红光的方向运动，频率变高则是往蓝光的方向运动。

有了光谱以及多普勒效应这两个工具，我们就能够通过天文观测，算出天体离我们有多远，以及它们是正在远离、靠近，还是不动。

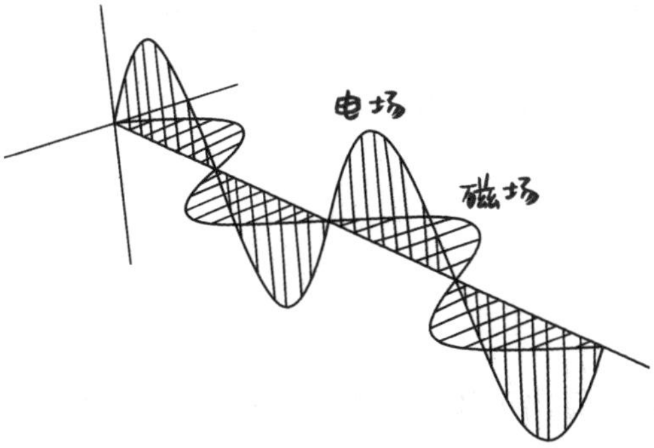

图4-6　电磁波

第四节

宇宙膨胀的证据

如何测出天体远离我们的速度?

首先，我们可以测量出远处的天体远离我们的速度。方法很简单，就是用测量到的天体发出的光的频率，与天体原本发出的光的频率进行比对，再通过多普勒效应进行计算。

哈勃测量到的结果是天体发出的光的频率都降低了，也就是说它们都发生了红移。因此，哈勃得出结论，这些天体都在远离我们。但是问题来了,我们怎么知道某个天体原来的频率是多少呢？答案是借助光谱。我们可以通过天体的光谱，来反向推算它原有的频率应该是多少。光谱相当于发光天体的指纹，只要能分析出天体的光谱，我们就大概知道这个天体发光的原频率是什么样的。

但还是那个问题，我们接收到的光谱，是已经经历过红移后的光谱，那要怎么知道它原来的光谱是什么样的呢？其实在光谱中，除了光的频率之外，还有一个更重要的信息，那就是不同光的组合。比如说一种物质的光谱有橙光、绿光和紫光三种，它们的强度比例可能是 1：2：3。

即使经历过红移，三种光的频率之比以及所占整体强度的百分比也是固定的，我们依然可以根据成分和比例关系判断出它们对应的应该是哪一种或哪几种物质的光谱。这样，我们就可以用红移后的频率跟原频率做比对，从而算出天体远离我们的速度。

如何测出天体离我们有多远？

除了速度，我们还可以算出天体与我们的距离，具体做法是依靠天体的亮度（luminosity）进行判断。

生活经验告诉我们，一个发光物体距离观察者越远，观察者感受到的亮度就越弱。所以只要把探测到的天体的亮度，与天体原本的亮度进行比较，就能算出天体离我们有多远。

但还是那个问题，我们怎么知道它原本的亮度是多少呢？答案依然是借助光谱。光谱不但能告诉我们发光的物质是什么，还能告诉我们发光物质的温度是多少。而在天体物理学中，只要知道一个天体的温度，就能算出它的质量应该有多大。算出它的质量后，就能用数学模型推算出它的原本亮度是多少，再与我们接收到的亮度进行比对，就能知道天体离我们有多远了。

第五节 宇宙的诞生

宇宙大爆炸理论

哈勃定律指出，随着时间的推进，宇宙一直在膨胀。我们利用逆向思维，让时间倒流的话，倒推出来，宇宙一开始应该是非常小的。这就是宇宙大爆炸理论的基本思想。

宇宙大爆炸是现在被人们广为接受的关于宇宙起源的理论。大爆炸理论说的是，宇宙一开始是一个没有体积、密度无限大的奇点，随后发生了大爆炸，时间和空间被创造出来。

宇宙一开始是炙热的，充满了能量，并且温度极高。但是随着宇宙的膨胀，它慢慢地冷却下来，各种粒子开始形成。又在万有引力的作用下，物质聚合到一起，形成了天体和星系。经过 138 亿年的时间，逐渐发展成今天的模样。

宇宙大爆炸理论，最早是在 1927 年，由比利时宇宙学家勒梅特（Georges Lemaître）提出的，勒梅特解出了爱因斯坦广义相对论场方程的一个严格解，提出了宇宙最早开始于一个"原初原子"（primordial atom）的爆炸，这就是最早的宇宙大爆炸理论。以当时的眼光看，大爆炸理论只能被当作一种理论，几乎没有任何坚实的实验证据。

宇宙大爆炸理论的流行，要归功于两位美国科学家彭齐亚斯（Arno Penzias）和威尔逊（Robert Wilson），他们于 1965 年发现了宇宙微波背景辐射（cosmic microwave background radiation），为宇宙大爆炸理论提供了强有力的证据。

宇宙微波背景辐射

在 20 世纪 60 年代，射电望远镜已经被发明出来。传统望远镜是由透镜组成的，有两块大玻璃就能够观察星空。但射电望远镜并不是玻璃做的，从形状上来看，它跟卫星电视的接收天线是一样的。射电望远镜的优势在于，它可以接收传统望远镜接收不到的信号。

传统的天文望远镜主要用来接收可见光，而射电望远镜是用来接收比红外线（infrared）波长还要长的电磁波信号，因此就做成了天线的形状。

波长在红外线以上的电磁波不会因为大气层的散射而过多地衰减，所以只要把射电望远镜的口径做得足够大，就能探测到更多的电磁波信

图4-7 射电望远镜

号。当时彭齐亚斯和威尔逊两个人并没有明确的目的，只是单纯地想用射电望远镜看看宇宙里都有哪些电磁波信号。为了排除一切可能的信号干扰，他们挑选了远离城市的僻静之地进行观测。

神奇的是，不论望远镜指向什么方向，总有一个频段处在微波范围内的微弱信号存在，跟我们平时用的微波炉的波长类似。

现实世界中的仪器总是有误差的，一般人可能会把这个信号理解为背景噪声。但是两位科学家发挥了钻牛角尖儿的极致精神，他们排除了一切可能性，最后得出结论：这个信号只能是从宇宙的最深处传来的。

为什么会得出这样的结论呢？因为如果信号是从宇宙中某个特定位置传来的话，它的**强弱一定是与方向有关的**，望远镜瞄准这个方向会收到最强的信号。然而两位科学家观测到的微波信号却与观测的方位关系不大，所以信号源一定不是某个具体的星体，而是遍布在宇宙空间当中的。

一个合理的解释就是，该信号作为一种“背景信号”，是从宇宙深处传来的，并且是宇宙各个方向的最深处，因此才是“背景”，所以被命名为宇宙微波背景辐射。其实宇宙微波背景辐射很容易观察到，当没有信号输入时，老式电视机屏幕上会出现雪花点，这些雪花点有很大一部分就是宇宙微波背景辐射的信号。

图4-8　宇宙微波背景辐射强度分布图

宇宙微波背景辐射如何佐证宇宙大爆炸理论?

宇宙微波背景辐射的存在很好地佐证了宇宙大爆炸理论的正确性。

根据多普勒效应，凡是从宇宙深处传来的电磁波，都经过了充分的红移。也就是说，信号在发出之前，它的频率应该比微波高不少。如果宇宙大爆炸理论是正确的，那么宇宙在早期刚刚发生爆炸的时候，由于能量和温度都极高，宇宙应该处于“一锅热汤”的状态。

而宇宙微波背景辐射是从宇宙深处传来的，倒推回 138 亿年前，它应当恰好记录了宇宙诞生之初的状态。根据计算，我们把微波背景辐射的频率用红移反推回去，就会发现这些微波从宇宙深处传来之初，确实是处于一种炽热的状态。微波背景辐射作为宇宙诞生之初的印记，提升了宇宙大爆炸理论的可信度。

第六节

宇宙会死亡吗?

宇宙的未来

根据已有的物理学知识，我们知道了宇宙不仅有限大，还在不断地加速变大，宇宙的年龄在 138 亿岁左右，并且宇宙诞生于一场大爆炸。

也就是说，我们知道了宇宙的起点和宇宙的现状。如果把时间箭头推向极早的过去和极远的未来，我们不禁要问两个终极问题：宇宙在诞生之前是什么？宇宙的未来会如何？它会一直膨胀下去吗？还是宇宙会来到一个终点，经历某种死亡呢？

关于这两个问题，物理学还没有给出确切的答案。人类到现在还没有出过太阳系，物理学也不过存在了几百年时间而已，我们要如何去讨论 138 亿年以前和几百亿年以后的事情呢？

但是霍金（Stephen Hawking）给出了一个颇具哲学意味的答案，也有少许物理理论支撑，那就是著名的无边界宇宙模型（Hartle-Hawking state）。

宇宙大爆炸之前是什么？

无边界宇宙模型首先回答了第一个问题，就是宇宙大爆炸之前是什么。

霍金的答案是这个问题问得就不对，因为从大爆炸开始，时间和空间才诞生。既然要问之前和之后，就已经假设时间存在了。**如果大爆炸之前时间还不存在的话，就根本不存在“之前”的问题**。

无边界宇宙模型给出了一个对于宇宙时空的描述。我们可以把时空想象成一个球体的表面，比如地球表面。问大爆炸之前是什么，就好像在问，地球上比北极更北的地方是哪里？这个问题是不成立的，因为北极已经是地球上最北的地方了。站在北极往任何一个方向走，都是向南移动。

宇宙大爆炸伊始，时间和空间才诞生，宇宙开始膨胀，就好像从北极点开始向南走。沿着时间的箭头，宇宙一路膨胀下去。

无边界宇宙模型：宇宙不会无限膨胀下去

之后来到第二个问题：宇宙的未来是什么样的？会无限膨胀下去吗？

无边界宇宙模型认为，随着时间的推移，宇宙会膨胀到一个极限。到了极限之后，时间开始倒流，宇宙就开始收缩，再回到大爆炸时候的状态，变为一个奇点。然后再开始一次新的大爆炸，如此循环反复。

就好像一个人从北极出发，一路向南走，走到南极就不能再往南走了。南极就对应于宇宙膨胀所能达到的极点。到了南极之后再往下走，任何一个方向都是往北，对应着宇宙膨胀到极点以后开始收缩，时间开始倒流。

这就是无边界宇宙模型对宇宙前世今生的描述。从这个模型来看，我们的宇宙被牢牢地约束在时空的范围之内，**因为没有时空，就不存在万物**。从哲学角度看，这大概涉及人类的精神是如何认识世界的。我们的精神是构建在时空基础之上的，如果不谈时空，便不在我们的认知范围内，对我们来说就是不可知的。

既然不可知，强行去讨论时空框架以外的东西，就没有任何意义。

关于时间倒流的问题，无边界宇宙模型也没有给出清晰的定义。因为人类的认知模式让人类无法用感官去理解所谓的时间倒流，人类的精神只能感知时间的单向流动。

时间是什么？

亚里士多德（Aristotle）认为：所谓时间，不过是人类的记忆。正因为我们有记忆，才能感受到时间的存在。

如果抛开人类对于时间的感知，甚至可以说时间并无正向、逆向之分。所有时间点和所有空间位置都在那里，只是人的意识只能以时间正向流淌的方式来感知世界。人类会觉得时间和空间是完全不同的东西，因为空间可以用感官去感受，而时间的流逝只能体现为人的记忆。

从物理学的角度来看，一个电子在时间正向流动的情况下，从 A 运动到 B，这个过程也可以理解为在时间倒流的情况下，一个带正电的正电子 [（positron），即电子的反粒子（anti-particle）] 从 B 运动到了 A，这两个物理过程完全是等价的。时间的流动方式对于一个电子来说，是无所谓正向还是逆向的。

在物理学的框架中，尤其是在微观世界，时间跟空间其实是等价的。时间跟空间一样，都可以用坐标来标记位置，时间只不过是微观粒子的第四个坐标而已。既然时空等价，为什么我们的物理学还要把它们区分开呢？这就回到我们在序言里讲过的，先归纳、再演绎、后验证的认知过程。

物理学的原理必须从观察和归纳中得来，但是在更高级的科学领域，比如相对论和量子场论，甚至最尖端的弦理论、量子引力力学，时间和空间已经不做明显区分了，时间坐标和空间坐标一样，只以坐标的形式体现。

第五章
Chapter 5

宇宙里有什么
What do we have in the Universe

第一节

宇宙里有什么

宇宙中有各种各样的天体，有像太阳一样自己能发光的，有像月亮一样自己发不了光，但是可以反射太阳光的，也有像黑洞（black hole）一样完全不发光的，种类繁多。

单看发光这一个特性，就可以分为很多方面。比如天体自身能不能发光？发什么颜色的光？是不是可见光？那到底是什么决定了天体多种多样的性质呢？其实归根结底，天体之间最大的差别，或者说对性质具有最大影响的参数，就是天体的**质量**（mass）。

质量的划分

按照质量由小到大来划分，宇宙中的天体大致可以分为三个档位。

以太阳的质量（solar mass）作为参照物，质量小于 0.07 倍太阳质量的，可以分为一类。这一类天体，靠自身没有办法发出耀眼的光芒。比如太阳系里的八大行星，再比如月亮、木卫这样的卫星，还有更小的彗星，以及其他的小行星（asteroid）、矮行星（dwarf planet）等。

这些不发光的天体，之所以有不同的名称，质量不是唯一的决定因素，主要是因为它们运行轨道的特点各不相同。比如行星是围绕着恒星运行的，且必须是自己轨道附近质量最大的天体；小行星和矮行星虽然也围绕着太阳公转，但不是自己轨道附近质量最大的天体；而卫星则是围绕着行星运行的天体。初始质量达到 0.07 倍太阳质量的初期天体，就可以成为一颗恒星，开始发光了。

但是等天体自身的能量消耗殆尽，由于质量的不同，它们将去往不同的终点。此处我们对天体的质量的划分，统一用它们恒星时期的质量，由于恒星在核聚变（nuclear fusion）释放能量的过程中，质量也在不断减小（核聚变的反应本质是将质量转化成能量以辐射的形式释放出去），因此我们需要明确此处的质量是天体恒星阶段的质量，而非反应后进入老年时期的质量。质量特别大的天体，最终就有机会成为一个黑洞。要想成为一个黑洞，一般需要天体在恒星阶段时的质量达到太阳质量的 29 倍以上。因此我们可以把质量是太阳质量 29 倍以上的天体，也划分为一类，它们是有希望最终成为黑洞的天体。

当然，29 倍并非是一个确切的数值，因为理论上**黑洞的形成并不需要临界质量**（critical mass），只要**表面引力达到足够强度**就可以。只是根据科学家们的计算，恒星在成为黑洞之前，通常都具有太阳质量 29 倍以上的初始质量。那么质量在 0.07—29 倍太阳质量之间的天体，是我们的重点研究对象。这个区间的天体早年都是恒星，不断向外发光发热。等到有一天能量消耗光了，它们会根据自身质量的不同，从恒星演变为不同的天体。这中间还有一个关键点，就是 10.5 倍左右的太阳质量。10.5 倍左

图5-1 不同质量的天体划分

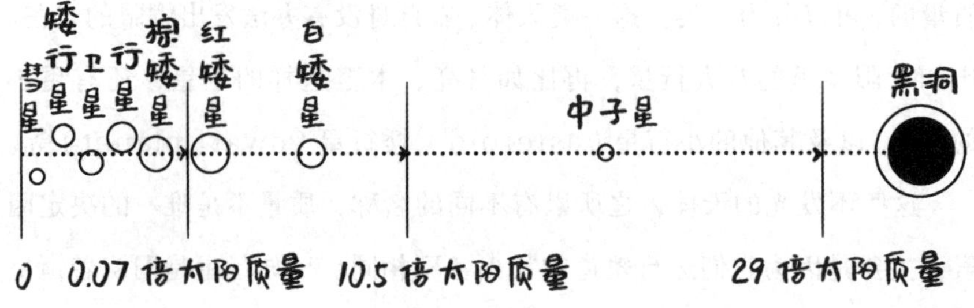

右太阳质量的恒星，在结束核反应之后，剩下的质量大约等于 1.44 倍太阳质量。1.44 倍太阳质量这个节点，叫钱德拉塞卡极限（Chandrasekhar limit）。反应后质量在 1.44 倍太阳质量以下的恒星，最终将变成白矮星；而 1.44 倍太阳质量以上的，最终可能会变成一颗中子星，或脉冲星（pulsar）。中子星和脉冲星的质量也有上限，这个上限叫作奥本海默极限（TOV limit），大约是 3 倍太阳质量，对应于反应前的恒星状态的质量大约是 20 倍太阳质量。而脉冲星由于高速旋转的离心力可以抵消部分引力，它的奥本海默极限会更高一些。

所以用天体核反应前的初始质量来划分天体几个重要的档位，分别是 0.07 倍太阳质量、10.5 倍太阳质量、29 倍太阳质量。但是如果以核反应后的最终质量来划分，则是 0.07 倍太阳质量（0.07 倍左右太阳质量的天体核反应速度极慢，它们的寿命甚至比目前宇宙 138 亿年的年龄要长得多，达到了万亿年的数量级）、1.44 倍太阳质量以及 3 倍太阳质量。

大质量天体的共同特点

性质最有趣多变的，是质量在恒星这个档位，也就是 0.07 倍太阳质量以上，29 倍太阳质量以下的天体。

质量在 0.07 倍太阳质量以下的天体虽然种类繁多，性质也各异，但对于它们的研究反而更像是天体物理、地球物理、地质学甚至化学的一些分支学科。我们此处更关心天体的宏观性质。谈到宏观性质，大质量天体有一个共同特点，那就是它们都是球形。

为什么天体大多是球形?

为什么大质量天体的形状都是球形？这背后的原因其实也是质量。

质量足够大导致天体作用在自己身上的万有引力足够大，也就是说，

图5-2 哈利法塔——世界上最高的建筑物（828米）

任何在这个星球表面的物体，它们感受到的重力都是比较大的。引力是一个各向同性的力，一个质点（只有质量大小，没有体积的理想模型）在空间中某点受到的引力大小，只与该点远离该质点的距离有关，与该点相对于质点的具体方向无关，因此一个球形天体的引力分布在三维空间里会形成一个球对称（spherical symmetric）的形状。

久而久之，天体就倾向于成为一个球。并且质量越大的天体，它的表面就越光滑，越接近一个完美的球形。这是为什么呢？假设我们在地球上盖一栋摩天大楼，很显然，这栋摩天大楼盖得越高，楼的重量就会越重，但是任何建筑材料能够承载的压力都有一个极限。

压力大到一定程度，材料就无法保证原来的形状，就会变形，甚至使建筑物倒塌。也就是说，你不可能盖一栋无限高的楼。

同理，当一个天体的质量大到一定程度的时候，它上面的物质不可能保持很高的高度。如果无法保持很高的高度，就一定会垮塌。因此，越是质量大的天体，它的表面就应该越平坦，形状就越趋向于一个精确的球面。在太阳系里，火星和金星的重力都比地球小，这两个行星上的最高峰都比地球的珠穆朗玛峰高，火星的重力大约只是地球的三分之一，它的最高峰——奥林帕斯山的高度是珠穆朗玛峰的 3 倍之多。

这就是为什么大部分天体总体的外形都是球形。虽然天体的表面会有一定的起伏，但是这些起伏的高度跟天体的半径比起来都是很小的。而宇宙当中那些质量比较小的天体，就不一定是球形了，比如很多小行星、陨石和彗星。因为它们的质量太小，引力没有办法把它们的表面“吸”成球形。

第二节

恒星为什么会发光

核聚变

首先要回答一个很重要的问题：恒星为什么会发光？答案：核聚变。

根据爱因斯坦的质能方程，能量等于质量再乘以光速的平方。做一个简单的计算就可以知道，这种能量的释放是极其巨大的。核聚变就是这样的反应：比较轻的原子相互碰撞，结合成比较重的原子。在结合的过程中会亏损一部分质量，以能量的形式释放出来。

虽然亏损的质量很小，但是由于 $E=mc^2$，所以转化后的能量仍然

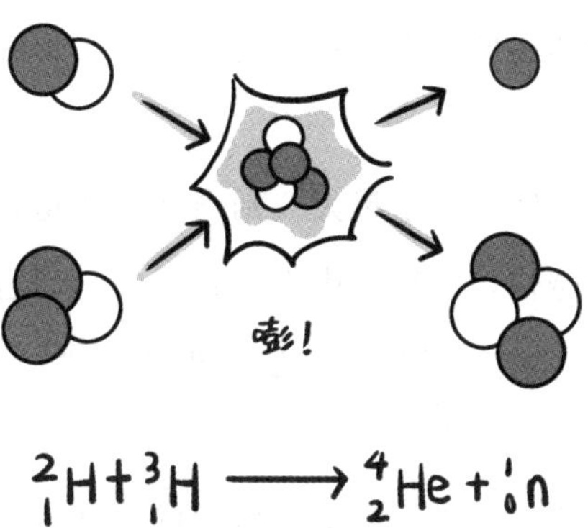

图5–3　氘氚聚变反应

十分巨大。那要在什么情况下才能发生核聚变呢？答案是：温度足够高。

两个比较轻的原子核要能聚合在一起，前提是这两个原子核要以非常高的速度相互撞击。原子核的结构是非常稳固的，要让它们结合在一起，一个原子核要打破另外一个原子核的结构，就好像要穿透一层厚厚的装甲，就需要用速度极快的炮弹去轰击一样。

所以，要想发生核聚变，就需要使聚变的原子核运动速度非常快，也就是动能要非常大。

恒星发光的物理过程

那为什么恒星能够发生核聚变呢？关键原因还是质量要足够大。因为只有质量足够大，才能给原子带来足够大的动能。

一个质量越大的天体，它自身的引力就越大。那么在天体内部越深的位置，物质要承受的它上方所有物质的重力就越大，那么该点的压强就越大。而压强和温度正相关，也就是在一定的体积内，压强越大，温度就越高。这样的生活经验大家都有，比方说给自行车轮胎打气，气打得越足，打气筒就会越热。所以越大的压强对应越高的温度。

那温度又是什么呢？中学课本里有一个定义：温度是物体的冷热程度。但是这种说法并没有触及温度的本质。冷或者热，都是人体的主观感受，并不是物理学上的精确定义。在热力学（thermodynamics）中，温度正比于微观粒子平均动能的高低，微观粒子的运动速度越快，其表现的温度越高。

所以根据上面的推理，当天体的质量越大，则内部压强越大，温度越高，造成微观粒子运动速度越快。当恒星中微观粒子的运动速度快到一定程度，达到可以让核聚变发生的极限，恒星就被“点燃”，开始了发光发热的过程。

发生核聚变以后，释放的热量会进一步提升恒星的温度，可以让核聚变持续进行下去。新产生的能量会被释放到天体表面，最终达到一种**动态平衡**，恒星也会保持相对稳定的温度。

所以天体要成为恒星，必然有一个最小的临界质量。高于这个质量的天体，才会成为一颗恒星。那这个质量是多少呢？大约是太阳质量的7%，低于这个质量，就无法成为一颗发光发热的恒星。当然，光有质量还不够，这颗恒星上的物质必须能够发生核聚变反应。比如太阳主要由氢元素（hydrogen）和它的同位素（isotope）构成，这些都是核聚变反应的原料。但是恒星的能量也不是无限的，总会有消耗殆尽的一天。那么恒星燃烧完了之后会变成什么呢？恒星的"生命"有没有终点呢？

第三节

恒星的第一种结局：白矮星

如果把一颗恒星从诞生到死亡比作一个人的一生，那么发光的阶段其实就是恒星的青年、壮年时期。但是等恒星"老去"，它的老年，甚至死亡，会是什么样的呢？

为什么天体有大小？

首先来看一个跟恒星的演化并不直接相关的问题，就是天体为什么会有大小。天体之所以能够形成，是因为物质在万有引力的作用下聚合到了一起。也就是说，万有引力永远提供一个向内收拢的趋势。

天体形成以后，这个引力仍然存在，天体上的每一寸土地都还受到万有引力的作用。那么既然它能形成一个固定的大小，就必须有一个向外的力去跟引力平衡，否则天体一定会继续收缩。

那究竟是什么力去跟恒星引力平衡的呢？答案是恒星内部的核聚变所释放出的巨大能量的反冲力。

核聚变放出光和热跟氢弹的爆炸一样，是以爆破的形式向外辐射的。这股向外的趋势会平衡恒星的引力，让恒星达到一个稳定的大小。

恒星燃料耗尽了怎么办？红巨星与超新星

当恒星用来聚变的燃料耗尽时，比如氢元素在聚变之后形成了氦元素（helium），那么用来平衡引力的力就没有了，恒星会继续收缩变小。

但是恒星的收缩并不是一蹴而就的。原本稳定的状态突然失稳，会有一个剧烈变化的中间态，视乎恒星质量的大小，这个状态或是红巨星，又或是蓝巨星（blue giant），甚至是不同类型的超新星。所以红巨星、蓝巨星以及各种类型的超新星并不是稳定的天体，而是恒星衰老过程中的一个阶段。

对于中等质量的恒星，例如我们的太阳，它在能量消耗殆尽后会转变为一颗红巨星，红巨星状态存在的时间大约是几十万到上百万年。虽然这段时间在我们看来非常长，但是相对于恒星几十亿，甚至上百亿年的寿命来说，其实是非常短的。红巨星极其巨大，它的直径可以大到恒星的几百倍。如果太阳变成红巨星的话，体积一定会大到吞噬地球，届时地球上的生命就会灭绝。

为什么红巨星反而会越变越大呢？因为当氢原子作为核聚变反应的燃料消耗殆尽时，生成的氦原子在一定情况下，还可以继续进行核聚变。氦的核聚变比氢的核聚变难度更高。在太阳中心，氢的核聚变在一千多万摄氏度就可以发生，但是氦的核聚变要达到一两亿摄氏度才行。

氢的核聚变完结以后，恒星就开始收缩成体积更小的状态。而更小的体积对应更大的密度，也就意味着更大的内部压强。这种强大的压强可以把恒星内部加热到一两亿摄氏度，从而激发新的核反应。

氦原子在核聚变的作用下，会结合形成碳（carbon）原子，进一步发出能量，这种物理现象叫作氦闪（helium flash）。氦闪的过程是恒星核心收缩到一定程度后发生的，一旦发生就有一股巨大的能量向外喷出。这股能量的瞬间爆发，就提供了红巨星向外膨胀的力量，所以理解了氦闪，就理解为什么会有红巨星的产生了。当然，并非所有恒星在核聚变结束以后都会发生氦闪，质量小于约 0.8 倍太阳质量的恒星，其引力就不足以提供发生氦闪所需要的温度。

蓝巨星其实就是能量等级更高的红巨星的前置状态，因为能量高，所以辐射的电磁波的频率比红光要高，光的颜色往蓝光方向偏重，因此呈现蓝色，但是随着能量的消耗，蓝巨星也会逐渐变成红巨星。

超新星总的来说分为两大类，对于大质量恒星，如 8—20 倍太阳质量的恒星在能量消耗殆尽以后，会形成 II 型超新星。超新星释放的能量巨大，喷射物的速度能达到光速的十分之一，它的亮度可以与整个银河系的亮度相当。另外一种特殊的超新星叫作 Ia 型超新星，它的形成机理相对复杂，需要一个双星（binary star）系统，也就是两个相互围绕对方旋转的天体系统，其中一个天体已经成了白矮星的状态，并不断从伴星吸收质量。当白矮星不断吸收质量并达到 1.44 倍太阳质量的钱德拉塞卡极限的时候，内部的简并压（degenerate pressure）无法抵抗强大的引力，就会再一次发生大规模的爆发。由于 1.44 倍太阳质量的钱德拉塞卡极限是比较精确的，因此这种 Ia 型超新星爆发时的亮度也是一个恒定的值，通过观察 Ia 型超新星的亮度并与其固有亮度进行比较，我们就能够清楚地算出这颗超新星与我们的距离，并可以通过其光线的红移分析出它远离我们的速度。

白矮星

那么继续往下，如果氦核聚变也结束了，质量极大的恒星，在氦核聚变以后，还可以开启碳、氧（oxygen）的核聚变，生成钠和镁（magnesium）。如果所有核聚变都结束了，会发生什么呢？

无论发生什么，我们都说这颗恒星彻底进入老年阶段了。这就来到了恒星最主要的宿命之一——白矮星。

白矮星就是一颗恒星，所有能够发生的核聚变反应都已经结束了，不再有爆炸性的核反应能量释放，但是它的质量还在，内部压力还在，所以温度还在。白矮星会发出白色的光芒。这种白光不是因为核聚变产生的，而只是单纯的热辐射而已。

当然，依据初始质量的不同，最终白矮星的成分也是各异的，质量大的恒星，例如 8—10.5 倍太阳质量的恒星，在最终变成白矮星之前可以发生氧和氖（neon）的核聚变，生成镁。

图5-4　红巨星、白矮星、地球的类比（白矮星的质量跟太阳相当时，它的大小跟地球是相当的）

热辐射

总的来说，任何有温度的物体都会向外辐射电磁波，并且温度越高，电磁波辐射的能量就越高。这就跟把一块铁加热到温度很高时，它就会发红的道理是一样的。

日常生活中的物体也不是不发光，而是它们的温度不够高，一般都是发出红外线。戴上夜视仪就可以在黑暗当中看到物体辐射出的红外线。

白矮星之所以会发出白光，是因为它的表面温度仍然很高，有七八千摄氏度，在这个温度下，物质就会发出白光。跟恒星一样，白矮星的能量也不是无限的，总有一天会由于热辐射消失殆尽，变成一颗黑矮星。只不过热辐射释放能量的效率很低，跟核聚变无法相提并论，所以恒星变成白矮星后，要经过很长时间，才会变成它的最终模样——黑矮星。黑矮星，顾名思义，就彻底不发出可见光了，只辐射极少的电磁波，它的温度与太空的背景温度相同。

但是白矮星阶段时间太长了，理论上白矮星的寿命比宇宙存在的时间还长，所以现在的宇宙中还不可能出现黑矮星。

根据科学家们的计算，只有质量介于 0.07—10.5 倍太阳质量的恒星最终才会成为白矮星。质量大于 10.5 倍太阳质量的恒星，最终的宿命就不是白矮星了。

第四节

恒星的第二种结局：中子星

当一颗恒星完成所有核反应后的质量超过钱德拉塞卡极限，也就是 1.44 倍太阳质量，它的最终宿命不会变成白矮星，其中一种可能会变成一颗中子星。

在了解什么是中子星之前，先来简单介绍一个量子力学的知识，叫作泡利不相容原理（Pauli exclusion principle）。

泡利不相容原理

泡利不相容原理说的是，**不可能有两个费米子（fermion）处在完**

全相同的状态。而费米子的概念比较复杂，此处简单理解，后文再做详述，电子是费米子。那么根据泡利不相容原理，在一个系统中，没有两个电子可以处在完全相同的量子状态。

有了这个知识，就可以问一个跟“恒星大小为何恒定”类似的问题。当一颗恒星变成白矮星时，它还是有一个固定的大小，那又是什么力跟白矮星自身的引力平衡呢？

这个力在物理学上叫作简并压，简并压就是由泡利不相容原理产生的。

要理解白矮星的物质构成，就要先考察原子的结构。简单来说，原子的基本结构是带负电的电子，绕着带正电的原子核运动。每个绕核运动的电子都占据了一个特定的轨道，在轨道里，电子拥有恒定的能量。既然电子的轨道和能量都已经知道了，那么它的状态就被唯一确定了。这个时候，如果另一个电子要进入该轨道，根据泡利不相容原理，它必须跟这个已经占据轨道的电子状态不一样。

电子还有另外一个性质，叫作自旋（spin）。自旋可以理解为每个电子就好像一个小磁铁一样，有南极和北极。电子的自旋有两个状态，或者南极向上，或者北极向上。

因此原子核以外的每一个轨道，至多可以容纳自旋相反的两个电子，其中一个电子北极朝上，另一个南极朝上，再多就不行了。这两个在同一轨道内、自旋方向相反、能量大小相同的电子，就处在简并态。

图5-5　电子的自旋

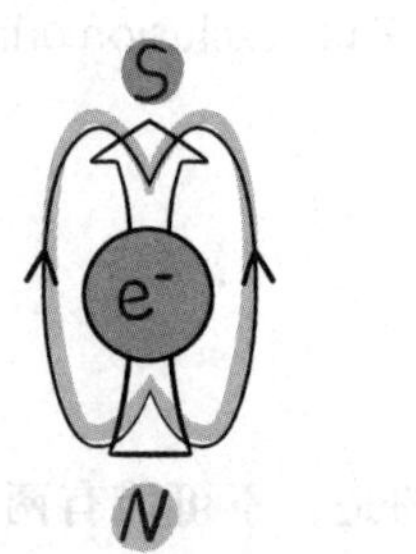

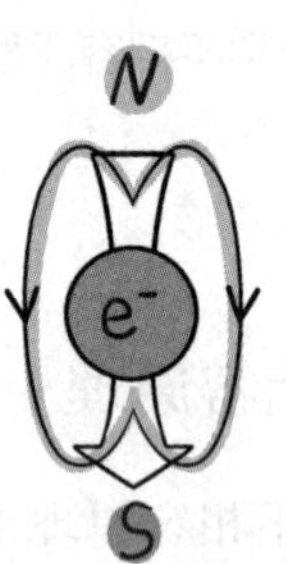

图5-6　白矮星密度极大

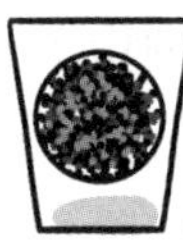

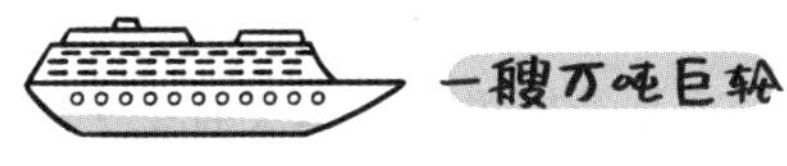

这就形成了原子的结构：原子核居于中心，外面围绕着很多电子，能量高低各不相同；电子排布的规律是每个轨道至多可以容纳自旋相反的两个电子，多余的电子只能继续排布在外面能量更高的轨道。

如此一来，原子就变成了一个有限大小的东西。原子的内部其实是非常空的，原子的绝大部分质量集中在原子核上，占到了原子质量的99.96%。而且原子核的体积非常小，大概只有整个原子体积的几千亿分之一。

白矮星之所以不能够再收缩，就是因为泡利不相容原理。引力收缩的趋势要把外面的电子往里面的轨道上压，但是为了保证每个轨道至多两个电子，万有引力就与泡利不相容原理产生了矛盾，最终与简并压达到平衡。

白矮星的形态，可以认为是原子和原子之间没有了空隙，全都在引力的作用下被挤压在了一起，但是原子内部的空间还是很大的。这种情况下，白矮星的密度其实就是单个原子的密度。这个密度非常大，1 立方厘米的体积内大概有 10 吨的质量。一个杯子大小的白矮星，就相当于一艘万吨巨轮。

中子星

如果恒星的质量继续增大，超过钱德拉塞卡极限，使引力大到超过简并压，会产生什么现象呢？很显然，这样一来，简并压就扛不住了，原子的结构会被压垮，恒星就会继续坍缩，最终走向另外一个宿命——

中子星。中子星是由中子（neutron）构成的天体。我们知道，原子的中心是原子核，原子核当中，有带正电的质子（proton）和不带电的中子。

原子核里为什么要有中子呢？因为质子带的都是正电荷，而电荷的性质是异性相吸，同性相斥。大部分原子核里都有很多个质子，那又是什么力能够克服质子间相互排斥的库仑力，让质子老老实实待在原子核里呢？答案就是中子。中子充当了质子之间的"黏合剂"，它能提供强相互作用力（后文详述），把质子"绑"在一块儿。

如果天体的质量超过 1.44 倍太阳质量，简并压就没有办法继续跟引力抗衡，电子就会被压到原子核里。由于电子带负电，会和带正电的质子结合成中子，于是整个天体的主要物质就都变成中子，形成中子星。

但是在中子星内部，中子的状态是不稳定的，会再次经历 β 衰变，成为质子、电子以及一个反中微子（antineutrino），从而达到一种动态平衡的状态。

这样一来，我们就可以估算中子星的密度。因为原子结构不复存在了，原子里原本很大的空间就被压缩掉了，所以中子星的密度跟原子核的密度应该是差不多的。这个密度有多大呢？差不多是每立方厘米几百万亿吨，一勺子中子星上的物质差不多就能顶上整座喜马拉雅山的质量。并且，由于原子里的大部分体积都已经被压缩了，中子星的体积非常小，半径只有 10 千米左右。相比之下，一个太阳质量的恒星，如果变成白矮星的话，它的大小则与地球相当。

脉冲星

中子虽然是中性的，但是由于中子不稳定，会衰变成带电的质子和电子。因此从宏观上看，中子星带有大量的电荷。这些电荷旋转起来，会产生非常强劲的电磁脉冲（electromagnetic pulse），这就是脉冲星。脉冲星在 20 世纪 60 年代才被天文学家发现，由于脉冲星发出的电磁脉

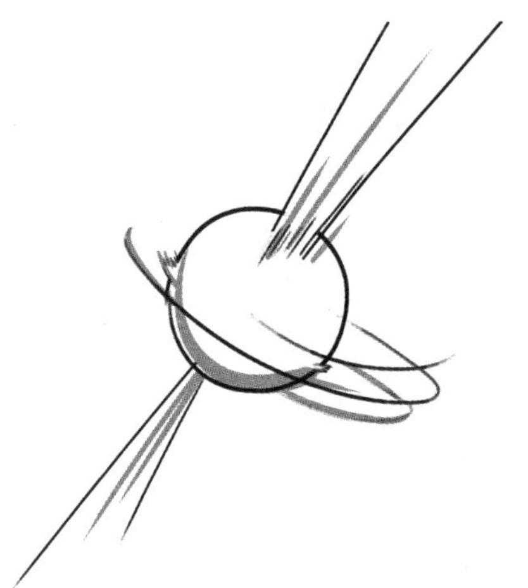

图5-7 脉冲星

冲信号十分强烈，并且很有规律，最开始被误以为是外星文明发出的信号。

很多天体都自转，比如地球和太阳，这种自转，在天体坍缩、变小的过程中也一直存在，且随着天体体积的变小，它的旋转会越来越快。

这当中的物理规律叫作角动量守恒（conservation of angular momentum）。简单来说，当一个物体围绕着某个轴转动的时候，它相对于这个转轴的角动量，正比于它的质量乘以它的转动速度，再乘以它转动的半径。

当没有外部的力作用于这个物体上的时候，在它的整个旋转过程中，角动量是不变的。所以如果一个物体的旋转半径变小了，为了保持角动量守恒，它的旋转速度就必须变大。

其实，角动量守恒在日常生活中很常见，比如花样滑冰。花样滑冰运动员有一个常见的动作，就是一开始蹲着，然后手脚撑开，开始旋转，在转动过程中逐渐站立起来，手脚往回缩。手脚撑开的时候可以理解为转动的半径很大，但是一旦运动员站起来，半径就变小了。为了满足角动量守恒，他的旋转速度就必须变快。

中子星形成后，体积非常小，直径只有几十千米。它处于恒星阶段的时候，原本有着上百万千米的直径，因此它缩小以后，根据角动量守恒，转速必定会加快。旋转速度快的脉冲星，它的表面转速甚至可以达到光速的十分之一。那么如果恒星的质量再大下去，连中子星也抵挡不住引力收缩的趋势，会怎么样呢？这样的恒星最终很有可能会成为一个黑洞。

第五节

经典黑洞

了解了白矮星和中子星之后，我们要先从经典物理的层面搞明白：黑洞都有哪些性质，它为什么是“黑”的，以及它为什么是一个“洞”。当然，经典意义上的黑洞还并非真正的黑洞，它只是一种理论的假想和推论，并非真实存在。真实的黑洞来自广义相对论的推论，但是认识经典意义上的黑洞对我们初步了解黑洞是有帮助的。

用一句话概括黑洞就是：**一个引力大到连光都无法从上面逃脱的天体。**

逃逸速度与质量的关系

我们在“极快篇”第三章讲到过一个概念，叫作第二宇宙速度。

第二宇宙速度说的是，如果要彻底摆脱地球引力的束缚，就必须要达到一个临界速度，这个速度大概是 11.2 千米 / 秒，也叫逃逸速度（escape velocity）。

逃逸速度不仅限于地球，任何一个天体都有它对应的逃逸速度。因为要逃出某个天体，就是要克服它的万有引力。总的来说，**一个天体的质量越大，半径越小，它的逃逸速度就越大**。而天体表面万有引力的大小，跟天体的质量成正比，跟天体半径的平方成反比。

图5-8　光无法逃出黑洞

逃逸速度大到光速会怎么样?

如果有一个天体，它的质量大到一定程度，半径小到一定程度，以至于它的逃逸速度超过了光速，会出现什么情况呢?

很显然，在这种情况下，连光都没有办法从这个天体上逃离。这种天体，就是一个经典意义上的黑洞。

根据爱因斯坦的相对论，任何一个有质量的物体，如果速度达到了光速，就意味着它有无限大的能量，这在现实中是不可能的，所以任何有质量的物体的运动速度都无法超越光速，自然也就不可能从黑洞上逃逸出去（包括光在内）。

黑洞的性质

这就解释了为什么从经典物理的意义上讲，黑洞是“黑”的。你能看到一个物体有颜色，是因为物体反射的光传到了你的眼睛里。但是黑洞的引力太大了，没有任何光可以从上面逃逸出来，自然就无法进入你的眼睛，那它看上去就是黑色的。

那为什么黑洞是一个“洞”,而不是一个球呢? 这是因为它强大的“吸收”能力。任何东西只要进入了黑洞的范围内，就无法逃出来了，它就跟一个无底洞一样，只进不出，所以叫黑洞。

黑洞的形成，总的来说要让天体表面的引力足够大，要么质量非常

大，要么半径非常小。在中子星半径很小的基础上，如果再加质量的话，就有可能达到黑洞的引力要求。

第六节

宇宙里还有什么？

放眼望去，你能在宇宙中看到各种天体，其中发光的主要是恒星。但宇宙里的主要物质，恰恰是肉眼不可见的，甚至目前连实验仪器也探测不到，这就是暗物质（dark matter）。

简单来说，暗物质就是在宇宙中广泛存在，但只提供万有引力，不参与其他任何相互作用的物质。再加上万有引力非常弱，所以要在地球范围内探测到暗物质是十分困难的。那既然探测不到，暗物质的概念又是怎么来的呢？

银河系转得太快了

暗物质的假设来自对银河系转速的观测。我们知道，银河系内有很多天体，外观看上去像一个大圆盘，围绕着银河系的中心转动。

既然是转动，就需要一个向心力。什么是向心力呢？比如一根绳子上绑着一个重物，然后你挥舞着绳子让重物转动起来。转速越快的话，你会感觉手里绳子的张力越来越大。这个力，就提供了重物持续转动的向心力。

银河系既然在旋转，那么它也需要一个向心力，这个向心力其实就是银河系里的天体提供的万有引力。银河系里的可见天体有多少，我们是可以通过天文观测估算出来的。有了这个数值，也能估算出这些天体能给银河系的旋转提供多少万有引力。

算下来会发现，以目前银河系的转速，现有的银河系里的可见天体是无法提供那么大的万有引力的。换句话说，银河系转得太快了。如果光靠银河系现有的可见天体来提供万有引力，银河系早就散架了。

那要如何解决这个矛盾呢？科学家们就引入了暗物质的概念。

想象中的暗物质

暗物质是科学家们**假想的一种物质**，它几乎只提供万有引力。所以现实中还没有用任何可靠的实验手段探测到，起初只是为了解释银河系转速过快的问题。

暗物质不产生任何其他效果，这些暗物质跟电磁场也没有任何相互作用。为什么跟电磁场的相互作用那么重要呢？因为在实验室里，要研究一种物质，或者基本粒子，通常是用电磁相互作用来探测的。如果暗物质不跟电磁场有相互作用的话，就等于我们用常规手段探测不到它。

除了没有电磁相互作用外，暗物质也几乎不参与强力和弱力的相互作用。这样的话，我们也无法用粒子物理的办法去探测它。也就是说，如果暗物质存在的话，它在现实世界中碰到其他物体，都不会感受到任何障碍，暗物质可以“穿透”一切物质。

这也是为什么到目前为止，暗物质的概念已经提出了几十年［其实在 19 世纪末，著名物理学家开尔文爵士通过计算银河系的转速就已经有了“暗体”（dark body）的概念了］，但是科学家们除了观察到它的引力效果外，完全没有任何相关的实验信息；并且由于万有引力非常弱，所以在地球范围内做实验的话，暗物质的引力效果几乎观察不出来，只有大到银河系的尺度，才能显著感受到它的存在。

有科学家提出，如果在对撞机（collider）里能制造出暗物质，由于除了引力它不参与其他相互作用，可以穿透一切的暗物质应当会在被制造出来之后自发地逃出对撞机，这样的话会造成对撞机内物质的能量和动量不守恒，这种不守恒应该可以被探测到。

虽然这个理论颇有道理，但目前也没有实验上的显著进展。

关于暗物质的猜想

假设暗物质真的存在的话，我们可以根据天文观测来估算一下它在宇宙中的含量有多少。根据计算，暗物质占宇宙中质能总量的 20% 以上，这是一个巨大的数字。要知道，宇宙中普通物质（ordinary matter）的质量，也就只有 5% 左右。

再加上之前介绍过的主导宇宙膨胀的暗能量，它和暗物质加起来，总共占据全宇宙能量的 95% 以上。所以宇宙里的物质，可以说绝大部分是隐藏着的，是我们感知不到的，这更增加了宇宙的神秘感。

当然，也存在另外一种可能，就是我们目前的理论还不够完善。宇宙的尺度非常大，但是从实验探测的角度来说，人类至今还没飞出太阳系。虽然我们的科学理论在太阳系尺度内来看是很准确的，但是仅靠对于太阳系以外宇宙的观测，并不能百分之百保证，像广义相对论这样描述大尺度宇宙行为的理论，放在银河系，甚至全宇宙仍然是正确的。

所以，**暗物质的概念未必是正确的，暗物质也未必真的存在**，只是我们以往的理论还不够完善，不足以解释银河系转速过快的问题。可见人类在探索宇宙这条路上，还有很长的路要走。

第六章
Chapter 6

万有引力
Gravity

第一节

天体运动的第一因：万有引力

真实的宇宙，是所有天体在同一个时空背景下进行着相互作用，比如地球绕着太阳转，月亮绕着地球转。天体间最主要的相互作用有且只有一个，就是万有引力。那么万有引力都与哪些因素相关？以及在万有引力的作用下，天体的运动会呈现出什么样的规律呢？

为什么月亮不会落地?

万有引力的发现者是牛顿［另一说是英国科学家胡克（Robert Hooke）］。牛顿是英国人，活跃在 17 世纪后半叶，可以说他是所有物理学家的鼻祖。民间广为流传着一个故事，就是牛顿是因为被一个熟透的苹果砸到了头，才灵机一动，想到了万有引力的存在。

相信被苹果砸到头的也不止牛顿一个，为什么只有牛顿提出了万有引力定律呢？这要追溯到牛顿著名的力学三定律（Newton's law of motion）。牛顿第一定律说的是，一个物体在没有外力作用的情况下，要么保持静止，要么保持匀速直线运动的状态。简单来说，就是**一个物体的运动状态如果发生了改变，一定是有力作用在了上面**。

在空中放开任何重物，都会落到地面上。它从静止到下落，运动状

图6-1　牛顿与苹果的邂逅（此故事是否真实目前无法确定，且有资料表明其很有可能是牛顿在与胡克争抢发现万有引力定律荣誉时，所编造出的少年时期就受到启发的故事）

态发生了改变。根据牛顿第一定律，一定是有力作用在了苹果上，且这个力是指向地面的。

既然苹果会受到地球的引力作用下落，那么挂在天上的月亮，也应该受到地球的引力才对，为什么月球不会落到地面上呢？答案是因为月球在围绕着地球转动。而月球之所以会围绕地球转动，恰恰是因为地球对月球有吸引力，否则的话，月球早就飞离地球了。

比如用一根绳子绑住一个重物，然后拉着绳子让重物转起来，转得越快，绳子被拽得越紧。绳子的张力就好像地球对月球的引力，维持着重物的圆周运动；如果绳子断了，这股力就不存在了，重物就会飞出去。

牛顿由此推断，地球和月球之间一定存在万有引力，否则月球不会围绕地球转圈。那么牛顿的下一个任务，就是去寻找万物间引力的数学变化形式，它跟什么因素有关，是什么决定了引力的大小和方向。

如何得出万有引力定律?

牛顿有一句名言：“我之所以比别人看得远，那是因为我站在了巨人的肩膀上。”牛顿这句话并不是谦虚，事实确实如此。

牛顿至少站在了两位巨人的肩膀上，一位是伽利略，另一位则是与伽利略同时代的天文学家开普勒。

早在牛顿之前，开普勒继承了老师第谷（Tycho Brahe）的天文观测工作。师徒俩加起来坚持了近 30 年，得到了上万组天体运动的数据。

在没有任何理论指导的情况下，开普勒单纯依靠观测结果，发现了天体运动的轨道是椭圆形，并总结出了开普勒天体运动三定律（Kepler's laws of planetary motion）：

（1）椭圆定律：所有行星围绕太阳运动的轨道都是椭圆，太阳在椭圆的一个焦点上；

（2）面积定律：行星和太阳的连线在相等的时间间隔内扫过的面积相等；

（3）调和定律：所有行星绕太阳一周周期的平方与它们轨道半长轴的立方成正比。

正是这三定律，让牛顿写出了著名的万有引力公式：

$$F = G\frac{Mm}{r^2}$$

这个公式说的是，任何两个物体之间的引力，正比于二者的质量，反比于二者之间距离的平方。也就是说，如果两个物体之间的距离扩大一倍，它们之间的引力会变为原来的四分之一。

除此之外，万有引力的方向是径向的（radial），并没有切向力（tangential force）。径向就是二者位置连线的方向，而切向则是跟二者连线垂直的方向。比如地球围绕太阳运动时，太阳对地球的引力只指

图6-2　开普勒（1571—1630）

图6-3 万有引力的径向力

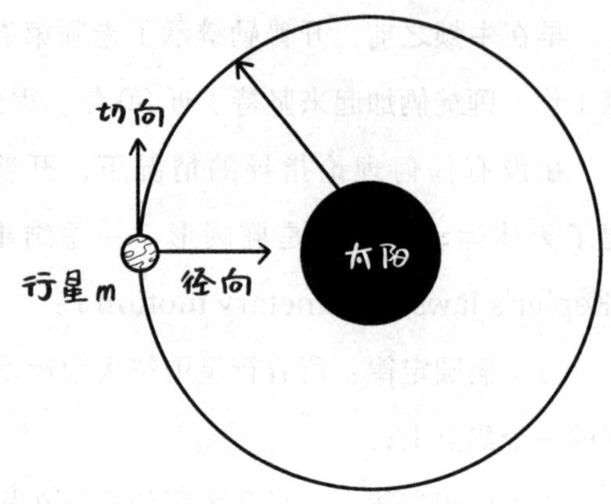

向太阳，不会指向其他方向。

牛顿是如何总结出上面这些规律的呢？其实那个时候，牛顿已经隐约感觉到两个物体之间的引力大小，应该是跟距离的平方成反比关系。

通过计算，牛顿了解了一个事实：地球表面物体受到的重力加速度，是月亮围绕地球旋转的向心加速度的3600倍。而那个时候，人们已经知道地球和月球的距离，差不多是地球半径的60倍。60^2刚好是3600，所以一个距离平方反比关系就浮现了出来。牛顿后来将平方反比的规律代入万有引力的公式，经过计算，发现确实能推导出一个椭圆轨道。

万有引力与质量的关系，则是牛顿通过牛顿第三定律，再结合当时广为人知的伽利略关于两个不同重量的球同时落地的结论，推导出来的。

第二节

站在伽利略肩膀上的牛顿：引力公式

引力和距离的平方成反比

开普勒第一定律说的是，所有行星绕太阳运动的轨道都是椭圆形，并且太阳刚好处于椭圆的一个焦点上。而行星会绕太阳运动，是因为太阳和行星之间的万有引力。那么很自然会引出一个问题：什么样的万有引力会产生椭圆轨道呢？是离得越远引力越大，还是离得越远，引力越小？或者引力是一个恒定不变的值，跟距离没关系？

根据计算，两种形式的力会产生椭圆轨道。一种就是我们熟知的平方反比关系，另一种则是当引力跟距离成正比的时候，也会产生椭圆轨迹。但是不要忘了，开普勒第一定律还有后半句：太阳处在椭圆的一个焦点上，这就把第二种引力大小正比于距离的可能性排除了。因为刚才第二种引力形式，虽然轨道仍然是椭圆，但太阳必须处在椭圆的中心，而不是焦点。

牛顿之后，有人系统地总结了引力与距离的关系。如果引力不是上述两种形式的话，会产生奇形怪状的运动轨迹，很多轨迹甚至不是封闭的。

如果把科学精神发挥到极致，我们可以钻牛角尖般地想一下：为什么万有引力刚好反比于距离的平方？为什么这个指数不能是 2.000000001？为什么不会离 2 有一个极小的偏差呢？

由于这个偏差非常小，似乎并不会影响上面得出的结论，也不会影响椭圆轨道的近似闭合。那凭什么这个数值要精确地等于 2？宇宙的规律就这么完美吗？这个问题从实验测量的角度是无法回答的，因为一切测量都有误差。设计得再精巧的实验也没有办法给出十足的证据，说这

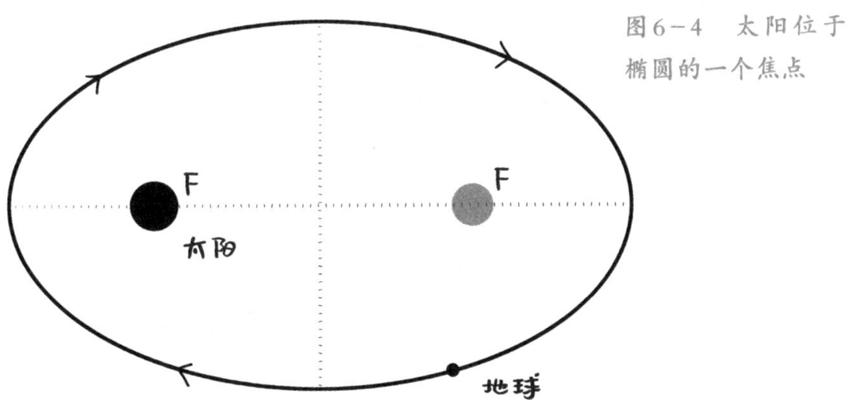

图6-4　太阳位于椭圆的一个焦点

图6-5　引力线密度与面积成反比

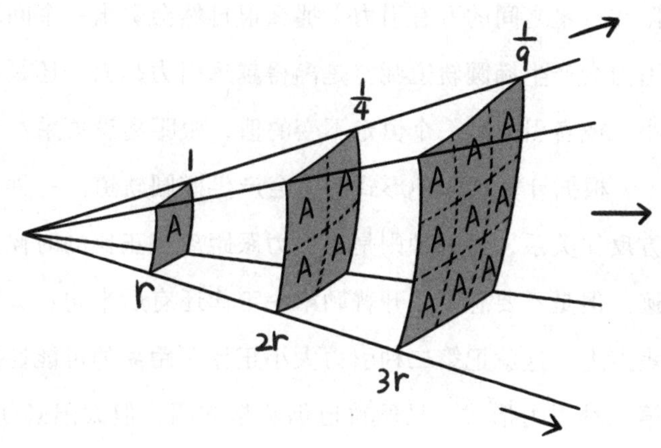

个值一定是 2。

但是我们可以从几何学的视角来看待这个问题。之所以距离上面的指数精确地等于 2，恰恰是因为我们的空间是三维的。首先思考一个问题：地球是如何感受到太阳的引力的？我们假设地球能感受到太阳的引力，是因为太阳向地球发出了“引力线”。

然后可以引入一个概念，叫引力线密度，也就是单位面积内引力线的条数。引力线密度就代表了引力的强度，引力线越密集，引力就越强。假定太阳发射的引力线的数量是固定的，那么可以想象，离太阳越远，引力线就越稀疏。因为引力线是以太阳为中心，辐射状发射出去的。

现在我们要数一数太阳一共发出了多少条引力线，怎么办呢？我们可以从离太阳任意远的位置开始画一个大球面，把太阳给包住，然后数这个球面上一共有多少条引力线射出。很显然，无论离太阳多远画一个球面，都能把所有的引力线包住，因为引力线总的数量是不变的。就好像开着水龙头，然后拿杯子接水。不管贴着水龙头接，还是在水龙头下面远一点儿的地方接，单位时间内接到的水的量是一样的。

根据简单的几何学知识，一个圆球的表面积是 $=4\pi r^2$。而引力线的总量 = 某个球面的表面积 × 该球面位置引力线的密度，也就是引力的强度。

为了保证引力线的总量不变，也就是表面积乘以引力线密度后得到的结果跟半径无关，引力线的强度就只能是平方反比，否则引力线的总量就不守恒了。因此从几何学的角度来看，引力跟距离确实应该是精确的平方反比关系。

而得出这些结果的前提，恰恰是我们的空间是三维的，因为只有在三维空间当中，球的表面积才跟半径的平方成正比。可以想象，如果我们的空间不是三维，而是二维的话，那万有引力应该是跟距离成反比；空间是四维的话，引力则应该是与距离的三次方成反比。

引力只能是径向的

知道了引力的大小，还要回答一个问题：为什么引力只能沿着物体连线的方向？为什么不能有切向力的存在？也就是说为什么两个物体间的万有引力只会让它们前后运动，而不会让它们左右运动？

一个明显的证据就是，在地面上静止释放一个物体，它会掉到自己的正下方，并不会拥有水平方向的运动速度，所以在离地面比较近的地方，引力的方向看上去是指向地球球心的。

但是严格来说，这个推理是有问题的。因为地球有自转，地球表面的物体会受到地转偏向力的影响，台风和气旋就是这样产生的，所以即便不考虑被风吹的情况，一个物体也不会掉到正下方。光从地球表面释放重物的结果来看，并不能严格说明引力一定是径向的。

这样，我们就必须把尺度放大到行星的运行轨道，才能知道万有引力到底有没有切向力的部分。

开普勒第二定律

要回答万有引力是否有切向力这个问题，就必须要借助开普勒第二定律：太阳和行星的连线在单位时间内扫过的面积是一定的。

如果我们画一条线把太阳和行星连起来，随着行星的运行，这条线会在空间中扫过一定面积。行星转一圈，就刚好扫过一个椭圆的面积。也就是说，当行星离太阳远的时候，它的运动速度会变慢；当它离太阳近的时候，它的运动速度又会变快。

有了这条定律，我们就会发现引力只能是径向的。

因为如果有切向力存在的话，行星要么一直加速，要么一直减速，就好像有一个力一直牵引它，或者阻碍它前进一样。如果是这样，就不会出现**面积速度**恒定的现象。因为一旦有一个切向力一直拽着行星加速的话，它的切向速度会随着远离太阳而越来越快，单位时间内扫过的面积就会越来越大。减速情况下得出的结论刚好相反。所以无论是哪一种情况，开普勒第二定律都不会成立，引力的方向不可能是切向的。

在牛顿力学体系里，开普勒第二定律后来被总结为天体系统的“角动量守恒”。意思是对于天体系统，每个天体的质量乘以速度再乘以运动的瞬时半径，是一个守恒量。通常行星的质量是不变的，而速度乘以运动的瞬时半径，刚好就是开普勒第二定律里说的面积速度。

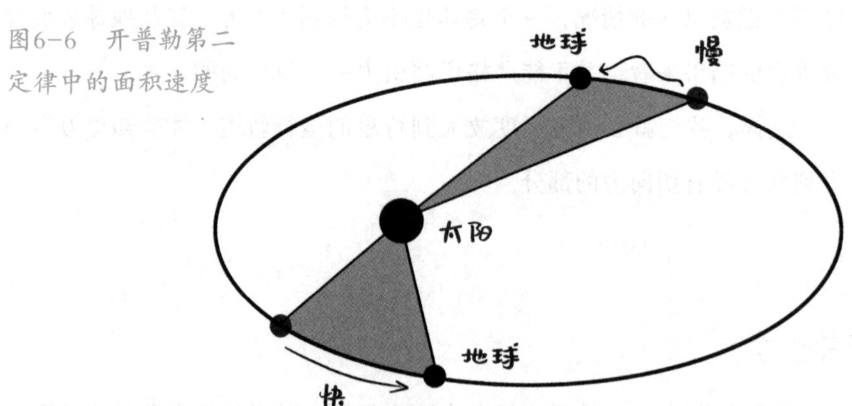

图6-6　开普勒第二定律中的面积速度

引力与质量的关系

万有引力不仅与距离有关，还与引力双方的质量成正比。要了解万有引力与质量的关系，就需要借助伽利略的研究成果。

伽利略曾经做过一个物体的自由落体实验：他站在比萨斜塔上，同时释放了一个铁球和一个木球，结果两个球同时落地。这个实验证明了**物体的下落速度跟质量无关**。

那么既然整个下落过程中速度与质量无关，就不难推导出加速度也与质量无关，万有引力与质量的关系就近在眼前了。

> 提到加速度，就要说到**牛顿第二定律：一个物体的加速度乘以这个物体的质量，就等于这个物体所受的合外力，即 $F=ma$。**
>
> 加速度 a 就是物体在单位时间内速度的变化，比如一辆车在 1 秒之内，速度从 10 米 / 秒加速到 11 米 / 秒，那它的加速度就是 1 米 / 秒除以 1 秒，也就是 1 米 / 秒 ^{2}。

引力与质量成正比

一个物体下落时所受的力就只有万有引力。如果下落的加速度与质量无关的话，就说明**物体受到的引力除以它的质量是一个定值**。

因为 $F=ma$ 就意味着 $a=F/m$，a 与 m 没有关系，就说明在万有引力的形式中，引力的大小 F 必然与物体的质量成正比。然而，根据牛顿第三定律，万有引力的作用是相互的。当太阳的引力作用在地球上时，太阳也会受到地球给予的一个大小相同、方向相反的吸引力。

根据同样的推理，既然地球受到太阳的引力正比于地球的质量，那么反过来，太阳受到地球的引力也必然正比于太阳的质量，且二者大小相等，方向相反。

于是就可以得出结论：两个物体之间的引力同时正比于两个物体的

质量。最后再把万有引力与距离之间的关系融合进去，就可以得出完整的**万有引力公式：万有引力正比于二者质量的乘积，反比于二者距离的平方，且力的方向沿着二者连线的方向。**

第三节

开普勒告诉牛顿：万有引力常数的测量

万有引力有多弱?

总结出万有引力的数学规律之后，还有最后一个问题：万有引力常数 G 是多少？因为 G 的大小直接决定了万有引力的强弱。其实 G 是一个非常小的数字，约等于 $6.67\times10^{-11}\mathrm{N}\cdot\mathrm{m}^2/\mathrm{kg}^2$。

万有引力非常弱这一点，从生活当中就不难看出。假设有一个铁螺丝钉掉在地上，它是因为受到了地球引力的作用。这个时候，你可用一块非常小的磁铁就可以轻松地把小铁钉从地上吸起来，也就是说，一块非常小的磁铁所产生的磁力，就能轻松打败偌大一个地球产生的引力。所以可以粗略地认为，地球比一块小磁铁大多少倍，引力就比磁力小多少倍，这样就表明万有引力常数 G 是一个很小的数字。

那么，这么小的万有引力常数值是怎么测量的呢？其实如此精密的测量，并不需要现代科技的诞生。早在 18 世纪末，英国科学家卡文迪许（Henry Cavendish）就设计出了测量万有引力常数的实验——扭称实验。

这个功劳属不属于卡文迪许其实还有争议，因为卡文迪许并没有直接测量万有引力常数，他测量的是地球的密度（其实只要测出了地球密度，就能推算出万有引力常数的大小）。

图6-7　卡文迪许（1731—1810）

扭称实验

那这个实验具体是怎么做的呢？卡文迪许用到了一个工具，叫作扭称（torsion balance），这是由一个叫米歇尔（John Michell）的地理学家发明的。扭称在旋转的时候会产生弹性，可以认为它是一个旋转的弹簧。

当给扭称施加力矩（torque）的时候，扭称会发生偏转。通过读出扭称偏转的角度，就能知道有多大的力矩施加在了扭称上。力矩等于力乘以力臂，所以只要算出力矩，再除以力臂的长度，就可以知道施加的外力是多少了。

如果要在地球上测量引力的微弱效果，就要让引力尽可能大一些。卡文迪许的做法是选两个直径 30 厘米，重 158 千克的铅球作为引力的

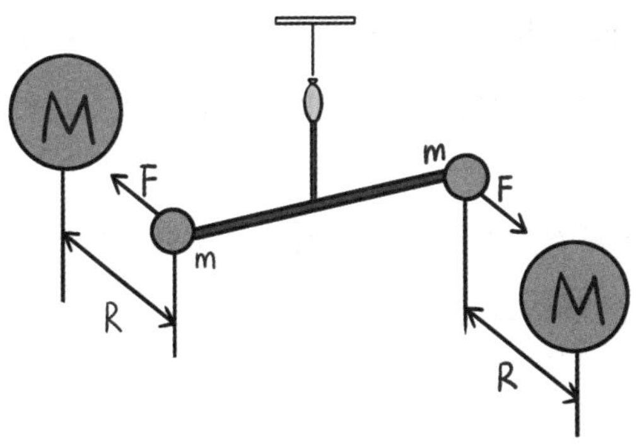

图6-8　扭称实验原理

发生源；再用两个直径 5 厘米左右、重 0.73 千克的空心球作为研究对象；最后把这两个空心球用一根棍子连起来，棍子的中心吊在扭称下。

根据万有引力定律，空心球和棍子组成的系统，会在大铅球的引力作用下发生一定角度的偏转。通过偏转的角度，可以计算出空心球受到的引力。

当时已经知道地球的半径有多大，用大铅球的引力和地球的引力做对比，就能知道地球的密度是多少。卡文迪许测算出地球的密度约为 5.4 克 / 毫升，大概是铁的 80%，由此可以推测出地球的内核大概是金属物质。

卡文迪许实验的初衷并不是要去测量万有引力常数 G，而是要测算地球的质量和密度。但只要有质量和密度，再根据牛顿的万有引力公式，就能计算出万有引力常数的大小。

为了让实验精确，卡文迪许排除了一切可能的干扰。首先这个实验的尺度要比较大，所以必须用很重的铅球；并且因为引力十分微弱，扭称要做得非常松，才能在微弱的引力之下发生扭转；为了排除空气流动和温度的干扰，卡文迪许专门打造了一个长、宽、高都是 3 米，厚度达 60 厘米的大木盒子。

在测量的时候，为了不干扰仪器，人不能站在盒子周围直接读数据，而是要通过木盒上开的两个口，用望远镜对读数进行观察。经过一系列的准备，卡文迪许观察扭称扭过的距离，可以达到 1/4 毫米的精度。

根据卡文迪许的实验数据，当时计算出来的万有引力常数是 $6.74 \times 10^{-11} m^3 \cdot kg^{-1} \cdot s^{-2}$，即使跟用现代手段测量的结果比起来，也可以说是非常精确了，只有 1% 的误差。

18 世纪末的欧洲，英国还没有完全进入工业时代，实验仪器的精密度并不高。但是科学家们通过精心的设计，已经能够做出一些令人惊叹的测量，是非常了不起的！

第四节

天体运动的真实轨迹

了解了万有引力定律之后，理论上我们能计算出天体所有可能的轨道。但是在现实中，天体的运动轨迹真的是精确的椭圆吗？其实现实世界并没有那么完美。

椭圆进动（precession）

开普勒三定律首先推翻了天体运动是完美的圆的猜想。从古希腊时期开始，虽然没有明确的证据，但先哲们普遍认为天体的运行轨道是圆形，并且认为地球是宇宙的中心，所有天体都围绕地球转，这就是著名的地心说。

后来哥白尼（Nicolaus Copernicus）提出了日心说，直到开普勒三定律，才彻底否定了地心说，也否定了天体运动的轨道是圆形的。开普勒三定律在一定程度上支持了哥白尼的日心说，它告诉我们，太阳系里的行星都围绕太阳运动。

一般来说，天体的运动轨迹是椭圆形，但圆周运动也并不是完全不可能，因为可以把圆看成一个特殊的椭圆。当椭圆的两个焦点重合到一

图6–9　椭圆进动轨迹

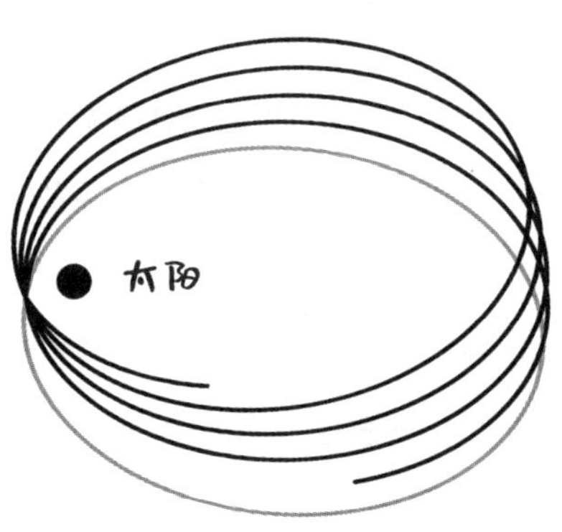

起，长轴和短轴一样长的时候，椭圆自然就演化成为一个圆了。

只不过正圆轨道的要求十分苛刻。在给定距离的条件下，运动速度的大小和方向必须十分精确地满足圆周运动的要求，才能形成一个正圆。所以真实的天体运动不太可能出现精确的圆形轨道，比如，地球围绕太阳运动的轨迹就是一个接近圆的椭圆。

那真实的天体运动是标准的椭圆吗？事实也并非如此。比如我们去计算地球公转轨道的时候，只考虑了太阳和地球两个天体。

但是别忘了，除了地球以外，太阳系还有七大行星和数量众多的其他天体，甚至是宇宙中的尘埃、小陨石，都会对地球有引力作用。只不过由于它们的质量跟太阳比起来都太小了，它们只在一个微小的程度上干扰，并不会显著地影响地球的公转轨道。

当地球花了一年时间转了一圈之后，集各种作用力于一体，它几乎不太可能精确地回到一年前出发的位置，而且公转速度的方向也几乎不太可能与一年前完全一致。

所以一个行星的真实运行轨迹，不会是一个封闭的椭圆：它大致以一个椭圆的形态转了一圈之后，会来到一个新的出发点，这个出发点与原来的出发点距离并不太远。在下一个公转周期里，它依然会以一个近似椭圆的形状转一圈，再来到一个新的出发点。

我们可以说天体的真实运动轨迹是一个进动的椭圆：一方面，天体沿着轨道运动；而另一方面，椭圆轨道整体也在行进，轨道本身也在围绕太阳转动。久而久之，天体运动的总轨迹就会变成像花瓣一样的形状。

除此之外，我们还会习惯性地认为小的天体绕着大的天体转，这样的描述也并不十分准确。因为万有引力的作用是相互的，地球在受到太阳引力作用的同时，太阳也受到地球的引力。

所以，准确的说法是太阳和地球共同围绕着二者的质心（center of mass）运动。只不过由于太阳的质量比地球大太多，二者的质心落在了太阳内部。

彗星轨道

到此，我们可以对天体运动做一个完整的描述：天体运动是围绕着整个系统（包括该系统内的所有星体）的质心做椭圆进动。

在各种各样的椭圆轨道中，既有地球轨道这样比较圆的轨道，也有彗星轨道那样非常扁的轨道。彗星之所以很多年才出现一次，恰恰是因为它的轨道非常狭长。只有在运动到离太阳很近的位置时，才会被地球上的人看到。

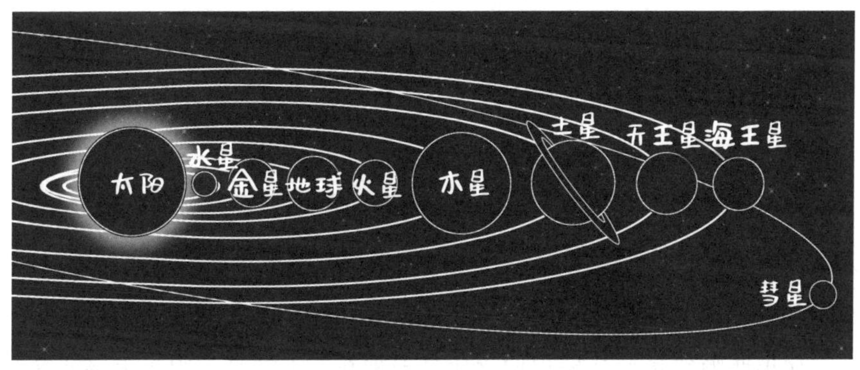

图6-10 天体运行轨迹

轨道共振（orbital resonance）

进动的椭圆是对单个天体的运动轨迹所进行的描述，那么不同天体的轨道之间有没有什么关联呢？答案是有的，因为行星和行星之间也存在引力作用。

我们在太阳系中观测到了一种很特别的现象，就是围绕同一天体运动的若干天体，它们的公转周期会形成整数比。这种现象，叫作轨道共振。比如木星的三颗卫星［木卫一（Io）、木卫二（Europa）、木卫三（Ganymede）］，它们围绕木星公转的周期比是 1∶2∶4；而土星的两颗卫星土卫七（Hyperion）和土卫六（Titan），它们围绕土星的公转周期比是 3∶4；海王星和冥王星围绕太阳公转的周期比是 2∶3。

为什么是这样呢？

从物理层面上看，太阳系已经形成了几十亿年，在这几十亿年中，太阳系需要一个稳定的内部环境，即让系统处于一个周而复始、循环运动的状态。也就是说，经过一段时间（不管经过的整个时间长短如何）后，太阳系都会回到相对接近上一个周期的初始状态。

比如海王星和冥王星的公转周期之比是 2∶3。如果把它们看成一个系统，这个系统要稳定，就必然会出现每经过一段时间，这两颗行星都要回到上一个周期出发时的状态。也就是说，要让这个系统复位。

所以，这两颗行星的公转周期之比，必然是一个有理数，可以写成几分之几的形式，因为只有这样，两颗行星的公转周期才会有一个最小公倍数。

以海王星公转周期的 1/2 作为一个时间单位，冥王星的公转周期就是 3 个时间单位，那么只要过 6 个时间单位，海王星和冥王星就可以回到最初的位置，再重复进行下一轮的运动。

如果两颗行星的公转周期之比是无理数，也就是无限不循环小数，那它们的周期永远无法找到一个最小公倍数。无论过了多长时间，它们也转不回初始状态，也就无法保证运动轨道的持续稳定。

如此看来，牛顿的万有引力真是太美妙了，它几乎能解释太阳系里一切天体的运动。但是在更大尺度上，万有引力定律真的是万能的吗？

爱因斯坦的出现，打破了牛顿理论那牢不可破的地位，让万有引力定律受到了巨大的挑战。爱因斯坦的时空观完全刷新了人们对于引力的认知。

The most Massive

极重篇

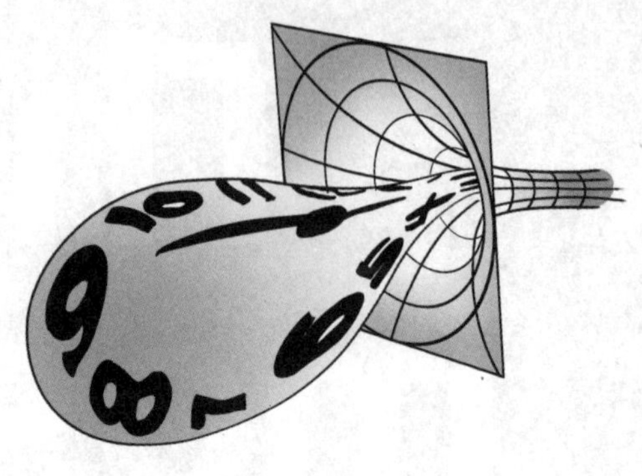

/// 导读 ///

广义相对论

谈到重，人的直观感受是一个物体的重量很重，也就是质量特别大。大到什么程度呢？几吨，几十吨，还是几万吨？

这些质量以宇宙的尺度来看都太小了。我们这里探讨的极重，质量的极大，要大到天体的质量。可能是1后面跟几十个0这种数量级，单位是千克。至少要达到像恒星、中子星这种天体等级的质量，才是我们关心的范畴。

通过对“极大篇”的学习，我们已经讨论了宇宙中天体的种类、性质，比如：一个天体是否可以成为一颗恒星？消耗完自身能量以后，是成为白矮星还是中子星，甚至是黑洞？而结局基本取决于它自身的质量，或者说重量。

似乎我们在不同维度下，已经讨论过重量了，那为什么还要把“极重篇”作为单独篇章来进行探讨呢？答案是我们只讨论了质量大小对单个天体的影响，但是天体之间的相互作用，我们讨论得还不彻底，甚至可以说完全没有摸清它的本质。

虽然牛顿的万有引力定律我们已经比较清楚了，但是用万有引力来描述天体之间的关系是不完备的，它有很多问题回答不了，而且**在更大的时空尺度下，牛顿的万有引力定律几乎是不够精确的**。

这个时候，**爱因斯坦的广义相对论，才是描述空间和时间的有效理论**。在大的时空尺度下，天体的运行规律，甚至天体的种类，都要经过广义相对论的改写。

广义相对论是在质量极大的情况下体现出的独特的物理学效果，也是我们研究大到全宇宙的时空尺度，也就是宇宙学的根基。“极重篇”，就是为爱因斯坦的广义相对论而专门开设的。

广义相对论在整个物理学中的地位是很特殊的，并不是因为它是极其高超、深奥的智慧，也不是因为它是爱因斯坦的天才创造，而是因为广义相对论几乎不与其他任何领域的物理学研究有明显的交叠。因此，广义相对论可以说是整个物理学中遗世独立的存在［当然，现代非常前沿的弦论（string theory），本质上是要去尝试统一广义相对论与量子力学，但弦理论还尚未被实验验证为正确］。

广义相对论会告诉你，时空是可以发生扭曲的，并且我们在狭义相对论里讲到的那些神奇的效果，如钟慢效应、尺缩效应等，在广义相对论里也都会显现，并且这些效应用时空扭曲就可以很直观地解释。

但广义相对论和狭义相对论的发展非常不一样。在爱因斯坦之前，科学家们对于狭义相对论中的光速不变原理已经有共识了，并且该原理也被迈克耳孙-莫雷实验验证了。甚至在爱因斯坦之前，物理学家洛伦兹就已经提出了洛伦兹变换，而通过洛伦兹变换，钟慢效应和尺缩效应都能被推导出来。爱因斯坦的狭义相对论，其实是把这些问题进行了统合，它是从物理学的发展中自然而然地流淌出来的。

相较于狭义相对论，广义相对论的发现可以说完全归功于爱因斯坦天才的创造力。这是因为爱因斯坦并不是受到一些实验现象的启发，而是靠自己的想象力和思考能力，无中生有般地“创造”出了广义相对论，由**广义相对论才派生出了现代宇宙学**。

那为什么广义相对论必须要诞生呢?

可以说，即便爱因斯坦没有发现广义相对论，随着人类对宇宙的研究和对天体的观测越来越深入，越来越多的数据涌现出来，科学家们肯定会发现万有引力在很多天体物理问题上是失效的。相比之下,广义相对论可以描述天体运动的精确规律,是必然会被发现的。但爱因斯坦的天才洞察，可以说让广义相对论提前诞生了。

爱因斯坦花了十年时间发现了广义相对论。之所以需要这么长的时间，是因为爱因斯坦花了大量时间学习一种特殊的几何学知识——黎曼几何。黎曼几何是一种有别于传统欧几里得几何的几何学，它研究的是曲面上的几何规律，而广义相对论研究的是扭曲的时空，所以需要黎曼几何的支持。

因此，我们有必要花一整篇来介绍爱因斯坦的天才理论，它作为整个物理学中最重要的分支之一，是人类全面探明宇宙的起点。

内容安排

第七章，我们主要讨论广义相对论最重要的原理——等效原理。有了对于等效原理的认知，我们就能够理解为什么在广义相对论看来，引力在本质上不是一种力，本质上它只是由时空的扭曲导致物体的运动状态发生了改变的一种加速效果。

第八章，我们将讨论如何从实验层面来验证广义相对论，其中引力波（gravitational wave）的发现是对广义相对论最好的证明。除此之外，我们还将讨论广义相对论对全球定位系统的重要性。

第九章，我们将专门讨论由广义相对论所预言存在的一种最神秘的天体——黑洞。在“极大篇”中，我们已经讨论过黑洞，但那只是经典物理意义上的黑洞，宇宙中真实存在的黑洞，其形成机理与经典黑洞截然不同，它完全是时空极致扭曲的结果。

第七章
Chapter 7

广义相对论的基本原理
Principle of General Relativity

第一节

引力究竟是什么

万有引力的遗留问题

根据牛顿万有引力定律，天体之间存在相互吸引的引力，在引力的作用下，天体的运行遵循各种各样的椭圆轨迹。万有引力的大小正比于二者质量的乘积，反比于二者之间距离的平方。

牛顿定律极其简洁优美，它似乎很好地解释了宇宙中所有天体的运行规律，但是当中有以下两个看似不是问题的问题。首先，天体是如何感知到另外一个天体的引力的（它们之间并没有实际的接触），也就是说，引力是通过什么传递的？比如，地球围绕着太阳运动，是因为地球感受到了太阳的万有引力。但是很显然，地球和太阳之间是空的，太阳没有用一只手抓着地球让它旋转，而地球也不长眼睛，它也不知道哪个地方有个太阳，它怎么就知道应该绕着太阳旋转呢？

其次，一个天体感受到的另外一个天体的引力是不是瞬时（instantaneous）的？如果太阳突然消失，地球会瞬间知道太阳没了吗？地球受到的引力会突然消失吗？我们知道，甚至连光的传播都是需要时间的。我们现在看到几光年以外的天体发出的光，其实承载的是这个天体几年前的信息，它发出的光要花几年时间才能传到地球上。那么引力呢？引力的传递难道不需要时间吗？这个作用是瞬时的吗？用牛顿的话

图7-1 超距作用

说，引力的作用是超距作用（action at a distance）吗？

> 超距作用，就是引力是否能超越距离的障碍，瞬间作用到对象上。关于这个问题，牛顿有过思考，但是他并没有得出结论。在牛顿的万有引力体系里面，我们默认引力的作用是超距的。

总结一下，这两个关于万有引力的问题是：（1）引力的传递是否需要介质？如果需要，这种介质是什么？目前看引力是可以在真空中传递的；（2）引力的传递是不是超距瞬时的？这两个问题其实都是牛顿万有引力定律不完备的地方，需要爱因斯坦的广义相对论来回答。

引力是力吗？

广义相对论对引力有一个惊人的认知，那就是**引力不是力**，爱因斯坦认为**引力是物体在扭曲的时空中，运动状态背离匀速直线运动的效果**。

先来回答上面第一个问题，天体之间的引力通过什么传递，譬如：地球是怎么感受到太阳的引力的？广义相对论的解释是，**地球和太阳中间并不是真空的，它们中间有时间和空间**。广义相对论把时空看成了一种媒介。这就好比一条深海的鱼，一辈子都生活在水里，水是它生活的背景。如果这条鱼一辈子都不到海面上透气的话，它根本意识不到水的存在，因为水对于它来说太自然了。

人类也是一样，我们的存在是建立在时空基础之上的，没有时空何来存在？而时空本身也是一种存在。

既然时空是一种存在，我们应该能对它进行操作，让它发生变化。那怎么让时空发生变化呢？爱因斯坦给出的答案是依靠质量，质量会扭曲周围的时空。

比方说有一张桌布，找几个人把这张桌布的四角撑开，然后在桌布上放一个铅球，铅球的重量会把桌布往下压。这个时候，如果在铅球边上放个乒乓球，那么因为桌布的凹陷，乒乓球会向铅球滚过去。宏观上看，乒乓球好像受到了铅球的引力一样。但实际上，引力并不存在，乒乓球只是感受到了桌布的扭曲而已。

质量的作用就像铅球一样，把它周围的空间都扭曲了。地球并不知道太阳的存在，它只是感受到了时空的扭曲，于是开始了运动。只是这个运动的效果，总体上看好像是它受到了力的作用一样。

牛顿为了要解释这个运动，才发明了万有引力的概念。而广义相对论下，万有引力并不存在，它只是描述天体运动的一种模型。

再看第二个问题，引力的传递是不是瞬时的？有了爱因斯坦时空扭曲的解释，这个问题也就好回答了：**引力的传递当然是需要时间的，它**

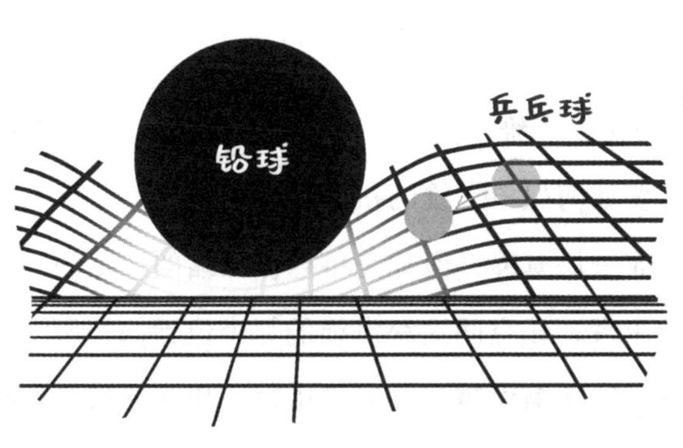

图7-2　现实中的时空扭曲类比

图7-3　引力波

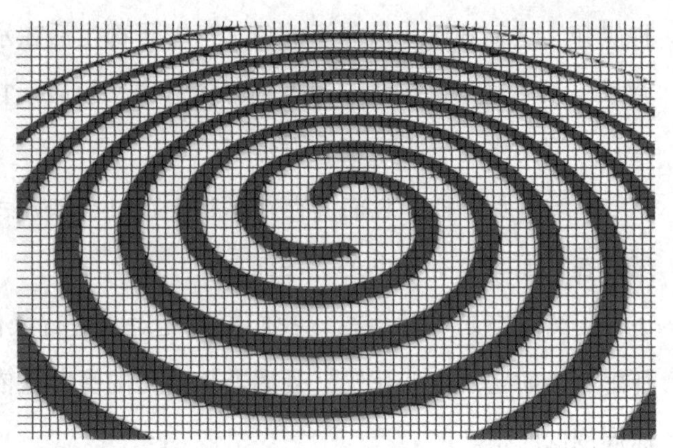

不是超距作用。

这就好像往水里扔块石头，水会泛起涟漪，这个涟漪会以一定的速度向周围传播。引力也是如此。如果太阳突然消失了，地球感受到的时空扭曲不会突然消失，而是要经过一段时间才会消失。那么引力的传播速度是多少呢？答案恰恰就是光速，这是广义相对论的结论。

像水波一样，如果让空间中一个位置的质量忽大忽小，那么它周围的时空扭曲也会一直发生变化。这种变化会以光速传播出去，就产生了引力波。

运用广义相对论，牛顿万有引力当中两个悬而未决的问题就获得了解答。

时空的扭曲

在桌布的例子中，桌布是个二维平面，在铅球的作用下向三维扭曲。而我们的空间是三维的，要如何想象三维的扭曲呢？

我们可以把空间想象成一块海绵，海绵是可以被压缩的。空间的扭曲，其实就是因为质量的出现，让空间这块海绵的每个位置都经历了压缩。引力越强的地方，受到的压缩就越强。时空中每一块区域遭受的扭曲程度不同，那这些地方的物理属性就会发生变化。只不过时空这块海绵的扭曲，表现为时间变慢（钟慢效应）、空间缩短（尺缩效应），跟在狭义相对论中看到的效果是类似的。

第二节

等效原理（equivalence principle）

广义相对论“广”在哪儿？

狭义相对论的结论都是依据两条公理推导出来的，也就是狭义相对论原理和光速不变原理。那广义相对论的原理是什么呢？答案是等效原理。当然，在广义相对论当中光速不变原理依然成立，可以认为**狭义相对论实际上是广义相对论的特殊情况，特殊到只讨论匀速直线运动、所有加速度都是零的情况**。

和狭义相对论相比，广义相对论讨论的范围自然是更广泛的，广在哪儿呢？广到它考虑了加速的情况，并把引力也考虑在内。

引力和加速度是一回事

等效原理，总结起来一句话，那就是：**引力和加速度其实是一回事**。当然，等效原理有很多种表述方式，比较正式的表述方式是：**引力质量**（gravitational mass）**与惯性质量**（inertial mass）**相等**。这些表述方式实际上是相互等价的，此处我们姑且关注引力与加速度等效的表述。

加速度的概念相对简单（见“极大篇”第六章），而等效原理传递了一个信息：只要理解了加速度，我们就理解了引力。

据说有这么一个小故事。当年，爱因斯坦和居里夫人，还有几个科学家一起去爬山，看到山上的缆车上上下下，于是爱因斯坦得到了一个启发：如果这个时候缆车的缆绳断了，缆车做自由落体运动，那么缆车里的人所感受到的状态应该和在太空中完全失重的状态是一样的。

顺着这个思路，我们来把这个问题分析得更全面一些。

假设普朗克在一艘宇宙飞船里，飞船没有窗户，看不见外面，隔音也很好，听不见引擎声。这个时候，如果宇宙飞船静止在太空中，或者以匀速直线运动的状态飞行（没有任何加速度），那么根据经验，飞船应该处于**失重**状态。

此时，如果普朗克手上有一个苹果，并把苹果放开，那么这个苹果不会落到飞船的地板上，而是飘浮在原来的位置。

再来考虑另外一种失重状态——自由落体运动。如果这艘宇宙飞船从高空下落，让它自由下落到地球上，普朗克再在飞船下落的过程中放开手中的苹果，对于他来说，苹果还是会飘浮在原来的位置，不会落到飞船的地板上。所以，普朗克完全无法区分宇宙飞船到底是在做匀速直线运动，还是在做自由落体运动，因为他和苹果都处于完全失重的状态。

用物理学的语言来说，在这两种情况下，普朗克做任何物理实验都无法判断自己的运动状态到底是处于静止、匀速直线运动还是在一个重力场中做自由落体运动。但是从飞船外的观察者看来，普朗克的运动状态是不一样的。

无论是在没有引力的太空中，还是在自由落体的过程中，你都感受不到任何力作用在你身上。这就隐约地告诉我们：引力不是力，只是一种加速效果。这就是等效原理想要传递的信息：**一个加速参考系中的物理规律，和一个处在同等引力场里的参考系中的物理规律，是完全一样的。**

自由落体运动

再举一个跟自由落体运动相反的例子：普朗克还是坐在一艘宇宙飞船中，飞船没有窗户，看不到外面，隔音很好，无法判断发动机是否在工作。

这个时候突然让宇宙飞船运动起来，以一定加速度开始加速向上运动。我们可以调节发动机，让飞船的加速度等于地球的重力加速度。这个时候，坐在宇宙飞船中的普朗克，会感觉自己突然有了重量。且因为飞船的加速度等于地球的重力加速度，他称一下自己的体重，会发现跟在地球表面称出来的体重是完全一样的。

用物理的语言来说，在一艘以地球重力加速度向上加速运动的宇宙飞船中，和在一艘放置在地球表面的宇宙飞船中，普朗克在船舱里做任何物理实验，都将得到一样的结果。

在加速的宇宙飞船里，普朗克手上拿个苹果放开，苹果会自动落到飞船的底部。对飞船里的他来说，就好像这个苹果经历了自由落体掉到了飞船底部一样。他完全无法区分自己到底是在一艘加速运动的飞船中，还是在地球表面。

我们站在地球表面或加速上升的宇宙飞船里，会觉得自己受到了重

图7-4　等效原理

力的作用，这个力其实是地球表面给你的支持力，并不是来自引力。因此，引力的效果不是让我们感受到力，而只是让我们加速运动而已。根据这些思维实验，我们可以总结出一个推论：**引力是加速效果，它不是一个真实的力。**

第三节

什么是时空扭曲

从等效原理出发，如何能推导出“引力体现为时空是扭曲的”这一结论呢？

思维实验：光会拐弯？

首先，我们要用等效原理来证明光会在引力场的作用下走曲线。

还是来做一个思维实验，假设太空中有一架电梯，电梯不置身于任何引力场中。只要它不加速运动，站在电梯里的人就处于失重状态。

现在让电梯开始加速向上运动，这个时候，电梯里的人就有脚踏实地的感觉了，能够感受到自身的重量。不妨假设这个电梯是有窗户的，当电梯向上加速运动时，它的窗户经过一个激光器，激光器发射了一道光到电梯里。

对于电梯外的观察者来说，他看到的光的路径，应该是从左到右的一条直线，这道光也觉得自己走了一条直线。

而对于电梯里的人来说就不一样了。光速虽然很快，但还是有限的，光从左边射到右边需要一定的时间。在这段时间里，电梯已经向上加速运动了一段距离，因此，对于站在电梯里的人来说，看到这道光打到右

图7-5　电梯静止（左）和加速上升（右）

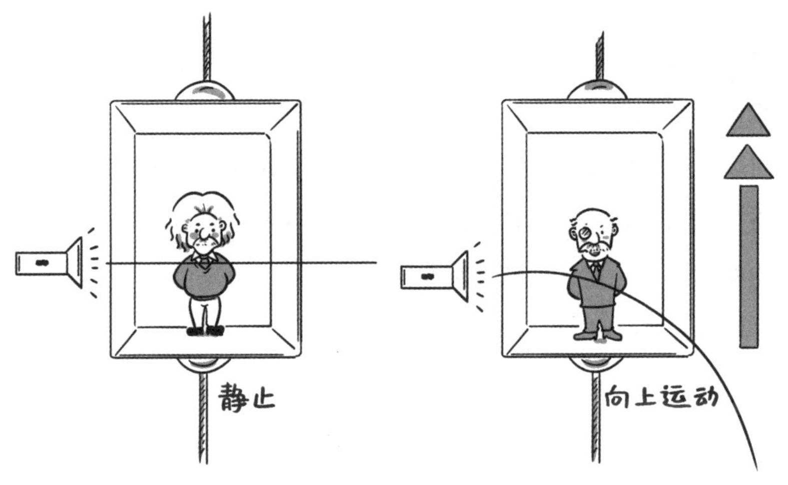

边的高度一定是低于原来的高度。

如果继续深入研究光从左边射到右边的过程，电梯里的人看这道光走过的路径应该是一条曲线，因为电梯在加速运动（如果电梯匀速上升，路径应该是一条向下的斜线）。所以，电梯里的人会感觉光转弯了，但是在电梯外的人看来，这道光走的仍然是一条直线。

下面等效原理就派上用场了。既然在加速上升的电梯里，人看到光走了曲线，那么同样地，如果在地球上做这个实验，光也应该走一条曲线。

光觉得自己在走直线

光在引力场的作用下会走一条曲线，也就是说，引力场对光也是有作用的。那这有什么神奇的效果呢？根据质能方程 $E=mc^2$，光是有能量的，所以它也有动质量（即运动时整体表征为质量的效果）。有质量的东西，就会在万有引力的作用下改变直线轨迹，走曲线不是很正常吗？

这里的关键在于，**光并没有觉得自己在走曲线，它觉得自己还是在走直线**。换句话说，在引力场的作用下，光并没有觉得自己受到了

“引力”。

但是根据牛顿第一定律，一个物体在不受外力的作用时，要么静止，要么做匀速直线运动。光既没有受力，也没有进行匀速直线运动，这岂不是推翻了牛顿第一定律吗？问题出在哪儿呢？

问题就在于牛顿第一定律是不完备的，它讨论的是平坦的时空。光既没有受到力的作用，而且走的还是曲线，这样就可以解释为引力场中的时空被扭曲了。这就好像火车在铁轨上行驶，火车的轮子是不会转弯的，它只知道向前滚，但是轨道可以弯曲。火车一直觉得自己在向前走，但实际上它已经随着轨道在走曲线了。

时空的扭曲也应该这样理解，在引力场中做自由运动、不主动给自己加速的物体，在它自己看来，它在走直线，符合牛顿第一定律，但是这条线本身却随着时空弯曲了。

进一步证明

时空的扭曲效果还可以被进一步证明。以后如果人类要移民到外太空，在太空中建造太空站，就需要在太空站里模拟地球的重力环境。但是在太空站里没有地球那么大质量的东西，要怎样模拟重力呢？答案是

图7-6　太空站

通过旋转产生的离心力（centrifugal force）。

太空站的结构在很多科幻电影中都出现过，譬如诺兰的《星际穿越》片尾，未来人类都移民到了太空站中，太空站里的人其实是住在一个大型的圆柱体的内表面。随着圆柱体围绕自己的中轴旋转，那么圆柱体内表面就要对太空站里的人提供支持力，来充当圆周运动的向心力。站在圆柱体内表面的人，跟感受到重力是一样的。

再对比一下另外一种情况：假设你现在在一个围绕地球做圆周运动的空间站工作，根据牛顿定律，你应该受到一个向心力，用以支撑你围绕地球的圆周运动，但是空间站里的人感觉依然是失重的。

现在假设上面说的人类移民外太空所住的旋转大圆柱体的直径跟地球是一样的，让它旋转的速度跟空间站围绕地球运动的速度是一样的。那么在这两种情况下，不管是空间站里的工作人员，还是移民到外太空的居民，他们的运动状态是完全一样的，都是以一定的速度在做圆周运动，并且运动的速度大小一样，圆周运动的半径也一样。但是他们的感受是完全不同的，在大圆柱体里的人会感受到圆柱体内壁的支持力，而在空间站里的人却感受不到力。

那么问题来了，根据牛顿定律，一旦运动方式确定了，受力情况应该是唯一的，怎么会出现运动状态完全相同、受力却不一样的情况呢？是不是牛顿定律错了？这里的解决办法就是时空的扭曲。在大圆柱里，时空并没有被扭曲，但是地球周围的时空被扭曲了。

这样就能解释为什么运动情况一样，受力却不同。地球周围空间站里的宇航员可以判断自己是在走直线，只不过这条牛顿定律意义上的直线被地球的质量弯曲成了一条曲线。

第四节

尺缩与钟慢

…●…

我们从等效原理出发，证明了引力不是一个力，只是时空扭曲的效果，这种扭曲是由质量造成的。置身于其中的物体感受到了时空的扭曲，于是运动状态发生了变化。这种运动的变化只是被牛顿解释为引力，但其实引力并不存在。

既然知道了时空可以被扭曲，那么扭曲的时空会带来哪些神奇的效果呢？很显然，狭义相对论里那些神奇的效果，比如尺缩效应和钟慢效应，在广义相对论中也是存在的。

尺缩效应可以理解为空间的压缩，钟慢效应也可以理解为时间的收缩。广义相对论既然说的是时空如何被扭曲，那对应的尺缩和钟慢效应也一定存在。只不过这次，我们可以从时空的扭曲出发来推论这些效果。

黎曼几何：曲面上的几何

首先要来探讨一个基本的问题：空间中两个点的距离是怎么算的？

我们都知道，两点之间直线最短。比如有一张平铺的纸，你在上面随意画两个点，然后用一根直线把它们连起来，那么这条线段的长度就代表了这两个点在纸面上的最短距离。

但是别忘了，这两个点的最短距离是一条线段，只在纸面是平面的情况下成立。如果是曲面，就未必如此了。比如在地球表面上任意取两点，在不穿透地表的情况下，两点之间最短的距离就是它们中间的那段圆弧，是一条曲线。

也就是说，在不同的空间当中，两个点之间的距离也是不一样的。既然广义相对论说的是时空的扭曲，那么两点距离的计算方式，就跟这

图7-7　地球经线，最后在极点处汇集为一点

个空间具体的扭曲形式有关了。研究曲面上几何关系的学科，叫作黎曼几何。

在黎曼几何里，很多被欧几里得几何当成公理的东西是不成立的。比如说在欧几里得几何里，两条平行线是永不相交的，但这在黎曼几何里是不成立的。

我们知道，地球的经线和纬线都是相互垂直的。换句话说，任意两条经线是相互平行的。但是很明显，任意两条经线都会相交于南北两个极点。因此，黎曼几何是一套与欧几里得几何截然不同的几何学系统。

尺缩效应

有了对黎曼几何的认知，就能很容易理解在广义相对论下的尺缩效应和钟慢效应。

首先，要定义一个物理量，叫作时空曲率，它描述的是时空的扭曲程度。用万有引力的观点看，就是引力越大的地方，曲率（curvature）越大，时空扭曲的程度就越剧烈。

我们说时空的扭曲是被压缩，而不是被拉伸，是因为引力永远表现为吸引作用，而不是排斥作用。也就是说，有质量的物体倾向于靠近，而不是远离，只有压缩才会让距离缩短。质量越大的天体，对它周围时空的扭曲就越剧烈，它周围时空的曲率就越大。还是用一块海绵的弹性扭曲来看，质量越大，就好像压缩、扭曲海绵的程度越深。

那尺缩效应是什么呢？其实就是把空间当成一块海绵，再把它压缩成一个曲面。一把弹性尺上面有刻度，我们把它弯曲，当然是向里弯的部分被挤压了，尽管上面的刻度没有变，但是实际上，刻度之间的距离变小了，对应的就是尺缩，是空间的尺度变小了。此处要注意，是引力场弱的地方的观察者看引力场强的地方的观察者的空间被压缩，尺子的长度变短，但是尺子上的观察者并不会觉得尺子变短，因为在尺子参考系当中的所有尺度都同等地缩短了，因此尺子上的观察者自己是察觉不到的。

钟慢效应

同理，也可以理解广义相对论下的钟慢效应。在“极大篇”中我们说过，时间和空间其实是等价的，不需要把时间和空间区别对待。

我们可以把时空当成一块海绵，只不过在它的长、宽、高三个维度中，高代表时间，长和宽代表空间。这种比喻只是为了方便理解，真实的情况应该是一个三维空间加上一维时间的四维的海绵。因为人的感官

图7-8　黑洞周围的时空扭曲

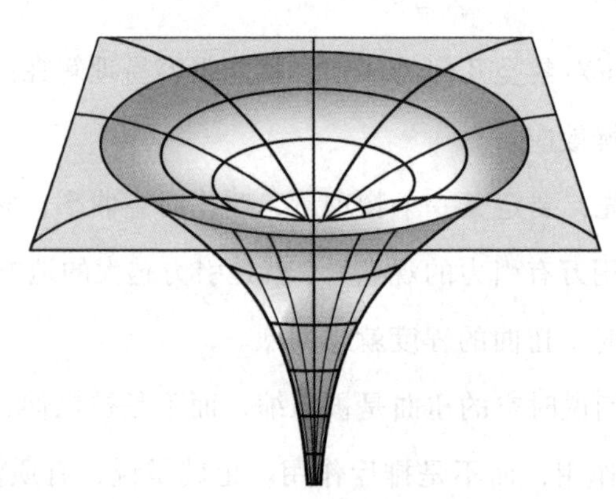

很难想象四维，这里就简化为二维空间加上一维时间。

这样，一块海绵在质量的作用下被压缩的时候，不光空间维度被压缩了，时间维度也被压缩了。本来一个事件持续的时间可能是 2 秒，被压缩之后就只有 1 秒了。

电影《星际穿越》里有一段剧情，男主角和女主角去一个黑洞周围的行星上探测。他们只去了 3 个小时，但是在飞船上的同事却等了他们 20 多年。这就是广义相对论里的钟慢效应。

因为黑洞边上的引力场极强，所以行星上的时间被压缩得非常厉害。这里还是要强调一下，**当你进入一个强引力场范围内，只是别人看你的时间变慢了，别人掐表 2 秒，在你这里才过了 1 秒，但你不会感到自己的时间变慢**。

双生子悖论的最终解释

有了基于广义相对论的对于尺缩效应和钟慢效应的理解，我们可以再回过头来讨论一下在“极快篇”中双生子悖论的问题。

假如有一对双胞胎兄弟，哥哥坐着一艘宇宙飞船以接近光速的速度去太空里转了一圈，又回到地球上，而弟弟一直在地球上。问飞船回来以后，兄弟俩谁的年纪更大一些？

根据钟慢效应，由于哥哥的运动速度非常快，所以在弟弟看来，哥哥的时间流逝速度很慢。这样等哥哥回来后，弟弟经历的时间更长，所以哥哥反而比弟弟年轻。这样一个推论看似没什么问题，但是其中隐含着严重的逻辑矛盾。

虽然是哥哥坐着宇宙飞船去宇宙里转了一圈，但是在哥哥看来，何尝不是弟弟在地球上，地球相对于哥哥坐的宇宙飞船，也以接近光速的速度转了一圈？因为运动完全是相对的，无论是哥哥还是弟弟，都会觉得自己是不动的，是对方在运动，所以对于哥哥来说，应该是弟弟的时间流逝速度更慢，自己回地球以后，应该更加年老。

这个问题需要借助广义相对论才能回答。因为是哥哥坐着宇宙飞船出去转了一圈，那么很显然，哥哥经历了有加速度的过程。他要先加速飞出去，然后回地球的时候还要减速，减速的过程可以看成是反向的加速。根据等效原理，哥哥经历了等效于置身强大引力场的过程，所以他的时间受到了压缩。回来之后，应该是哥哥更加年轻了。

第五节

引力红移

哈勃定律告诉我们，宇宙是在加速膨胀的。哈勃给出这个结论的方法，是通过多普勒效应和光谱，算出了天体的距离和远离我们的速度。

一个正在远离我们的天体发出的光，被我们接收到的频率要比它原本的频率低，这种现象叫作**多普勒红移**。除了信号源和接收者有相对速度会产生多普勒效应以外，引力场也会产生广义的多普勒效应，这恰恰是可以用等效原理解释的。

宇宙中有各种各样的天体，这些天体都会在自身周围形成引力场。光经过这些引力场的时候，也会经历红移或者蓝移。如果从地面上垂直向上发射一束光给太空中的接收器，接收器接收到的光的频率，要比光从地面上发出时的频率低一些，这是为什么呢？

这里依然要用到等效原理。现在想象两艘宇宙飞船，一前一后，它们同时加速向前运动，中间保持一段距离。前面的飞船尾部有一个光学接收器，然后让后面的飞船向前发出一束光，这束光会被前面飞船的接

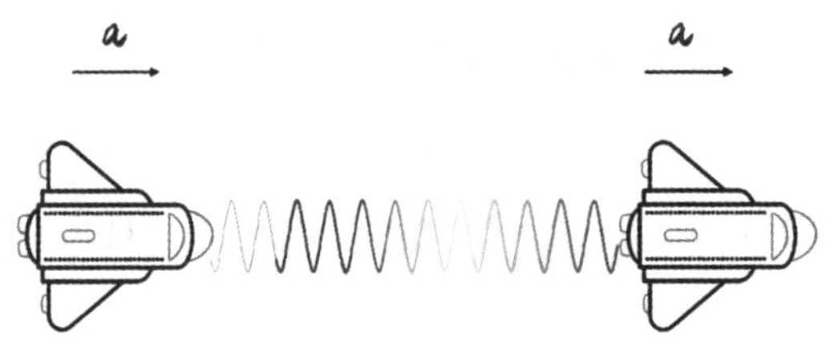

图7-9　由加速产生的红移/蓝移（后方飞船向前发射的信号在前方飞船的接收者看来频率降低，由前方飞船向后发射的信号在后方飞船接收者看来频率增高）

收器探测到。

由于这两艘飞船有一段距离，所以当后面飞船那束光被前面飞船的接收器接收到的时候，已经经过了一段时间。但是由于飞船有加速度，前面的飞船在这段时间里，已经增加了一定的速度，此时，对于前面的飞船来说，这束光的光源不再是相对静止的了，而是有一定的速度。既然有速度，就会发生多普勒效应。因此，前面的飞船接收到的光的频率，要比光发出时的频率更低。反之，前面飞船向后方飞船发射信号，在后方飞船看来，这个信号则会发生蓝移。分析过程也一样，还是看两艘一起加速的宇宙飞船，只不过这次让前面的飞船向后发射光，后面的飞船装了接收器。在光到达后面的飞船时，已经过了一段时间，这样后面的飞船就增加了一定的速度。在后面的飞船看来，光源是在向自己靠近。根据多普勒效应，它接收到的光就发生了蓝移。

上面已经证明了，在有加速度的情况下，光会发生红移和蓝移。那么根据等效原理，在地球上，或者说在任何一个引力场中，光也一定会发生相应的红移和蓝移。

所以，从地球上向上发射一束光，太空里的接收器一定会接收到一束经历了引力红移、频率变低的光。反过来是一样的，如果从太空发射一束光给地面上的接收器，地面上接收到的光频率会更高，光发生了蓝移。

本章主要从理论层面去了解广义相对论。广义相对论最具革命性的观念是重新理解了引力。引力并不是一个真实的力，只是质量扭曲了时空，从而影响了物体的运动。

广义相对论和狭义相对论一样，只依据一条简洁、优美的原理，来进行逻辑的演绎，可以说是真正的理论物理学。相对论让我们深刻地体会到思想之美，所以爱因斯坦不光是一位天才的物理学家，也是真正意义上的思想家。

第八章
Chapter 8

广义相对论的验证及应用
Proof and Application of General Relativity

第一节

水星进动问题

等效原理

广义相对论的核心原理——等效原理说的是，**引力的效果与加速度的效果是等效的**。

你在一个封闭系统中做各种物理实验的时候，无法通过实验结果来判断自己究竟是受到了一个天体引力的作用，还是处在一艘正在加速运动的飞船中。同样，当周围没有引力场的时候，你同样无法判断自己是处在太空中完全不受力，还是处在引力场中的自由落体状态。

从等效原理出发，我们能够沿着爱因斯坦的思想得出一个结论：**引力并非一个真实的力，它体现为时空的扭曲**。任何物体，甚至包括光，置身于引力场中的时候，它们的运动状态都会发生改变。

譬如天体会进行天体运动，光经过引力场的时候，会在引力场的作用下弯曲。但是这些运动状态的改变和轨迹的弯曲，并非因为力的作用，而是因为时空的扭曲。

又譬如在地球轨道上运动的宇航员围绕地球做圆周运动，按理来说，他应该有受到力的感觉，但是恰恰相反，他的感受是自己处在完全失重状态。这是因为他的时空由于引力的缘故被扭曲了，他觉得自己在走直线，但本质上是他的直线所处的时空被扭曲了。

广义相对论如此神奇，它具体有什么实验上的证据呢？我们怎么证明广义相对论的正确性，以及它在现实生活中有没有什么应用？你会发现，其实广义相对论与我们的生活息息相关，并且在未来，广义相对论对于时空性质的认知，也许是我们做超长距离太空旅行的关键，这里说的是那种能够飞出银河系，对全宇宙进行探索的超长距离旅行。

水星进动

既然广义相对论相比于万有引力定律更准确，更贴近本质，那就要去寻找用**万有引力定律无法精确计算，但用广义相对论可以精确计算**的现象，这个现象就是著名的水星进动问题，也是广义相对论的第一次重要胜利。

在“极大篇”的第六章《万有引力》中，我们知道实际的天体运动轨迹应当是**进动**的椭圆。譬如太阳系里的行星在每完成一周的公转以后，无法精确地回到出发点，因此每转一圈，它的轨道会与之前的轨道有一定的偏差，这就是进动。

水星进动问题说的是水星围绕太阳每公转一周都会有特定的偏差，但是这个偏差非常小，要过很长时间才能看出显著的效果。根据使用万有引力定律计算得到的结果，水星的进动偏差，应该是每过 100 年，角度差 5557.62 秒（秒，角度大小的单位，角度分为度、分、秒。每一个圆周可以分为 360 度，每一度分为 60 分，每一分分为 60 秒）。

这里水星进动的角度差 5557.62 秒的意思是说，100 年以后新的椭圆轨道长轴跟 100 年前椭圆轨道的长轴存在一个夹角，换算成度的话，差不多是 1.5 度。但为了精确，我们还是用秒来表示。

可是天文观测发现水星进动角度并非是 100 年 5557.62 秒，而是 5600.73 秒，也就是观测值比用万有引力定律计算出来的理论值要多

43.11 秒。

为什么我们研究的是水星进动，而不是其他天体的进动呢？

原则上，其他天体的进动用牛顿定律去算也有这个问题，但是其他天体离太阳远，进动的现象不明显，偏差不大。八大行星之中水星离太阳最近，公转周期短（水星的公转周期只有大概 88 个地球日）。在单位时间内，公转快的天体，能够完成的圈数就多，每完成一圈，就会偏一些。所以完成圈数多，偏的效果就明显，所以我们研究的是水星的进动。

一开始，物理学家们想了很多办法来解释这个问题，有人考虑电磁相互作用，有人考虑太空尘埃的阻力，甚至大家觉得水星周围可能有一个天体一直没被发现，所以影响了它的运动。

但是后来这些都被证明是错的，人们花了很多工夫去寻找这个影响水星运动但是没有被发现的天体，却一无所获。后来终于有人质疑，是不是牛顿的万有引力定律出了问题？可能引力不是和距离的平方成反比例（万有引力跟距离的关系不是 r^2，而是跟 2 有偏差）。但是这样去计算一下会发现，如果真的要解释这 43.11 秒的极小误差，2 要变成 2.15，这怎么都不像是个符合物理学原理的结果。

从物理直觉上，这么基础的定律不太可能是这样一个不规则的数字，因为物理学家们多多少少都有一个信念：**宇宙万物的规律，应当是简洁而优美的。**

直到有了广义相对论，通过广义相对论的方程式去计算水星进动问题，发现水星每 100 年进动的角度，比牛顿算出来的确实多了 43.07 秒。这就跟实验观测的结果非常接近了，几乎可以说是完全吻合。这样一来，就从理论层面验证了广义相对论的适用性。

不管万有引力定律从物理学本质上是否正确，在计算上，尺度一旦扩大，它就变得不够精确了。这其实说明，**一切科学理论都有自己的边界。**

严格意义上，我们**不能简单地说某个科学理论的对错与否**，判断科学理论对错的依据，其实就是**在一定边界内，它是否能够精确地解释和预测现象**，因此，我们并非否定了万有引力定律，只能说它在大尺度的情况下已经失效。广义相对论目前看来在太阳系范围内十分精确，但在更大的尺度下也有失效的可能。就比方说在“极大篇”的第五章《宇宙里有什么》中提到的暗物质，单纯用广义相对论也无法解释。

第二节

引力透镜（gravitational len）

还有一个验证广义相对论的办法，就是从最基本的推论出发，看看广义相对论预言的物理现象能否被观察到。广义相对论研究的是大尺度问题，要观察也应该是去宇宙里观察，这就来到了天文观测的领域。

天文观测，粗略来讲可以理解为观星。这里的观星，其实都是看各种天体上发出的光。因此从观测的角度来说，如果要检验广义相对论的正确性，最直观的就是去验证光是否真的会在引力场的作用下弯曲。

根据这一预言，我们能够预想出，宇宙中的天体应该会有一种现象，叫引力透镜。先说说透镜，生活中能见到很多透镜，譬如说近视眼镜的镜片，就是凹透镜；远视眼镜、老花眼镜的镜片，是凸透镜。

图8-1 凹透镜和凸透镜

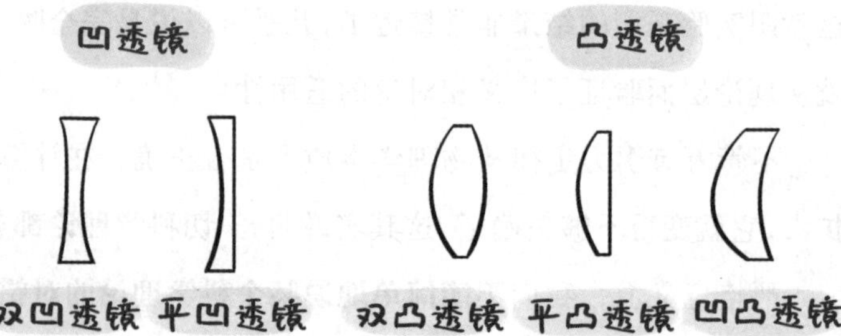

透镜其实就是厚薄渐变的透明材料，可以是玻璃，也可以是树脂，它的功能就是弯折光，光射进去会改变方向。引力场的作用也是让光的传播路径弯曲，因此我们借用了透镜的概念。

引力透镜也是广义相对论所预言的一种天体物理现象，我们可以来看一个引力透镜的设置。比方说，有一个天体质量特别大，光经过它周围的时候会发生明显的弯曲。假设在这个大天体的背后有一些发光的天体，正常情况下，如果我们从这个大天体的正面去观察，由于发光天体被大天体挡住了，原则上是看不见的。但因为大天体的质量非常大，发光天体所发出的光经过它的边缘时会被弯曲。这种弯曲是一种吸引式的弯曲，也就是本来要向上走的光，会被大天体的引力场给拽下来往前走。可以想象，如果大天体的质量大到一定程度，即便发光天体本身被大天体遮挡了，我们也依然可以从大天体正面看到这个发光天体的光；并且由于天体是球形，所以每个方向的光发生的弯曲应该是一样的。如果大天体背后的发光天体也是球形，通过这种大天体对于光的弯曲作用，我们应该能够看到一个发光的环。

如果大天体背后的发光天体不止一个，可以预想大天体背后的光都会发生弯曲。这样一来，我们会看到大天体周围的图像都是经过扭曲的，看上去不像正常的宇宙景象，就像在 Photoshop 软件中经过了液化处

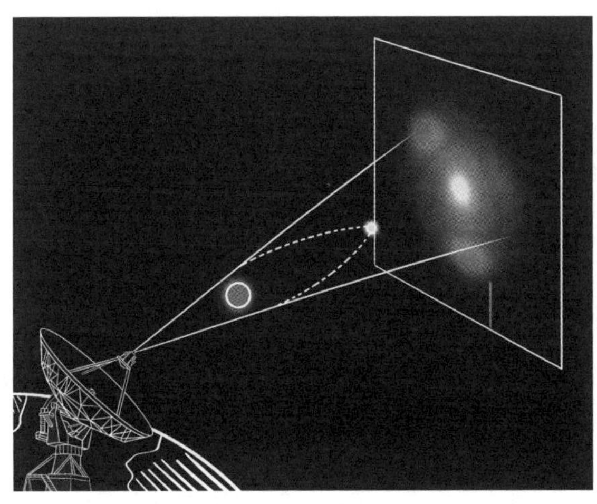

图8-2　引力透镜的“透视”效果

理的图像。这就好比你通过一个放大镜去看物体，物体的形象会被扭曲一样，这就是引力透镜。黑洞，就是这样一种具备如此大质量和如此强引力场的天体。

如果真的有个黑洞在宇宙中，我们透过黑洞看到的它周围的景象应当是被扭曲的，有很多科幻片里也做出了这样的效果图。

黑洞是引力极强的天体，这种强引力天体产生的引力透镜的现象，叫作强引力透镜。但黑洞是很罕见的，科学家也只是在 2019 年才第一次拍到了黑洞的照片。

在大部分情况下，没有那么多具有强引力的天体，但引力透镜的现象无处不在，只是效果明显不同。同样地，任何一个普通的天体，原则上都可以充当引力透镜。我们可以来考虑这样一个设置，譬如有一个天体，这个天体的引力还算可以，虽然没有黑洞那么强，但也比较可观。在这个天体的背后有另外一个发光天体发出的光，刚好擦着这个充当透镜的天体的边缘穿过，能够被天体前方的观察者看到。

发光天体是有一定大小的，它发出的光不是一条单一光，而是有粗细的光束。这个光束下方的光，在擦过透镜天体的时候，相比于上方的光更加接近透镜天体的球心。下方的光感受的引力场的强度比上方的光要强，下方的光在引力场中弯曲的程度更强。因此，观察者看到的这束

图8-3　黑洞引力场的时空扭曲

光，比光在不受引力场影响的时候要大。发光天体的形象被放大了，这也是引力透镜的效果。

根据广义相对论的推理，引力透镜的效果是必然的。但是这样就真的证明了广义相对论的正确性了吗？答案是未必。

我们通过爱因斯坦的狭义相对论知道，能量和质量是等价的。一束光既然有能量，那么它也就有相应的质量，有质量的物体在通过引力场的过程中，会受到引力的影响而改变运行路线。**水星进动和引力透镜只能说是给出了广义相对论没有错误的验证，但并非只有广义相对论能解释引力透镜和水星进动问题**。广义相对论的铁证，其实是近年才被发现的，那就是引力波。

第三节 引力波

水星进动问题和引力透镜的效果，虽然是广义相对论能够解释以及预言的现象，但是这两种现象都并非只有广义相对论可以解释，它们只能说是验证了广义相对论在这两个问题上没有破溃，是属于广义相对论边界范围内的问题。同样地，用万有引力定律来解释，如果不要求那么高的精确度，也是可行的。相比之下，只能够用广义相对论去解释的问题，就是引力波。

时空的涟漪——引力波

什么是引力波呢？顾名思义，就是引力的波动。但是光看名字不容易准确理解，引力波应该被理解为**时空扭曲程度的周期性变化**，这一变化的信息以波动形式传递，它是时空曲率的波动。

我们依然可以用解释时空扭曲的案例来解释引力波。一张桌布撑开，在上面放一个铅球，桌布会在铅球的重力作用下凹陷，这个凹陷是固定的。我们现在想象，再扔一个铅球在这张桌布上，两个铅球在桌布上滚来滚去，整张桌布就会跟着抖动起来。铅球把桌布压得越深，就对应广义相对论中天体质量越大，两个铅球的运动就好比时空中质量的分布在发生显著变化，就会产生越强烈的时空扭曲的变化。这种变化向外传播出去，就形成了引力波。

引力波的传播速度恰好等于光速，这都是广义相对论的推理结果。在目前所有的科学理论中，只有广义相对论预言了引力波的存在，所以只要能够探测到引力波，就证明了广义相对论的解释力比其他理论要强。

引力波如何探测?

引力波是在 2015 年 9 月，被美国一个叫 LIGO 的超大实验装置第一次探测到的。LIGO 是个缩写，全名是 Laser Interferometer Gravitational-Wave Observatory，意思是激光干涉仪引力波探测器。它的原理跟我们在“极快篇”的第一章《狭义相对论》讲解的迈克耳孙 - 莫雷实验的原理类似。

迈克耳孙 - 莫雷实验的目的是寻找以太这种假想中的物质，最后证明以太并不存在，但是它的实验方法却是十分精妙的。迈克耳孙 - 莫雷实验获得了 1907 年的诺贝尔物理学奖，LIGO 也因为发现了引力波，于 2017 年获得了诺贝尔物理学奖。

迈克耳孙干涉仪的结构是左边一束光射出，打到分光镜上，分成一束向右的光以及一束向上的光。两束光都经过相同的距离后碰到一面镜子再反射回来，最终汇聚在下方的探测器形成干涉条纹。

LIGO 的结构跟迈克耳孙干涉仪的实验装置几乎完全相同，也是一束激光（laser）分为两束，让这两束激光完全垂直，然后再反弹回来，汇聚到探测器上形成干涉条纹。但是 LIGO 跟迈克耳孙干涉仪比起来，就大太多了。迈克耳孙干涉仪的两条光路的长度大概是几十厘米，而 LIGO 的两条相互垂直的光路的长度达到了 4 千米。两束激光被分出去再汇聚回来，各自都要经过 8 千米的路程。

如果有引力波经过地球，由于引力波本质上是时空的扭曲，被引力波扫过的地方时空都会发生扭曲，那么这两条光路所处空间发生的扭曲程度大概率也是不一样的。两条本来都是 4 千米长的光路，在引力波的作用下，长度都会发生变化，并且由于它们所在的空间被扭曲的程度不一样，所以它们长度的变化肯定也不一样。

因此，两束激光在引力波经过的时候，各自走过的路程会不一样，当它们到达探测器的时候，就会有时间差。这个时间差会让它们的干涉情况发生变化，并被探测器捕捉到。这就是 LIGO 如何探测到引力波的

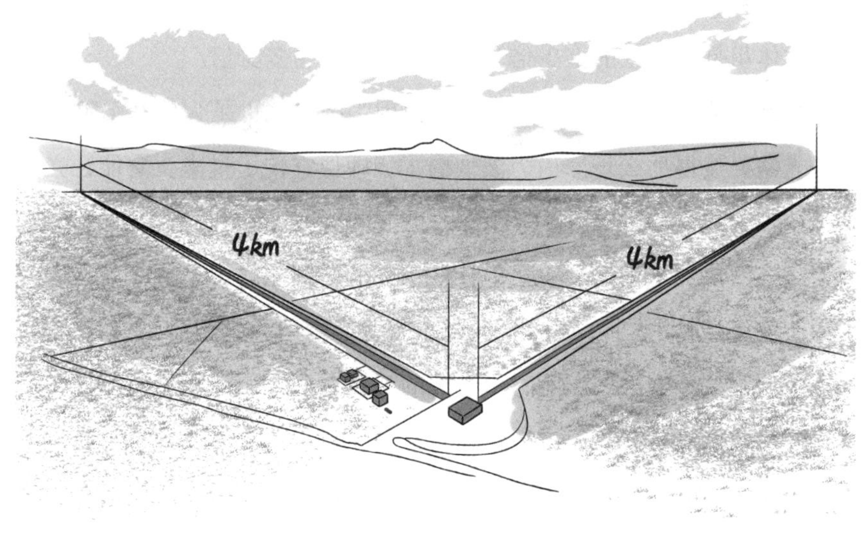

图8-4　LIGO激光干涉引力波探测器

原理。

LIGO 项目研究工作其实在 20 世纪 60 年代就开始了，由美国科学家主导，实验室在全世界各地都有。但是由于实验仪器一开始精度没有那么高，且几十年过去都没有探测到任何引力波，所以 21 世纪初的时候经历过一段时间的停滞，毕竟这个项目耗资非常大。直到 2015 年 9 月，引力波终于第一次被发现。这次引力波源自 13 亿光年以外的两个 30 倍太阳质量量级的黑洞融合成的一个单一黑洞。

为什么之前探测不到引力波?

为什么要等那么久才能探测到引力波呢？有两个主要原因：

（1）实验仪器和实验手段需要不断进步；

（2）最主要的原因，引力波实在是超乎想象的弱。

引力是一种极其弱的力。至于引力有多弱，我们在“极大篇”的第六章《万有引力》中曾经举过一个例子，一个小铁钉落地是因为地球对它的万有引力，但是它可以很轻松地被一个小磁铁吸起来，一个小磁铁提供的磁力就可以打败由整个地球提供的引力。甚至可以粗略地认为，地球的体积是小磁铁的多少倍，引力就比磁力弱多少倍。

由此可见，要探测到引力波是极其困难的，这也是为什么 LIGO 的两条光路要建得那么长。引力波太弱了，即便它传了过来，它能让光路长度改变的比例也非常小。因此我们要让光路尽量长，足够长的光路，即便改变的比例十分小，也足够让两束光的时间差变得可测。就是因为引力波太弱,所以整个 LIGO 的仪器设置都必须用激光调节至极其精确，保证实验误差不会大到影响对引力波的观测。

那为什么 2015 年 9 月又测到引力波了呢？这是因为 13 亿光年以外发生了天体物理上的大事件，两个 30 倍太阳质量量级的黑洞合并到了一起，它们质量足够大，引力足够强，而且从相互靠近到融合，是一个极其剧烈的变化过程。这种合并会对其周围的时空产生翻天覆地的扰动，形成的足够强烈的引力波，经过了 13 亿年的时间传到地球上。所以，引力波的探测也需要运气，这种天体大事件也不是经常会发生的。

引力波的发现和证实，圆满地证明了广义相对论的正确性。因为引力波的现象是完全被广义相对论所预言的，它并不能由牛顿定律解释。

第四节

全球定位系统

可以说，如果没有广义相对论，我们现代生活中需要定位的服务都无法实现，更不要说军事领域的精确制导了，全球定位系统无法做到现在的精准度。

如何确定一个事件的位置

首先要明确，**在地球上确定一个位置需要四个坐标，分别是三个空间坐标和一个时间坐标**。

我们在“极快篇”的第一章《狭义相对论》里就已经谈到过，三个空间坐标在地球上对应的是经度、纬度以及海拔。我们的手机通过卫星定位定准一个位置，靠的就是这四个坐标。

全球定位系统的工作原理

全球定位系统的工作原理，就是通过至少四颗卫星，来确定四个坐标。美国的全球定位系统（GPS），是在地球的轨道中布置 24 颗卫星。

之所以要有24颗，为的是在地球的任何一个角落，都至少能同时接收到4颗卫星的信号（当然，24颗卫星不是唯一的选择，卫星的数量多多益善，只是24颗从实用角度可以充分满足需求，且其中3颗是备用卫星）。

这24颗卫星的位置是已知的，并且在这24颗卫星中，都有铯原子钟。铯原子钟计时的准确度极高，高到什么程度？每过2000万年，误差只有1秒。24颗卫星中的时钟都是用铯原子钟校准的，同时它们与地球上的时钟也是同步的。

这些卫星都在做一件事，就是向外广播自己的时钟时刻以及目前的坐标位置，这些信号是在全球范围内都可以接收到的。你的手机如果想定位，要至少接收4颗卫星所广播的信息。

接收到信息之后，手机就立刻与自己的时钟进行比对，算出这几个信号所携带的时间信息与自身时钟的时间差，再结合卫星的位置信息，根据光速不变原理，就可以算出自己和每颗卫星之间的距离。

不管卫星和手机是否在移动，它们测出的光速都是一个恒定的值，所以要测量手机跟卫星的距离，只要将时间差乘以光速就可以了。

再以每颗卫星的球心到手机的距离为半径，就可以在空间中画出一个球形。几个球形一交叠，就能算出来自己的位置，这就是全球定位系统的工作原理。3颗卫星用来确定位置信息，1颗卫星用来校准时间信息。

图8-5　全球定位系统的工作原理

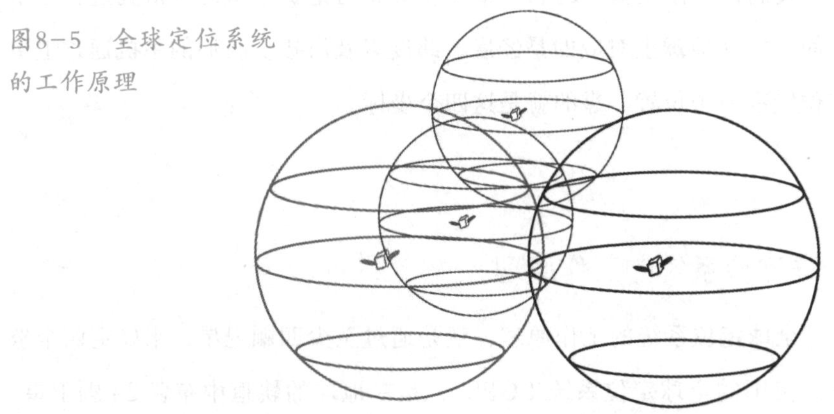

广义相对论的修正

广义相对论在全球定位系统里的作用是什么呢？我们计算手机与卫星的位置，用的是光速乘以时间差，并且默认电磁波信号的路径是直线。但是根据广义相对论，电磁波在地球的引力场中走的不是直线，而是曲线。

在这种情况下，如果不把广义相对论的影响算进去，算出来的位置就会有误差，这个误差还不小，大约会在 100 米以上。100 米的误差，在纽约曼哈顿就已经相差两条街了，不论是外卖、网约车都无法进行精准的定位，更不要说精度到了厘米数量级的军用卫星定位了。如果没有广义相对论，很难想象我们的生活会变成什么样。所以说，广义相对论不光是一个深刻的高级理论，也是我们现代生活中必不可少的理论工具。

第五节

曲率飞船（Warp Drive）

我们在科幻电影，比如《星球大战》和《星际迷航》中，经常会看到一些超光速飞行的宇宙飞船，而且这些宇宙飞船，大多叫曲率飞船。为什么它们的名字都一样？因为这些飞船的运行原理不是瞎编的，它确实有一定的理论基础，这个理论就是广义相对论。

墨西哥有一位理论物理学家叫米盖尔·阿库别耶（Miguel Alcubierre），1994 年，他给出了一种假想中的宇宙飞船。根据他的设计，这种宇宙飞船可以以超光速运行，但并不违背相对论中超光速无法实现的限制。

为什么宇宙膨胀可以超光速?

先来回顾一下哈勃定律，哈勃定律说一个天体远离我们的速度正比于它与我们的距离，这个比例叫作哈勃常数，大小是 70 km/（s·Mpc）。按照这个公式算一算，那些离我们非常远的天体，比方说几十亿、上百亿光年以外的天体，会以超过光速的速度远离我们，也就是说宇宙的整体膨胀速度是超过光速的。但是根据爱因斯坦的狭义相对论，不是任何东西运动的速度都不能超过光速吗?

这里要明确，**宇宙的超光速膨胀并不能理解为天体的运动速度超过了光速，而是宇宙时空的膨胀速度超过了光速**。爱因斯坦的相对论，说的是一个物体相对于观察者来说的运动速度不能超过光速。宇宙时空的膨胀，应当理解为时空本身的膨胀。一个天体远离我们，并不是它相对于我们在运动，而是时空本身在把这个天体运走。就好比一个膨胀的气球，气球上的点代表了天体，因为气球的膨胀，天体看上去在远离我们，但实际上,气球上的每个点并没有相对于它原来的位置有所运动。因此，此处并没有违背狭义相对论。

曲率飞船的基本原理

有了这个认知，我们就能够从原理上设计超光速的宇宙飞船了。原理说起来也不难，就是让飞船在它的前方制造一个收缩的时空。譬如通过极高的能量密度，让飞船前方的时空收缩，再用一定手段让飞船后方的时空膨胀。这样的话，飞船就置身于一个前方收缩、后方膨胀的时空区域当中。这样，整个飞船以及它周围的时空，都会因为前方的收缩和后方的膨胀而往前挪动一个位置，这种飞船就叫曲率飞船。这里要注意，飞船相对于它的空间并未发生移动，而是飞船连同周围的空间整体向前挪动了一些。

原则上，只要能量足够大，飞船的整体运动速度就可以无限制地提升，然而因为飞船相对于自己周围的空间并没有运动，因此完全不违背

图8-6　曲率飞船的原理

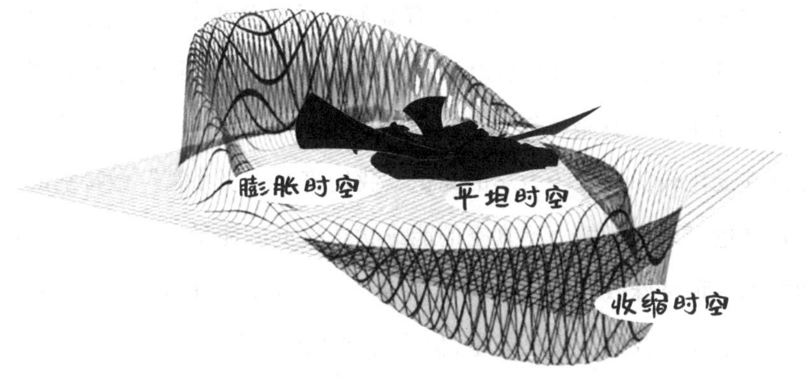

狭义相对论。

> 这个过程就好像我有一块橡皮泥，上面有一只蜗牛，我可以把蜗牛前方的橡皮泥挤压一些，后方的橡皮泥拉伸一些，这样蜗牛连同它周围的橡皮泥都被往前移动了一些，但是蜗牛相对于自己下方的橡皮泥根本没有运动。

你如果注意观察就会发现，很多科幻电影里面考虑得还是非常到位的。飞船在正常飞行的时候，比方遭遇了一些太空战的飞行场景，这些飞船里的人员都会晃来晃去，因为飞船在不断改变航向。但是一旦用上曲率加速，飞船里的人站得反而很稳，他们瞬移的时候，完全不会因为飞船的加速减速而前后摇摆，这恰恰是曲率飞船的好处，因为对于飞船来说，尽管它的坐标发生了改变，但是实际上并没有运动。

负能量

这里有个关键问题，让时空收缩还是相对好办的，质量的效果就是让它周围的时空收缩，并且能量和质量是等价的。因此，只需要在飞船前方制造足够强的能量密度，原则上就能获得可观的时空收缩。但是后方的时空膨胀就不好办了，因为所有我们能够大规模制造出来的能量，都是正能量，我们只能让时空收缩。但是要让时空膨胀的话该怎么办呢？

一个可能的答案是负能量，也就是数值为负的能量，比零还要小。负能量涉及比较深的量子力学的知识，我们将在“极小篇”做特别的介绍，负能量可以被理解为比真空的能量状态更低的能量。这将会涉及量子力学的一种特殊效应——卡西米尔效应（Casimir effect）。卡西米尔效应理论上能帮我们获得负能量，但是这种负能量实在少得可怜。因此，如果要制造一艘曲率飞船，负能量的收集将会是巨大的挑战。

第九章
Chapter 9

广义相对论的预言——黑洞
Black Hole

第一节

真正的黑洞是什么

…●…

奇点（singularity）

本章我们将用广义相对论的观点来再次审视黑洞。前文曾提到过的黑洞，是在牛顿体系内，理论假想出来的经典物理意义上的黑洞，并不能描述宇宙中真实存在的黑洞。简而言之，经典物理意义上的黑洞是一个引力大到连光都无法逃脱的天体，但是这并非黑洞的本质。真正意义上的黑洞，并非是先被观测到的，它完全是广义相对论的直接推论。

为了理解用广义相对论是如何推论出黑洞必然存在的，首先需要讨论一个概念，叫奇点。我们曾经在讲宇宙大爆炸理论的时候说到过，宇宙起初是一个能量密度无限大且没有体积的奇点。

奇点，其实更像是一个数学概念。假设有一个自变量，一个因变量。自变量通常用字母 x 表示，因变量则用字母 y 表示。随着自变量的改变，因变量也会随之改变。

中学阶段我们都学过反比例函数：$y=1/x$。老师会告诉你，这个函数，x 不能等于 0；而且当 x 趋向于 0 的时候，y 会趋向于无穷大。

但如果我们硬要问：“当 $x=0$ 的时候，y 等于多少？”答案真的是 y 等于无穷大吗？

真正的答案应该是，**在 $x=0$ 这一点上，函数没有定义，函数的值**

图9-1　$y=1/x$函数图像

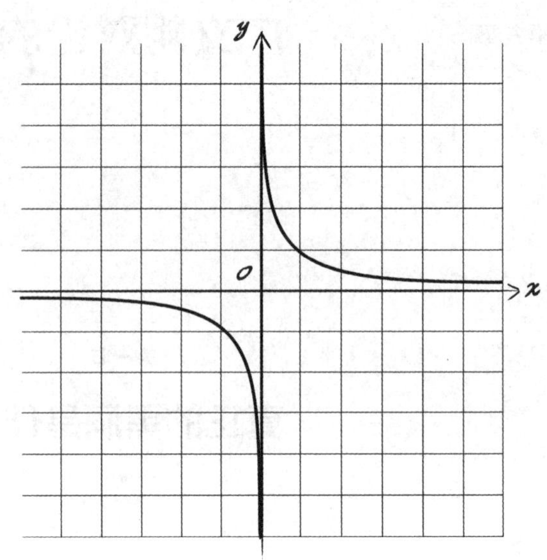

不存在。也就是当 $x=0$ 的时候，y 没有对应的数值，于是我们就说 $x=0$ 这个点，是 $y=1/x$ 这个函数的奇点。y 在 $x=0$ 这个点的值，通俗来说就是“爆掉”了。

我们用理论去描述对应的物理学系统的行为，但是所有理论都有它的适用范围，我们目前还没有发明出一个被验证的终极理论能解释所有事情。比如牛顿定律可以解释比较小尺度的天体运动，尺度大一点，牛顿定律就不够精确了，这时就需要广义相对论才能获得更精确的描述。但是广义相对论它真的能解释全宇宙吗？未必，至少在暗物质的问题上，广义相对论目前看来还是不够的。

那么，什么是奇点？

从物理学上看，奇点就是让原有描述系统行为的物理学理论失效的那些区域。用一个物理学方程去描述一个物理学系统的性质，当我们发现该物理学理论在某些情况下没有定义，或者说完全无法描述系统的表现，我们就说这个点是一个奇点。数学形式上，就跟 $y=1/x$ 中在 $x=0$ 那一点的表现是一致的。

时空奇点

有了对奇点的认知，再来看看广义相对论是如何推论黑洞的存在的。你会发现，黑洞其实是广义相对论中，爱因斯坦场方程（Einstein field equation）的奇点。

爱因斯坦场方程是爱因斯坦推出的，广义相对论当中最为核心的方程式：

$$R_{\mu\nu}-\frac{1}{2}Rg_{\mu\nu}+\Lambda g_{\mu\nu}=\frac{8\pi G}{c^4}T_{\mu\nu}$$

方程式的左边，R、g这些量表征的都是时空的扭曲程度；右边的G是万有引力常数，它依然是要靠测量获得；c是光速；T叫能量–动量–应力张量（stress–energy tensor），是表征能量和动量的一个张量（tensor）。

总而言之，**爱因斯坦场方程把时空的扭曲与时空中包含的能量以及物体的运动联系了起来**。

奇点这个翻译其实是有一些误导性的，因为原文的 singularity 表示的是一种性质，叫作奇异性，它未必只是一个点。被翻译成奇点，是因为它在数学形式上通常表现为一个点，然而在物理上，它有可能是一个区域，这个区域就叫 singularity。

我们知道，广义相对论对引力的解释是：**质量的存在扭曲了其周围的时空，物体感受到了时空的扭曲，因此运动状态发生了改变，就好像受到了一个力的作用一样**。类比于“一张撑开的桌布上面放个铅球”的例子：由于铅球的存在，桌布被压得凹陷，于是铅球周围的桌布感受到了扭曲、压缩。

在经典意义上，黑洞就是一个引力大到连光都跑不出去的天体，按照广义相对论的观点，本质上就是黑洞对周围时空的扭曲程度极其剧烈。对应于上面桌布的例子，就是随着铅球重量的增加，它会极大地把桌布往下压。当铅球重到把桌布给压坏了，就形成一个“黑洞”。一个天体的质量大到让周围的时空产生了强烈的扭曲，扭曲到时空都支撑不住了，

图9-2　时空奇点——黑洞

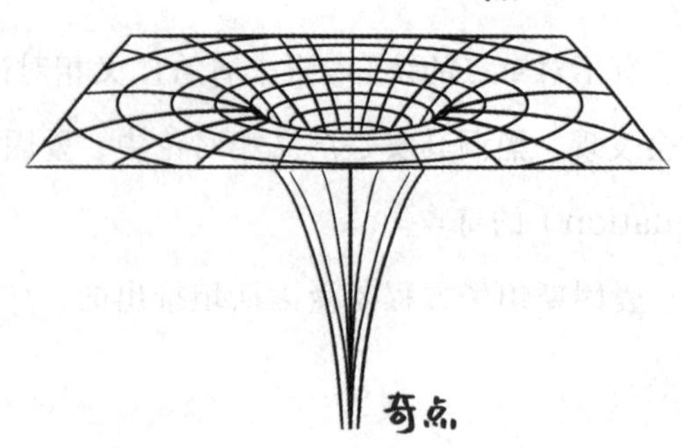

最终把时空“扭断”，或者说就是时空在黑洞的扭曲下“爆掉”了。这是对什么是广义相对论黑洞的感性理解。

黑洞其实就是一片时空表现出奇异性的区域，这个奇点是指广义相对论所描述的时空在黑洞里面没有定义。广义相对论的方程式在黑洞的位置失效了，它无法描述黑洞里的物理情形，因此我们就说黑洞是广义相对论意义下的时空奇点。

但是这样说还是太抽象，广义相对论无法描述这种时空“爆掉”的情况，我们就说它是个黑洞？黑洞难道不应该是一个看上去是黑的、什么东西都跑不出来，甚至光也跑不出来的天体吗？我们还需要证明，广义相对论无法描述的地方，就是一个真正意义上的黑洞。

时空奇点就是黑洞？

我们已经知道，质量的作用是扭曲时空。我们在第七章《广义相对论的基本原理》中讲到，时空在被扭曲压缩的情况下，广义相对论能自然而然地推导出尺缩效应和钟慢效应。处在引力场弱的地方的观察者，看处在强引力场的观察者的时间流逝速度更慢，空间尺度的大小也更小。

既然黑洞是一种引力超强的天体，这说明黑洞周围的时空离黑洞的距离越近，时间流逝得越慢，尺度也被压缩得越小。极致的情况，当你来到黑洞边缘的时候，你就来到了时空奇点的附近。

在很接近时空奇点的区域周围，在外界的观察者看来，这个地方的时间流逝会变得无限慢，甚至是要停止流逝了，并且这个地方的空间距离会变得极小。如果真的到达了黑洞的边缘，**这个地方时间流动将会彻底停止，此处的时钟在外面的观察者看来将停止走动，并且空间将变得趋向于** 0。

哪怕外面的观察者过了无限长的时间，时空奇点里的时间在外界看来也可以说是一动不动。反过来，如果我们是在时空奇点周围的观察者，**我们看自己的时间的流逝速度依然是正常的，但是会觉得黑洞外的时间流逝速度无限快**。可能我们只过了 1 秒，黑洞外的时间就已经过了几十亿年，甚至全宇宙都已经结束了。假设我们现在是一道光，我们已经来到了时空奇点，来到了黑洞的边缘，这个时候，我们确实可以选择逃出去。但是逃逸需要时间，在我们经过有限的逃逸时间的同时，黑洞外已经地老天荒，来到了宇宙的终点。

这就是为什么对黑洞外的观察者来说，看到一束光进入黑洞，就再也出不来了，因为黑洞里的时间停滞了。因此，对外面的观察者来说，黑洞是黑的，光逃不出来，并且因为所有东西进入黑洞，都跟光一样，在外面的观察者看来，是永远出不来了，因此它是一个无底洞。这样，我们就用广义相对论推理出了黑洞的存在，因为广义相对论是描述时空扭曲的，但是时空扭曲有个限度，一旦达到这个限度，就形成了时空奇点。来到时空奇点处的观察者的时间流逝相对于外面的观察者是停滞的，对外面的观察者来说，里面的东西想跑出来要用无限长的时间。因此，对于外面的观察者来说，有东西接近了黑洞的边缘，在有限的时间里是出不来的，这就成了一个只进不出、有去无回、光都出不来的、看上去是黑色的黑洞。

第二节

现实中的黑洞如何诞生

…●…

如何形成一个黑洞?

广义相对论推论出来的黑洞，表现为时空的极致扭曲。那么物理上，在什么情况下能够形成一个黑洞呢？

我们直觉上会认为，要产生一个黑洞，需要有极强的引力场让空间极致扭曲，而这种扭曲只能由质量产生，因此要成为一个黑洞，则需要超级大的质量。宇宙中真实存在的黑洞也确实如此，黑洞的质量往往在10倍的太阳质量以上，还会有那种质量大到令人咋舌的黑洞，比如银河系里有个叫M87的黑洞，它的质量达到了64亿倍的太阳质量。直觉上，要形成一个黑洞需要超大的质量，但事实并非如此，制造出时空奇点本质上只要强引力场，并非要大质量。

根据牛顿的万有引力公式做个估算，引力正比于天体质量，反比于距离的平方，也就是一个天体，甚至不是天体，**只要存在密度足够大的物质，就可以形成一个黑洞**。即便物体的质量不是那么大，如果我们能想办法把它压缩到一个很小的体积，它也会成为一个很小的黑洞，并且这个黑洞的体积也非常小，不会对周围的时空有很大的影响。这也是为什么2013年瑞士的LHC（大型强子对撞机，Large Hadron Collider）要开始运行的时候，曾经有一批人担心这么强能量等级的对撞机，已经完全有能力在微观上制造出黑洞了。

小质量的黑洞理论上也是有可能形成的，但是如果我们真的研究天体的形成过程，就会发现宇宙中的主要黑洞质量都不小。因为黑洞的形成不是一蹴而就的，它在聚集质量的过程中要经过很多阶段，比如恒星阶段。黑洞的形成也是一个循序渐进的过程，因此在天然形成过程中，没有那么大的外部压力把它从很小的质量开始就压缩成为一个黑洞。

总结一下就是，原则上，形成一个黑洞只要密度够大就行，对质量没有要求。但是宇宙中实际存在的黑洞，通常都是质量很大的。这是因为天然形成过程中，只有大质量才能提供极其巨大的压力，让天体的密度大到可以成为黑洞的程度。在物质聚集的过程中，会遇到各种各样的与引力向内收缩的趋势相对抗的因素，譬如核聚变、简并压等，只有质量足够大，提供足够大的引力，才能最终抵消这些抵抗的作用。

小质量的黑洞要形成还有一种可能，就是在宇宙大爆炸之初的时候，当时的宇宙能量密度极高，在如此高的能量密度下，就有可能使得物质密度达到黑洞的要求，这样的黑洞叫作原初黑洞（primordial black hole）。原初黑洞理论上的质量可以非常小，霍金曾经做过计算，质量小到 10^{-8} 千克的原初黑洞都是有可能存在的，只不过我们至今都没有探测到任何原初黑洞。

霍金的一个最重要的学术贡献叫“霍金辐射”（Hawking radiation）。霍金辐射是说，如果考虑量子力学的影响，黑洞并非完全不往外“吐”东西，考虑量子力学效应的话，在黑洞的视界线（horizon）边缘，黑洞会等效地向外辐射粒子。这种辐射越大的黑洞越不明显，所以小的黑洞倾向于很快地蒸发掉，因此即便有很小的原初黑洞存在，它也早就蒸发完了。

如何定义黑洞的边界：史瓦西半径（Schwarzschild radius）

了解了什么是黑洞，以及如何形成一个黑洞，我们回过头来问一个之前在“极大篇”中经常问的问题：一个天体形成固定大小以后，由什么来平衡引力呢？这个问题也可以问在黑洞身上：

（1）**黑洞的大小是多少？**

（2）**是什么力平衡了黑洞的引力？**

黑洞的情况跟普通天体不一样，因为黑洞内部不能用广义相对论描述。

更加可怕的是，黑洞当中没有任何东西可以跑出来。换言之，我们从黑洞里面无法获得任何信息。既然没有信息,从原理上,我们就根本无法研究它。

物理学的研究方法是什么？**先归纳，再演绎，后验证**。

我们要通过观测先得出原理，然后才能进行演绎和推导。但是黑洞什么信息都无法给出，我们完全不知道它里面是什么样的。可以想象，黑洞里的物理定律也许跟外面宇宙时空的物理定律完全不一样，我们不知道里面的物质处在什么状态，也就无法回答黑洞里面是什么力跟引力平衡，甚至黑洞可能并非处在受力平衡的状态。

我们甚至无法确认黑洞是不是有一个确定的大小。你可能会在其他的书籍中看到，黑洞的密度无限大，它没有大小，就是一个致密的几何点而已。这种说法其实太过武断，因为我们根本不知道里面有什么就去定义它的密度，其实是不妥的。

在不知道黑洞里面是什么的情况下，我们如何定义黑洞的里外、大小和界限呢？这里就引出了一个概念，叫作视界线，就是地平线的意思。视界线，就是黑洞的边界，越过了视界线就等于进入了黑洞。视界线以外是正常的时空，也会经历大的扭曲。视界线虽然叫线，但其实它是一个球面。你向黑洞靠近，一只脚踏进视界线的时候就进入了黑洞，就再也出不去了。视界线这个球面的半径，就可以被定义为黑洞的半径。知道了如何定义黑洞的边界，就自然引出了一个概念，叫作史瓦西半径。

史瓦西（Karl Schwarzschild）是一位德国物理学家，他在 1916 年给出了史瓦西半径的概念。一个球形天体的史瓦西半径的位置，是天体周围的爱因斯坦场方程中，那些让时空曲率无限大的点。除了计算复杂以外,它的原理跟找出 $y=1/x$ 当中 x 的取值会让 y 爆掉的点是一样的。

史瓦西半径是任何一个天体都有的，不同质量的天体对应不同的史瓦西半径。对于非黑洞天体，史瓦西半径要比这个天体的实际半径小，也就是史瓦西半径落在天体的内部。如果我们现在开始对这个天体进行压缩，当它的半径被压缩到史瓦西半径以内的时候，这个天体就变成了一个黑洞。比如，太阳的半径大约是 70 万千米，但是太阳的史瓦西半径却只有 3 千米。也就是说，如果太阳要变成一个黑洞，我们要把太阳压缩 1.3 亿亿倍。地球的史瓦西半径更小，大概是 3 厘米。也就是说，地球如果要成为一个黑洞，需要压缩到一个小橘子那么大。

根据史瓦西半径的理论，我们就知道如何去计算一个黑洞的大小了。一个黑洞，如果知道了它的质量，那么它的半径只能比它的史瓦西半径更小；如果比史瓦西半径大，它就不可能是一个黑洞。

这也就解释了为什么宇宙中实际存在的黑洞大多是质量比较大的，只有质量足够大，引力才会足够强，才能把自己压缩到史瓦西半径以内。否则，在压缩的过程中就会有太多的阻碍。早期会有恒星的核聚变阻碍压缩，后期有白矮星、中子星的简并压。只有天体质量大到充分胜过这些阻碍，才能把半径压缩到史瓦西半径以内，成为一个黑洞。

总的来说，黑洞诞生的关键是要密度够大，史瓦西半径是一个重要的判断标准。但是宇宙中不是只存在引力，一个正常的天体要在引力作用下收缩会遇到各种其他因素的阻碍，譬如电磁力、简并压、核聚变等，因此在实际情况下，必须质量足够大才有机会成为一个黑洞。

第三节

进入黑洞会怎么样

了解了真正的黑洞是什么，以及它是怎么形成的，我们自然会想做一些实验和操作。以现在的科技水平距离做真正的黑洞实验还非常远，毕竟我们 2019 年才真正拍摄到了黑洞的照片。所以，我们先从一些思维实验入手，来看看接近黑洞，甚至进入黑洞，也许会发生什么事情。

潮汐力（tidal force）

你尝试靠近一个黑洞，首先可能会被拉长成一根面条一样。这个把你拉成一根面条的力，叫作潮汐力。严格意义上来说，**潮汐力不是一个真实的力，而是因为时空扭曲的不均匀导致的，只是它的效果体现为一种力**。

潮汐力，顾名思义，跟地球上会有潮汐的原因是一样的。地球的潮汐是由月球的引力作用在地球的海水上导致的。从引力的观点看潮汐力的产生，是因为引力差。一个有大小的物体，在天体引力场的作用下，靠近天体的那一端，感受到的引力是更大的；远离天体那一端，感受到的引力是更小的。

根据牛顿第二定律，我们知道物体的加速度正比于所受到的外力。既然靠近天体的那一端受到的力更强，那么必然加速度更大，远离天体的那一端相反。如果我们把这个物体想象成一根弹簧，这根弹簧一头对着天体，另外一头远离天体。弹簧对着天体的那一端会更快地加速，远离的那一端加速没那么快。弹簧两端运动的加速度不一样，在一定时间内，它们跑过的距离就不一样。比如说，这根弹簧原本只有 1 米，但是靠近天体那一端加速度大，1 秒走了 1 米，远离那一端加速度小，1 秒

图9–3　黑洞的潮汐力（爱因斯坦身体被拉长）

只走了 0.5 米。这样一来，这根弹簧就被拉长为 1.5 米，这就是潮汐力的作用，它有把物体拉长的趋势。

这就是为什么地球上会有潮汐，在月球引力差的作用下，地球上的海平面被两端拉高了。不难想象，如果靠近像黑洞这种引力如此强劲的天体，必然会受到很强的潮汐力，所有靠近它的东西，都会被拉得细长，甚至拉断。

这是从万有引力的角度分析，但我们知道，根据广义相对论，这是不正确的，我们可以不用引力的观点，只用时空扭曲来解释这个问题。比如，把一个圆柱体放在一个天体引力场中，它靠近天体的地方空间压缩更为剧烈，远离天体的地方相反。那么整个圆柱体的形状就会发生改变，变成一个细长的圆锥。圆柱体会感受到形变带来的应力，这个力的效果，就是潮汐力。

当你试图靠近一个黑洞，你一定会受到非常强的潮汐力的撕扯。所以不要说进入黑洞了，连靠近黑洞都十分困难。当然，不同类型的黑洞潮汐力的大小也有差异，通常来说，质量越小的黑洞，当你靠近它的时候潮汐力反而异常剧烈。相反，质量超大的黑洞，例如质量是几百万倍太阳质量的黑洞，潮汐力反而没有那么强烈。这是因为潮汐力的大小跟靠近黑洞的距离差有关，越长的物体在靠近黑洞的时候感受到的潮汐力就越大；质量大的黑洞，同样的距离变化对应引力的变化反而不大，因此，如果真的想要靠近黑洞观测，找一个质量大的黑洞反而是比较可行的。

黑洞外的人看黑洞里

即便能熬得住潮汐力，我们真的能进入黑洞吗？从广义相对论的角度去看待这个问题，我们要明确这里是对于谁来说，能不能进入黑洞。

先从站在黑洞外的观察者的角度来看这个问题。根据广义相对论，引力场越强的地方，时间的流逝速度就越慢。这里说的是相对于一个处

图9-4 爱因斯坦和普朗克的“减龄”游戏

在弱引力场的观察者来说，处在强引力场的人的时间的流逝速度是更慢的。但本身处在强引力场的人，不会觉得自己的时间流逝速度变慢。

我们假设有两个人，他们分别是爱因斯坦和普朗克。普朗克准备去探索黑洞，爱因斯坦站在离黑洞比较远的地方看着普朗克往黑洞进发。这个过程中，爱因斯坦会发现当普朗克越接近黑洞，普朗克的时间流逝速度就会越慢。假设在出发去黑洞之前，普朗克和爱因斯坦约定好每隔一分钟普朗克给爱因斯坦发一条信息。当普朗克越靠近黑洞，外面的爱因斯坦会发现，他接收到信息的时间间隔就越来越长。普朗克按照自己手表上显示的时间，每隔一分钟发一条信息给爱因斯坦。但这一分钟，在外面的爱因斯坦看来,是越来越长的。因为普朗克的引力场越来越强，他的时间被压缩了。如果我们把这个情况推到极致，当普朗克真的靠近黑洞，他的一分钟对爱因斯坦来说会趋向于无限久，因为根据黑洞的定义，外界正常时空的时间间隔，在视界线上会被极致压缩成零。不管你外面的时间是多少，到黑洞里都会被压缩成零。

也就是对于外面的人来说，越靠近视界线，时间流逝的速度就会越慢，爱因斯坦看普朗克的动作会越来越慢，推到极致，普朗克干脆就不动了。对于外面的爱因斯坦来说，他根本等不到普朗克进入黑洞。

黑洞里的人看黑洞外

我们再换到从普朗克的角度来看，他自己能不能进入黑洞？答案应该是可以的。对普朗克来说，视界线离自己有限远，并且自己的时间以正常的速度流逝，所以他可以轻松跨过视界线。一旦他到达视界线，整个宇宙就在这一瞬间结束了，除非宇宙能存在的时间是无穷久的。因为当普朗克越靠近视界线，外面的时间流逝速度就越快，普朗克的 1 秒，可能对应外面的是 1 年，后来逐渐变成 1 亿年，这个数字随着他不断靠近视界线会不断地趋向于无穷大。当普朗克非常接近视界线，他会看到宇宙在转瞬之间全部结束，因此，除非宇宙可以永远存在下去，否则普朗克大概也看不到自己进入黑洞。

如此看来，应该根本不存在进入黑洞这件事情，那为什么前文我们会提到 13 亿光年外的两个黑洞融合成一个黑洞的事件？既然黑洞进不去，又何来黑洞的融合？让我们来考虑两个黑洞融合的过程。当两个黑洞相互接近的时候，这两个黑洞的视界线其实是在不断扩大的。我们知道，根据黑洞视界线的定义，其实就是一旦到了视界线，该地的时空曲率就达到了极限。那么可以想象，当两个黑洞相互接近的时候，原本属于黑洞视界线外部的地方的时空曲率会随着两个黑洞的接近逐渐增大。当两个黑洞接近到一定程度的时候，两个黑洞的视界线不断扩大至相互融合，如此就产生了黑洞的融合。

所以，**黑洞融合的过程并非一个黑洞进入另外一个黑洞，而是在黑洞接近的过程中，两个黑洞的视界线范围不断扩大，直至相互融合**。

同样地，如果一个观察者想要和黑洞融合，如果这个观察者只是一个理想的观察者，他没有任何的质量，也没有任何的能量，只是纯粹精神意识的存在，则他是永远无法进入黑洞的。但是任何一个实际的观察者，他总是有质量的，所以当这个有质量的观察者非常接近黑洞的视界线的时候，观察者自身的质量也会使得视界线的范围扩大，从而把观察者包含进去。因此对于一个实际的观察者来说，想要与黑洞融合所花的时间也许很长，但并非无限，并且质量越大的观察者，融合的速度越快。

第四节

进入黑洞还能出来吗?

为什么一旦进入黑洞就没有办法出来了?

经典黑洞与相对论黑洞的区别

首先回顾一下我们曾经讨论的经典黑洞，你会发现其实你是可以从里面逃出来的。经典黑洞用一句话概括就是，**引力大到连光都无法从上面逃脱的天体**。

任何一个天体都有一个逃逸速度，比如地球的逃逸速度就是它的第二宇宙速度——11.2 千米 / 秒。引力越大的天体,它的逃逸速度就越大。如果一个天体的引力大到一定程度，导致它的逃逸速度达到了光速，则没有任何东西可以从这个天体上逃出来了，这就是一个经典意义上的黑洞。但我们要重新审视一下，这里的“逃出来”是什么意思。

第二宇宙速度是指，只要达到这个速度，物体不管运动到多远都可以继续远离某个天体。仔细审视一下这个标准，逃逸速度是要求物体达到这个速度之后，想走多远走多远，无非是需要花的时间长短的问题。对于一个经典黑洞来说，物体的逃逸速度即便达到了光速，也没有办法逃到无穷远处，但这并不代表它不能脱离这个经典黑洞的表面一段有限的距离。

我们假设一道光从经典黑洞上射出，它能够逃离这个经典黑洞一段有限的距离。在这段距离以内，如果刚好有一个观察者，他是可以看到这道光的。因此对于观察者来说，这个黑洞并非永远是黑的，只是在一段距离之外的观察者看来它是黑的。在一定范围内，它依然可以是发光的。

另外，经典黑洞并非无法逃离，为什么呢？我们可以再审视一下什么叫逃逸速度。逃逸速度是指物体一旦获得了这个速度，就可以不再加速，只依靠物体的惯性一直运动到无限远处，完全脱离这个天体的束缚。物体在获得这个逃逸速度以后，虽然一直在飞离天体，但在飞离的过程中，物体的速度一直由于天体的引力而减小，但是在飞到无穷远处之前，物体的速度永远不会被减到零，也就是不会往回走。所以，对于经典黑洞来说，逃逸速度达到光速，说的是你即便达到光速，在不加速的情况下也是无法逃离的。但是如果你一直开着发动机，保持速度不变，就算是龟速爬都可以逃离黑洞，并且你需要的能量不是无穷大，因为经典黑洞的质量不是无穷大，重力势能也不是无穷大。因此对于一个经典黑洞，如果你的发动机一直开着，保持不断逃离的动作，你是一定可以逃离的。

无法后退的黑洞

但相对论黑洞的情况就完全不同了。真正的黑洞，从理论上只要一进入就根本无法逃离。我们不如来考虑一下慢慢靠近黑洞的过程。还是用爱因斯坦和普朗克来举例，普朗克要去黑洞进行探测，爱因斯坦在黑洞外面接应普朗克。在爱因斯坦看来，普朗克甚至永远都无法到达黑洞的视界线，因为在爱因斯坦看来，普朗克越接近黑洞，运动速度就会越慢，普朗克每走过相同的时间，爱因斯坦会觉得时间间隔越来越长。直到**爱因斯坦的时间过了无穷久，普朗克才刚刚能到达黑洞的视界线表面**。如果普朗克在还没有到达视界线的时候，就改变主意想要回去还来得及。对爱因斯坦来说，他的时间虽然流逝速度慢了很多，但还没有完全停滞。但是一旦到达黑洞的视界线，在爱因斯坦看来，普朗克的时间就已经完全停滞。即便普朗克采取了返回的动作，爱因斯坦也等不到了，因为他要经过无限久的时间才能等到普朗克出来。

站在普朗克的角度来看，是不是有去无回呢？换到普朗克的参考系，假设他已经到达黑洞的视界线，这个时候想要逃出黑洞，就变得不可能了。为什么？尽管从普朗克自由意识的主观角度，他确实可以往反方向运动逃出去，但是一旦普朗克来到视界线上，相对于爱因斯坦来说，普朗克的时空尺度就被极致压缩至无限趋近于0。也就是在视界线时，虽然普朗克看自己的时空尺度不是0，但是他看视界线之外的尺度，已经是无穷大了，因为普朗克的时空尺度比外面的时空尺度是0，这个比例是不变的，如果普朗克看自己的时空尺度不是0，在比例不变的情况下，外面的时空尺度对于普朗克来说则趋向于无穷大。

引力场的大小一旦确定，这个比例就唯一确定了。因此，普朗克看自己的空间尺度是有限的话，他看外面的空间尺度是无穷大的。所以这个情况下，即便普朗克能够往回走，由于现在离视界线，也就是黑洞边界的距离是无穷远，所以就算他以光速运动，也不可能在有限的时间内赶到视界线了。因此，一旦进入黑洞的视界线以内，普朗克的运动就变得有去无回。从这个意义上看来，黑洞是个只进不出的洞，并非体现在它的引力足够强，而是**体现在它对于时空的极致扭曲**。

正是因为广义相对论里有时空奇点，我们才能做这样的分析。但是如果真的进入黑洞，是否真的无法出来，是不得而知的。这是因为我们对于黑洞内部的认知是0，没有任何信息可以从黑洞内部传递出来。我们甚至可以想象黑洞内部的物理定律与外界全然不同，这也是为什么像《星际穿越》这样的电影，可以尽情地幻想黑洞内部的情形。

The Tiniest

极小篇

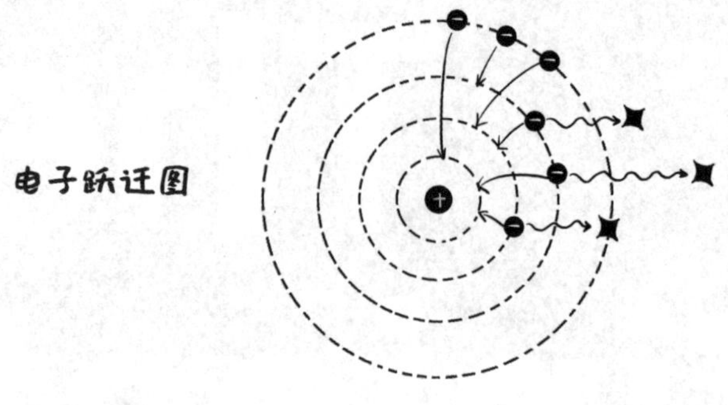

/// 导读 ///

奇妙的微观世界

在“极小篇”，我们将关注微观世界的物理规律。微观到什么程度呢？至少微观到原子尺度，只有约 1 纳米不到。

自古希腊以来，哲学家、科学家们就有终极一问：**世上万物，有没有最小的组成单元？**一个物体，我们去把它做分割，这种分割的动作是否能一直进行下去？会不会到了一个最基本的单元就无法再做分割了？

关于这个问题，古希腊哲学家留基伯（Leucippus）和德谟克利特（Democritus）师徒俩提出了一个设想：**世界万物的基本构成单位是原子，除了原子以外都是虚空（void）**。这就是最早的原子论（hypothesis of atom）。

一直到今天，这个古老的问题也只被回答了一半。

现在的主流物理学观点认为，存在构成万物的基本单元。但是对于这种单元具体是什么，只有一种还是有若干种，并没有最终的答案。随着科学研究的深入，科学家能够研究的尺度越来越小。19 世纪初，英国的化学家道尔顿（John Dalton）用实验证明了每种元素都存在一个最小单元，并把这些最小单元定义为“原子”。因为每一种元素的最小单元都不一样，所以这里的“原子”并非德谟克利特意义上的基本单元。原子被证明存在以后，科学家们对于小尺度的研究才真正开启。

19 世纪末，英国物理学家约翰·汤姆逊（J. J. Thomson）通过发现电子，证明了原子内部有更丰富的组成部分。也就是说，原子可以再分。直到 20 世纪初，卢瑟福（Ernest Rutherford）用散射实验证明了，原子分为集中了大部分质量的原子核，以及小质量的电子。但是原子核的体积非常小，只有原子的几千亿分之一，原子内大部分的空间是空的。到了卢瑟福时代，科学家对于微观世界的认知，就正式来到了量子力学的大门口。原子内部的电子和原子核的关系，已经不能用传统的电磁学理论来描述了。

量子物理的规律与牛顿、麦克斯韦等前辈大师建立起来的经典物理是截然不同的，它会从多方面颠覆人们对于这个世界的固有认知。“极小篇”的目标就是从原子论讲起，随着研究尺度越来越小，一路讲到标准模型（standard model），也就是目前来说前沿的已经被实验验证的粒子物理成果，它代表了人类目前对于微观世界最深刻的理解与认识［弦论、超对称理论（supersymmetry）等更前沿的理论尚未被验证，因此我只对这些前沿理论的基本思想进行介绍］。

内容安排

第一部分，包含第十章、第十一章，讨论原子物理（atomic physics）。

第十章，主要介绍人类是如何开始研究原子的。传统理论在原子结构问题面前统统失效，量子力学不得不被发明出来，去解释原子内电子的运动情况。

第十一章，将分别从薛定谔方程（Gorden-Kleine equation）和哥本哈根诠释（Copenhagen Interpretation）的角度来阐述量子力学如何解决电子运动的问题，以及量子力学的核心哲学思想是什么。

第二部分为第十二章，将研究尺度继续缩小到原子核层面。原子核是原子体积的几千亿分之一，但是它还有更基本的组成单位——质子和中子。我们将探讨质子和中子如何相互作用，以及涉及的反应——核反应。

第三部分，包含第十三章和第十四章，我们把尺度继续缩小，进入粒子物理领域。

第十三章，我们将讨论组成质子和中子的更基本单元夸克（quark）。把眼光从单纯的原子核里抽离出来，看看从广义上，基本粒子有哪些种类、它们之间的关系是什么、如何相互作用以及如何分类。像宇宙射线里那些运动速度快到已经接近光速的粒子，就需要狭义相对论才能讨论了。狄拉克（Paul Dirac）把相对论引入了量子力学，就会出现反粒子的概念。

第十四章，为统合性的一章。

我们了解了各种各样的基本粒子之后，既然基本粒子种类那么多，那么应当存在更加基本的理论对这些粒子进行统一性的解释。如何把这些粒子统合在一个理论框架内，这就必须引入杨－米尔斯场（Yang-Mills field），以及标准模型，其中“规范对称性”（gauge symmetry）将是核心。

第十章
Chapter 10

原子物理
Atomic Physics

第一节

构成万物的最小单元

古代学者的看法

人类对于微观世界运行规律的探索，大多起始于一个基本问题：**组成世界的万事万物，是否存在最小的基本单元？**

古希腊哲学家留基伯和德谟克利特师徒二人在 2000 多年前提出了著名的原子论。他们认为万物的本源是原子和虚空，物质最终都可以被分割为一个最基本的单元，叫原子，其余的则是虚空。虚空是原子运动的场所，原子的性质是充实性。说得通俗一点，我们可以把原子当成一个个极小的实心球，它被定义为不可分割的最小个体。

如何证明存在最小单元?

留基伯和德谟克利特的理论只停留在哲学层面，要判断是否正确，则需要科学实验的论证。

我们现在都知道，万事万物由原子构成，尽管原子并非是构成万物的最小单位。在如今的科学框架中，原子的存在是在 19 世纪初，被英国一位名叫道尔顿的化学家兼物理学家证明的。道尔顿证明原子存在的方法并不复杂。当时人们已经知道了，碳和氧结合可以生成两种物质，分别是一氧化碳和二氧化碳。一氧化碳是可燃的，二氧化碳不可燃，这是两种化学性质截然不同的气体。

道尔顿证明了，如果用一些碳和一些氧进行化学反应，同样分量的碳要全部生成二氧化碳，**所需要的氧气的质量永远是全部生成一氧化碳所需要氧气的两倍**。也就是说，同样分量的二氧化碳和一氧化碳，二氧化碳的氧含量永远是一氧化碳的两倍。这说明碳和氧结合生成的两种不同物质的性质差异，主要来自氧含量的不同，并且二者氧含量永远是两倍的关系。

这就说明碳与氧反应的时候，一定有一个最小单位，否则碳可以以任何比例与氧结合。既然等量的二氧化碳和一氧化碳之间，氧含量永远是两倍的关系，就证明了完全从一氧化碳变成二氧化碳，必须要增加一个最小限度的氧含量。由此证明**物质必有最小单元**，我们在化学的层面上定义这个最小单元叫原子。这就是原子论最初的实验证据。

此处道尔顿证明的原子，并非德谟克利特意义上的原子。他只是证明了对应不同的元素，必然存在最小的构成单元，这个单元被定义为该元素的原子。比如氧原子，它是氧元素的最小构成单元。原子物理讨论的原子，都是道尔顿定义的原子。

原子论的进一步证明：布朗运动（Brownian motion）

作为一个化学家，道尔顿首次证明了原子的存在。1827 年，苏格兰植物学家罗伯特·布朗（Robert Brown）通过著名的“布朗运动”实验，给出了原子存在的另一个间接实验证据。

布朗把一些花粉撒在平静的水面上，然后用显微镜观察花粉的运动。他发现这些花粉的运动很奇特，它们会随机地做快速的运动，然后又停下，感觉是随机地被弹来弹去。奇怪的是，水面是完全平静的，花粉也没有受到任何可观察到的外力作用，它们为什么会随机地运动起来呢？

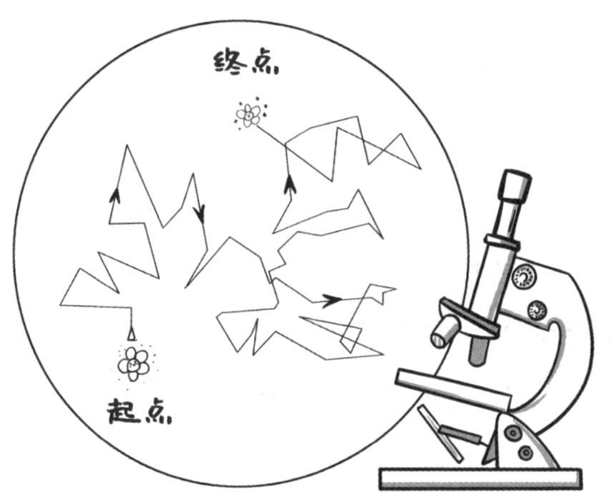

图10-1 布朗运动轨迹

布朗运动当时被解释为水分子在做微观运动。这盆水从宏观上看是非常平静的，但是它只要有温度，就说明微观上水分子在做运动。水分子运动的速度越快，则说明温度越高。在同一温度环境下的物体，它所有的分子、原子并非以相同的速度运动，而是有快有慢，它们运动动能的平均值正比于最终的宏观总体温度。

一盆看似平静的水，里面的水分子其实都在运动，并且有少数水分子运动的速度非常快。尽管花粉的大小比水分子大多了，但速度快的水分子还是可以把花粉撞得运动起来。这就是布朗运动对于水分子存在的佐证，水分子就是水这种物质的最小构成单元。在 20 世纪初的时候，爱因斯坦彻底从理论计算的层面揭开了布朗运动的规律，这也是爱因斯坦的又一大重要贡献。

原子不是最小的

目前看来，我们似乎证明了德谟克利特的原子论是正确的，但这明显不是终点。德谟克利特的原子论猜想是：万事万物由一种最基本的物质构成，这种最基本的物质叫原子。但道尔顿和布朗运动证明的存在的原子，并不是德谟克利特说的原子。

德谟克利特的原子，是最基本的物质构成单位。所谓基本，是说它们之间的**性质应当完全一样**。但实际上，原子是各种各样的，一氧化碳里有碳原子和氧原子，水分子里也有氢原子和氧原子。碳、氢、氧这三种原子的化学性质明显不同，否则不会出现性质各不相同的物质。

如果这些原子之间性质各不相同，它们就不是同一种东西。换句话说，不同的原子内部，一定存在差异。既然内部有差异，就说明这些原子并非构成万物的最小单元，它们一定可以继续被分割。

第二节 原子的内部结构

我们虽然已经找到了原子，但不同原子拥有不同的性质，因此它们必有不同的内部结构。既然有内部结构，就应该有比原子更小的基本构成单元。我们现在的目标，是要看看原子里面到底有什么东西。到这个层面，最有希望的就是通过实验的方法把原子敲开，就跟敲碎核桃才能知道里面有核桃仁一样，通过实验的方法看看原子里面有什么。

电子的发现和葡萄干蛋糕模型

19 世纪科学家们的第一思路，并非原子里面还有什么内部结构，而是认为不同的原子应该体现为不同数量的氢原子的结合。这是因为氢原子是最轻的原子，它可能就是德谟克利特所说的最基本的单元。

氢原子就是德谟克利特说的原子这一普遍认知，被英国科学家约翰·汤姆逊在 1897 年的一场实验中证伪了，因为他发现原子中还有电子。

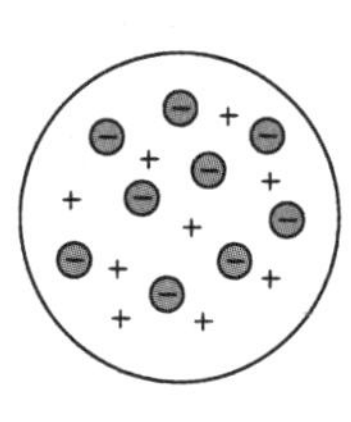

图10-2　葡萄干蛋糕模型

原子被证明还能分得更小，就是因为电子的发现。电子带负电，它的带电量、质量和体积都非常小。

生活中到处可以碰到电子。比如，我们的生活用电，本质上就是电子在金属线里做定向的运动；冬天天气干燥，易起静电，这些静电其实也是电子的聚集。我们现在知道，电子带的电量都是一样多的，这个电量叫元电荷（elementary charge）。但在19世纪，人们仅仅根据摩擦起电这种现象，无法证明这些电都是电子。约翰·汤姆逊通过对阴极射线（cathode ray）的研究发现了电子的存在，因此他证明了原子有更小的基本组成部分。现在，我们知道原子总体不带电，把带负电的电子刨去，剩下的部分应该带正电荷，并且电量要跟电子带的负电相等，这样原子整体才能呈电中性。

约翰·汤姆逊根据发现的电子，提出了著名的葡萄干蛋糕原子结构模型。他认为电子非常小，就像葡萄干一样，塞在带正电的物质中，于是原子总体呈电中性。

原子核的发现：卢瑟福 α 粒子（α-particle）散射实验

葡萄干蛋糕模型对于原子结构的描述，很快就被推翻了。1911年，英国物理学家卢瑟福通过 α 粒子散射实验，证明了原子的结构并非像葡萄干蛋糕模型所描述的那样，正电荷分布在整个原子中，而是有一个很小的带正电的内核处在原子中心，这就是原子核，它拥有整个原子的绝大部分质量以及所有正电荷，但是体积却只有原子的几千亿分之一。

卢瑟福想办法把氦气的氦原子里面的电子拔掉，根据电荷守恒定律，就得到了带正电的氦原子核。当然，那时还没有原子核的概念，这正是卢瑟福要去发现的，氦核在当时叫 α 粒子。

卢瑟福用这些 α 粒子轰击一块金箔，再去观察 α 粒子如何与金箔相互作用。可以想到的是，α 粒子带正电，它通过金箔的时候，尽管金箔中带负电的电子也会跟带正电的 α 粒子相互作用，但根据之前约翰·汤姆逊的实验结果，电子的质量太小，大概只是氦原子质量的几千分之一，想象一下，一个乒乓球去跟一个保龄球撞，乒乓球是很难影响保龄球的轨迹的。所以，当 α 粒子轰击金箔的时候，它与金原子中的电子的相互作用可以忽略不计。剩下的，就应该是 α 粒子跟金原子中带正电的物质的作用。

如果葡萄干蛋糕模型是正确的，那么 α 粒子跟金箔作用的过程，就相当于一堆正电荷跟一个带正电的平板的作用。由于电荷之间同性相斥，那么 α 粒子应该是部分反弹，部分穿透，且穿透的部分和反弹的部分，量是相当的。但是卢瑟福的实验做出来的结果并非如此，他的实验结果是，**绝大部分的 α 粒子穿透了金箔，只有极少部分的 α 粒子反弹**。这说明原子里大部分的空间其实是空的，原子中大部分的正电荷应该集中在一个很小的区域内，只有 α 粒子打到这些硬核的时候才会反弹。但是由于硬核的体积太小了，所以只有极少一部分的 α 粒子会撞

图10-3　卢瑟福α粒子散射实验

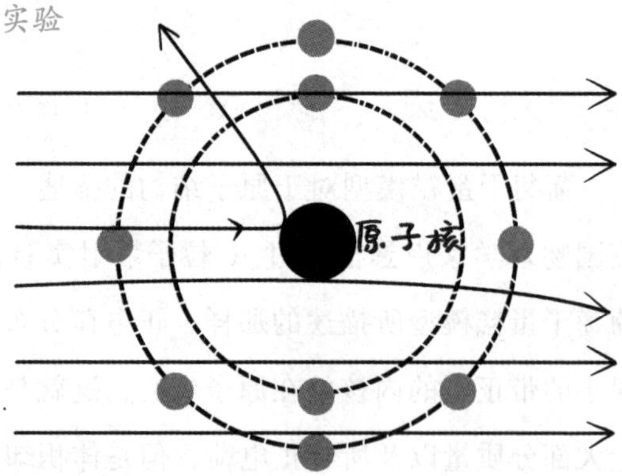

到它们，出现反弹。卢瑟福还发现，在大部分通过的 α 粒子中，还有一些在通过之后有一定角度的偏折，说明硬核是带正电的。

因为带电，α 粒子跟原子的核心有相互排斥的作用，所以有些 α 粒子跟金原子的核心不是完全正碰，而是以擦边球的方式擦过去，就会出现一个角度。

卢瑟福用散射实验证明了葡萄干蛋糕模型对于原子内部结构的描述是错误的，原子的结构应当是大部分质量集中在一个非常小的核心，这个核心被称为原子核。原子核带正电，它的电荷数和原子中的所有电子带的负电荷总和等量，使原子对外呈现电中性。

随着实验水平的进步，科学家们彻底弄清楚了原子的结构：原子由原子核和电子构成，电子带负电，围绕原子核运动，原子核的直径大概只有原子直径的十万分之一。论体积，原子核只有原子的几千亿到几万亿分之一，并且原子的绝大部分质量集中在原子核上。

弄清楚了原子里面有什么，下面的问题就变得显而易见了：原子里的电子跟原子核的关系是什么样的？电子和原子核是不动的，还是运动的？如果是运动的，它们的运动规律应该是什么样的？这些问题的答案带动了整个量子力学的发展。

第三节

天体运动的灵感

由于原子的绝大部分质量集中在原子核上，电子的质量只是原子核质量的几千或者几万分之一，因此研究电子和原子核的运动，我们可以假设原子核是不动的。这就好像在太阳系中，由于太阳的质量远远大于其他天体，行星都是围绕太阳运动的，所以我们可以认为太阳是固定的。

同理，由于原子核比电子重太多了，可以认为原子核是固定不动的，只要讨论电子如何运动就可以了。

库仑力和万有引力

除此之外，电子和原子核之间的相互作用力——库仑力的数学形式，跟万有引力也一模一样。

$$F_e = k\frac{q_1 q_2}{r^2}$$

q代表电荷量，r代表两个电荷之间的距离

库仑力，是法国物理学家库仑在 18 世纪末发现的（后人经过对卡文迪许手稿的整理，发现其实卡文迪许早在库仑之前就已经发现了库仑定律，只是并未发表）。两个电荷之间的库仑力，正比于二者电荷量的乘积，反比于二者距离的平方，只是这个比值 k，比引力常量大很多。

万有引力常数 G 的大小是 $6.67\times10^{-11}\mathrm{N\cdot m^2/kg^2}$，库仑力的强度比值 k 的大小是 $9\times10^{9}\mathrm{N\cdot m^2/C^2}$ 。库仑力的强度比值在数值上就比引力大了 100 亿亿倍。我们考虑电子和原子核间的相互作用时，尽管它们都有质量，原则上有万有引力，但由于库仑力比引力大太多，所以可以完全不考虑引力的影响，而只考虑库仑力。

既然库仑力的形式都和万有引力一模一样，可以猜想，电子围绕原子核运动的规律应当和行星围绕恒星的运动规律一模一样，是个椭圆轨道。

天体运动模型存在什么问题?

原子核内电子的运动模型存在一个根本问题，就是它不满足能量守恒定律。

19 世纪，英国科学家麦克斯韦用他发明的麦克斯韦方程组完全统合了经典意义上的电磁现象。这个方程组描述的电磁规律，总的来说就是电荷会产生电场，电流和变化的电场会产生磁场，变化的磁场也会产生电场，并且还预言了电磁波的存在。

那么问题来了，我们说电子是围绕原子核做圆周运动的，这就表示电子有加速度。速度是一个矢量（vector），它不仅有大小，还有方向。做匀速圆周运动的物体虽然速度大小不变，但是速度方向一直在改变。我们从麦克斯韦方程组中能推论出，一个拥有加速度的电荷会辐射电磁波，电磁波会带走能量。随着能量被带走，电子会逐渐掉到原子核里，与原子核的正电荷中和。这样，原子核的结构就不复存在了，我们应当就区分不出原子核和电子了，但事实是，原子都是稳定存在的。

如果要在保证电子做圆周运动的同时，**保证麦克斯韦方程组的正确性，就必须抛弃能量守恒定律**。也就是要强行假设，原子里的电子在辐射电磁波的同时依然维持圆周运动，这是一个明显不符合物理学逻辑的模型。

第四节

玻尔模型（Bohr model）

能量最低原理（principle of minimum energy）

原子当中的电子围绕原子核运动，电子辐射电磁波的同时还不会损失能量。这要么不符合能量守恒，要么电子根本就不辐射电磁波。

除此之外，还有更反常识的实验现象发生。为了说明这个实验现象，需要先铺垫一个奠基性的物理学原理——能量最低原理。能量最低原理是指，**任何一个物理系统最稳定的状态，是系统能量最低的状态**。所谓最稳定，是说一旦系统受到扰动而偏离这个状态，系统会倾向于自发地回到这个状态。比如，一个水瓶平放的时候能量最低，因为这时候重心最低，重力势能最小。这个时候你若推它，它是不会自己站起来的。相反，站着的水瓶重心高，能量高，轻轻一推就倒了。不倒翁不倒的原理就是把底部做成一定的几何形状，使得你轻轻推它的同时重心升高，能量变高。因此，它自然是愿意回到站立时重心最低的状态，于是就呈现了不倒的性质。

原子光谱

有了对能量最低原理的认知，再来看看圆周运动的电子模型有什么奇怪的地方。

我们在“极大篇”的第四章《宇宙的前世今生》中曾经说过，原子的光谱可以帮助我们判断一个天体的质量和它与我们的距离。原子的光谱性质展现了原子内部结构的特性。假设电子围绕原子核的运动规律与天体运动类似，都是做椭圆运动或圆周运动。不同的运动半径，对应不同的电子运动的轨道。在不同轨道中，电子的能量不同。电子离原子核距离越远，能量越高，一个电子从高轨道运动到低轨道，能量应该是降低的。但根据能量守恒，这部分降低的能量不会凭空消失，而是以某种形式转化到别处去了。这里其实是转化成了电磁波的能量，从原子里释放出来。电子轨道变化的能量差，就等于释放出的电磁波的能量。光就是电磁波，只不过可见光在特定频率范围内表现为肉眼可见的各种颜色。

如果电子的圆周运动模型正确，跟天体运动一样，电子离原子核的距离应该可以任意变化。也就是说，电子的能量在一定范围内应该可以任意变动，它可以从高轨道运动到任意一个低轨道。在轨道切换的过程中，不同轨道之间的能量差也应该是任意的，用数学的说法是连续（continuous）的，电子的能量应该在一个范围内，任何值都可以取到。

如果我们把原子的能量人为地升高，譬如通过加热的方式，由于高能量不稳定，根据能量最低原理，电子倾向于向低轨道运动。在向低轨道运动的过程中，原子会释放出电磁波，这些不同频率的电磁波，就构成了原子的光谱。但由于轨道是任意的，在原子数量很多的情况下，它们掉到任意轨道的可能性都存在，因此原子的光谱应该是连续的，类似于一条彩虹。但真正去做光谱实验，会发现一种原子的光谱只有特定的几个频率，并非所有频率的光都存在，这就从根本上否定了对应光谱是连续的圆周运动模型。

玻尔模型

这个问题直到玻尔(Niels Bohr)提出了玻尔模型,才算解决了一半。

玻尔是丹麦物理学家，哥本哈根学派的带头人。玻尔模型能解释氢原子的光谱，并且解释得非常精确。但玻尔模型其实只是把电子的圆周运动模型做了一点儿修改，并且这个修改完全可以说是出于“凑实验结果”的目的。

玻尔模型由玻尔和卢瑟福共同提出。这个模型认为，电子与原子核之间依然以库仑力相互作用，电子的确在做圆周运动，只是人为加了一个限定条件，就是当电子以原子核为圆心做圆周运动时，它相对于原子核的**角动量必须是量子化**(quantization of angular momentum)的。角动量 = 电子的质量 × 电子的速度 × 电子运动的半径，角动量的数值不是任意的，只能是普朗克常数的整数倍，即只能以整数为单位变化，而非连续变化，可以是 1，2，3…n，但不能是 1.1，1.11 ，1.5 之类的数字。

普朗克常数是表征量子力学基本规律的常数，其地位就像万有引力定律中的万有引力常数 G 一样，且只能通过实验测量获得。譬如我们定义光子的能量 = 普朗克常数 × 光子的频率，其实普朗克常数就是现有的国际单位制标度下以焦耳为单位的电磁波能量与国际单位制标度下以赫兹为单位的电磁波频率的比值。

图10-4 玻尔原子模型

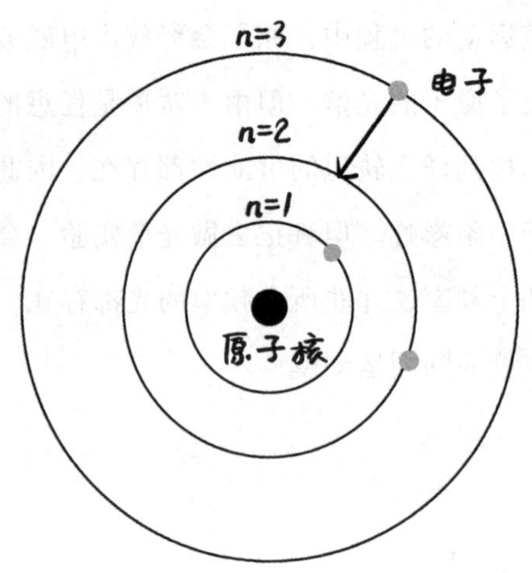

神奇的是，用玻尔模型计算氢原子或者类氢原子，也就是原子里只有一个电子的情况下的原子光谱，理论计算结果跟光谱实验结果符合得十分完美。玻尔也因这个成就获得了 1922 年诺贝尔物理学奖，尽管玻尔模型后来被证明并没有完全抓住本质。

玻尔模型碰到多电子原子光谱的情况就彻底失效了，也就是当原子里有多于一个电子，而不是像氢原子这样只有一个电子的情况，玻尔模型是无效的。因为它无法描述电子和电子的相互作用，导致计算结果与光谱实验结果相去甚远。此外，它依然不能解释能量不守恒的问题。

第五节

德布罗意的物质波理论（theory of matter wave）

光到底是波还是粒子?

1924 年，法国物理学家德布罗意（Louis de Broglie）在他的博士论文中，提出了物质波的概念。物质波可以解释玻尔模型中角动量量子化的必然性，也似乎能解释为什么电子做圆周运动却不辐射电磁波的问题。

为了说明什么是物质波，先来看一个物理学史上争论已久的问题：**光到底是波还是粒子？**认为光是粒子的科学家，和认为光是波的科学家都不少，并且支持两种观点的实验也不少。

光的粒子性：光电效应（photoelectric effect）

首先来看证明光是粒子的实验——光电效应。爱因斯坦是第一个给出了光电效应理论解释的科学家，并因此获得了诺贝尔物理学奖，尽管这只是爱因斯坦众多重要的学术贡献中比较普通的一个。

光电效应的实验是这样的：把一束光打到一块金属板上，调节光的频率，当其频率超过一个特定的值时，金属板上会有电子飞出。神奇的是，只有调节光的频率，才能控制电子的飞出。如果光的频率过低，不管打上去的光的强度有多强，都不会有电子飞出来，这个现象非常反常识。爱因斯坦用光的粒子性解释了这个实验：只有当光被理解为粒子时，才能解释为什么电子的飞出只跟频率有关，而跟强度无关。

我们可以将电子类比成一块躺在坑里的石头，用光去照射这个石头让它获得能量，从而可以从坑里飞出来。

图10-5　光电效应类比思维实验

如果光是波，它赋予坑里石头能量的方式，跟微波炉加热的原理一样，连续给石头输送能量，多到足以让石头飞出坑为止。这种情况下，电子飞出与否应该与光的强度有关；如果光是粒子，就好像往坑里扔其他石头，直到把在坑里的石头砸出坑为止。这种情况下，石头是不是可以飞出来，只取决于砸它的那一块石头能量是否够大。只要够大，就能把坑里的石头砸出来。扔进去的石头就好像一个个光子，它的能量大小只跟频率有关。

光的波动性：双缝干涉实验（double-slit experiment）

再来看看支持光是波的实验——著名的双缝干涉实验。

这个实验的设置很简单：有一盏灯和一面墙，在灯和墙之间放一块板，板上开两条平行的缝。如果光是粒子，光必然会走直线透过两条细缝，会在墙上打出两条明亮的线。但实验的结果是，墙上出现的不是两条线，而是明暗相间的条纹。这个结果只能用光是波来解释。

我们在“极快篇”的第二章《狭义相对论中的悖论》中详细介绍过，迈克耳孙 - 莫雷实验之所以会形成干涉条纹，就是利用了光的波动性。

光如果是波，就会有波峰和波谷。对于双缝干涉实验，墙上的任意一点到两条缝的距离是有差异的，当这个距离差恰好等于光波半波长的

图10-6　双缝干涉实验

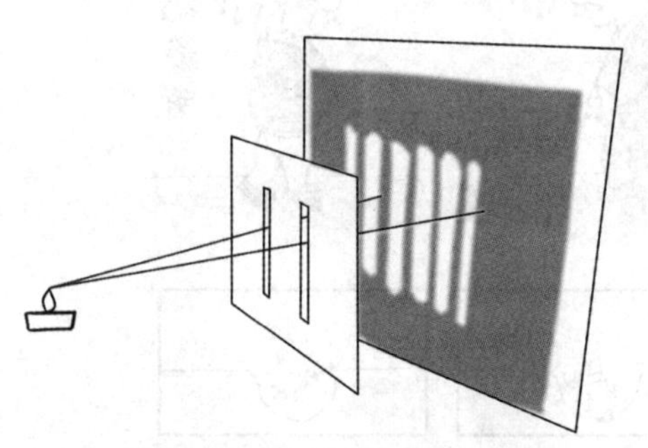

偶数倍时，它就表现为两束光振动的强强联合，显得尤其明亮。当某个点到两条缝的距离差是光波半波长的奇数倍时，就表示刚好是波峰遇上波谷，则会显得暗。于是墙上不同的点，依据到两条缝的距离差形成了最明亮和最黑暗之间的连续过渡，最终呈现为明暗相间的条纹。这就是双缝干涉实验的理论解释，它证明了光是波。

波粒二象性（wave-particle duality）

最后，光到底是波还是粒子的争论，被一个概念——“波粒二象性”给统合了。波粒二象性认为**光既是波，又是粒子，取决于你用什么实验方法测量它**。

我们可以把光想象成一个大小可以变化的波包，也就是局部有波动，但是整体类似于一个局域包络的形状。当它很大的时候，内部波动的特点占据主导。当它很小时，内部虽然还有剧烈的波动，但作为一个整体，它的能量是非常集中的，这就展现出了粒子的特性。这就是波粒二象性的解释。

受到光的波粒二象性的启发，德布罗意提出了物质波的概念。他认为并非只有光具有波粒二象性，任何物质都应该具有波粒二象性，电子有波粒二象性，原子也有波粒二象性；并且一个物体的波动性越强时，表现出来的粒子性就越弱，反之亦然。比如一个宏观物体——汽车，也具有波动性，只不过它的粒子性太强了，波动性小得可以忽略。

德布罗意还给出了他猜想的公式——德布罗意方程，也就是一个物质波的波长等于普朗克常数除以它的动量（动量是表征物质粒子性的物理量）。

$$\lambda = \frac{h}{p}$$

德布罗意当时提出物质波理论时，实际上并无太多推理成分，完全依据他的直觉，更像是一种哲学思想，而且现在已经被完全验证。如果接受物质波的理论，我们就要重新审视一下原子模型，以及对于电子和原子核的认知。我们一直把它们当作很小的粒子，但根据物质波理论，它们都已经那么小了，质量很小，动量也很小，那么对应地，它们的波动性会不会很强呢？

第六节 如何解释玻尔模型

有了物质波的帮助，玻尔模型中的角动量量子化就变得无比自然，电子不辐射电磁波的问题也似乎得到了解释。

周期性边界条件

首先介绍一个概念，叫作周期性边界条件（periodic boundary condition）。我们可以想象有一根绳子，你抓住绳子的一端上下挥舞，根据生活经验，整根绳子会振动起来，它的形态就像是一束波。现在把这根绳子首尾相连，组成一个环，让这根环状的绳子开始振动出波动的

图10–7　闭合绳子的波动情况

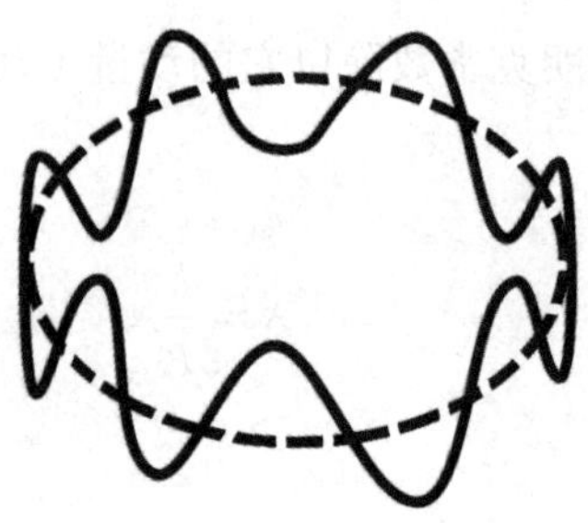

形状。

那么，绳子里可能存在的波的波长就要满足一定的条件。这个条件是什么呢？不管这根环状的绳子怎么振动，它总归不能断。也就是说，这根环状的绳子，你从上面一个点出发，绕一圈回来，它必须还要能回到原来那个点。这就是这根绳子里能够存在的波的条件——周期性边界条件。周期是指以一圈为周期，转一圈后必须要能够转回去。因此，这根**绳子的总长度，必须是绳子当中波长的整数倍**。

玻尔模型再解释

有了周期性边界条件，我们再来拷问一下玻尔模型。玻尔模型一直在把电子当成粒子，但是根据物质波的理论，电子质量那么小，运动速度也有限，动量其实非常小。

在这样的状态下，我们可以认为，在原子里运动的电子粒子性很弱，波动性却很强。所以，不如把电子当成波，不要把它看成粒子。既然电子围绕原子核以波的形式运动，就像一根首尾相连的绳子，电子的物质波就应该满足周期性边界条件。电子围绕原子核运动轨迹的周长，应当是电子物质波波长的整数倍。基于以上，代入德布罗意物质波公式，不难发现周期性边界条件与玻尔的角动量量子化是完全等价的，也就是根据德布罗意物质波公式的演算，将自动给出电子的运动在玻尔模型中的表达式。这样一来，角动量量子化就不是一个强行的假设了，只要把电子当成波，一切都变得非常自然。

此外，电子不辐射电磁波的问题也解决了。因为这个时候的电子已经不是粒子了，就更加谈不上加速度，没有加速度又怎会辐射电磁波呢？

如此看来，德布罗意物质波真的是大道至简。

图10-8　电子云

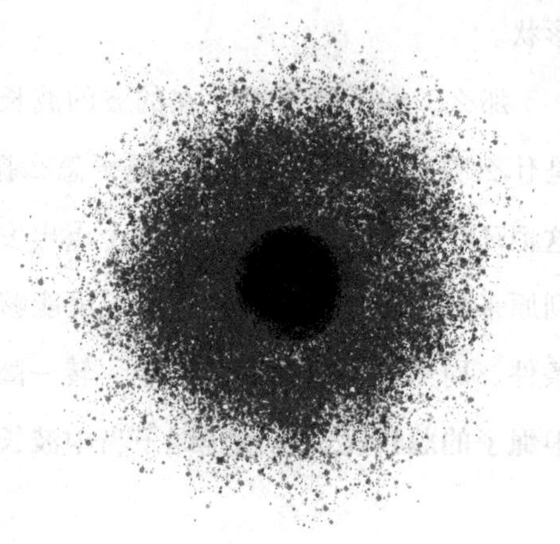

玻尔模型的失效：电子云

即使如此，也不要认为物质波就是解释原子中电子运动的根本理论。实验上，它依然无法解释多个电子相互作用下，光谱与玻尔模型的计算相去甚远的问题。

此外，还有更加令人绝望的消息。既然玻尔模型预测了电子运动的轨迹，我们不如真的去测量看看真实的轨迹是怎样的。如果玻尔模型正确，原子中电子的运动轨迹应该是一个环状的图形。但事与愿违，我们真的去测量电子在原子中的位置时，得到的结果居然是毫无规律可言。电子几乎能出现在原子核周围的任何地方，它根本没有显著的环形规律，而是“一切皆有可能”。

随着测量次数的增多，把每次测量的结果都合在一起，电子的位置在原子核周围形成了“电子云”的形态，也就是说，我们根本无法预测电子会出现在什么地方，它的位置一团模糊。这几乎彻底宣告了玻尔模型的失败。玻尔模型一直致力于找出电子在原子核周围运行的轨迹，但实验告诉我们不存在这样的轨迹，**我们无法预测电子的具体运动方式**。

最初的关于原子物理的基本信息，到这里大致就宣告完结了。要真正解释电子在原子中的行为，不得不请出量子力学。

第十一章
Chapter 11

量子力学
Quantum Mechanics

第一节

紫外灾难（ultraviolet catastrophe）

…●…

20 世纪初，原子物理蓬勃发展，科学家们尝试去了解原子中电子围绕原子核运动的规律。直到玻尔给出玻尔模型，结合德布罗意物质波的概念，才把原子里的运动情况解释了一小半。这里面最关键的是原子中电子能量的量子化。原子中电子的能量所取的固定值，叫作能级，电子只能处在这些特定的能量状态。但是玻尔模型并不能彻底描述原子中电子的运动，只有在原子核外只有一个电子的情况下，玻尔模型才运行得比较好；电子一多，玻尔模型就无能为力了。

我们也许需要从一个全新的角度看待原子物理，量子力学就应运而生了。此处要明确，量子力学中的量子（quantum）并非名词，而是一个形容词，指的是类似于能量量子化这样的物理规律。我认为量子力学准确的翻译应当是“量子化的力学”。

量子力学的核心信息之一是：**这个世界的本质是量子化的，存在构成万物的最小单元。**用一个类比来形容，我们的世界不是用橡皮泥捏出来的，而是用乐高玩具那样的积木搭出来的。用橡皮泥捏出来的东西，可以有极其细微的变化，任意创造出连续的曲线。而乐高积木的变化，最小就是一块积木的大小，不能任意变形，不是连续的。

20 世纪初物理学大厦上空的一朵乌云：黑体辐射（black body radiation）

早在玻尔之前，原子能量量子化就已经不是新鲜事了。19 世纪末，当时的物理学家自信满满，认为物理学这门学科已经被研究得差不多了，经典物理学大厦即将建成，甚至有物理学家认为物理学将在 6 个月内结束。但 20 世纪初，出现了悬在经典物理学大厦顶上的两朵乌云。

（1）“极快篇”提到的迈克耳孙 - 莫雷干涉实验，证伪了以太的存在，这个问题后来被狭义相对论解决了。

（2）黑体辐射问题。黑体辐射问题的原问题相对比较复杂，此处我们挑选最核心的来讲。比如加热一块铁，随着温度的升高，铁会开始发红，温度再升高就会变得更加明亮。这种有温度的物体发出电磁波的现象，叫热辐射（对于电磁波吸收率是 100% 的物体叫作黑体，黑体是一种理想中的物体，现实中并不存在，黑体辐射就是黑体发出的热辐射）。

为什么会有这种现象呢？加热一个物体，本质上是让这个物体里的原子获得更快的运动速度，即增大原子的动能，这部分能量也会使原子内电子的能量增高。但是根据能量最低原理，高能量状态是不稳定的，它倾向于回到低能量的状态。因为能量守恒，原子在回低能量状态的同时会释放出电磁波，这就是热辐射的原理。如果去探测一个被加热的物体发出的光的频率，以及不同频率电磁波的能量强度，再把能量强度作

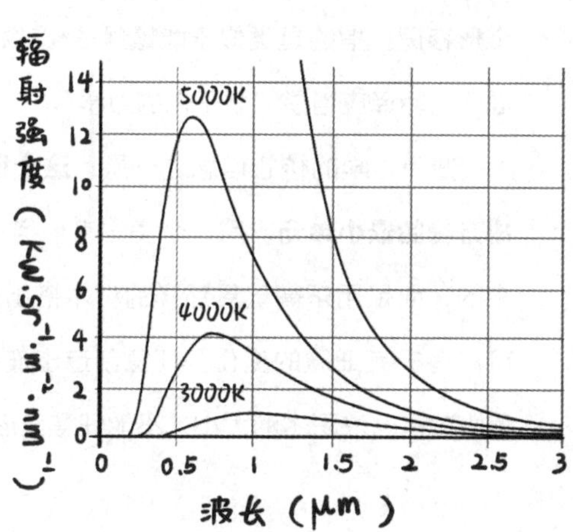

图11-1　热辐射曲线

为频率的函数，画出几条不同温度情况下物体热辐射的辐射强度相对于辐射频率变化的曲线，实验测得这是一组两头小、中间大的曲线。

但在作图时，横坐标通常用的是波长，而非频率。考虑到频率和波长成反比，所以不论是用波长还是频率作为横坐标，图形的形状都是两头小，中间大。即在特定温度下，极高高频率和极低低频率的辐射强度都比较小，中等频率的辐射强度大，随着温度的升高，中等频率的峰值会往高频率移动。这就是在一定温度范围内，譬如说加热一块铁，温度越高铁块会显得越明亮的原因。随着温度增高，贡献主要能量的中心频率也在升高。但温度高到一定程度，物体反而不那么明亮了，因为它的中心频率开始往紫外线方向移动，而紫外线肉眼不可见。

经典物理理论失效

当时的理论物理学家们尝试用已有的科学理论去解释这条曲线，奇怪的是，竟没有一个理论可以就这条曲线给出正确的解释：当时的理论要么是在低频的地方符合得很好，到了高频就南辕北辙；要么就是在高频的地方确实符合得不错，但到了低频又无法解释；用经典理论给出的解释，要么是一条递增的曲线，要么是一条递减的曲线，没有任何理论可以解释这条两头小、中间大的曲线。

经典理论算出来，通常是在紫外线的区域，辐射能量趋向于无穷大，这与实验结果和常识都不符。由于这个计算问题在当时无法解决，可以说是经典物理的一场灾难，所以被称为紫外灾难。

普朗克的“量子化”

直到普朗克用他的新理论给出了正确的曲线，与实验结果精确符合，才让紫外灾难问题得到了解决。经典理论在研究热辐射问题时，会将辐射的光当成波。这种情况下，电磁波的能量被假设为连续的。

普朗克的操作，是人为加入量子化条件，**他把电磁波看成光子，其能量是一份份射出的**。也就是说，普朗克强行假设在热辐射过程中，电磁波是像子弹那样一颗颗地飞出，而不是像水流一样连续地流淌出来。普朗克计算电磁波能量时，并非对电磁波的频率做数学上的积分（integration），而是将 n（n 为整数）倍的单个光子的能量做加法。没想到这样一通计算后，得出的热辐射能量强度随频率变化的规律，跟实验符合得非常好。这个操作，就是最早的量子化体现。普朗克假设了**黑体**辐射的电磁波能量量子化，尽管他本人无法理解，甚至不认同这种对于光子能量的认知，但他却还是获得了 1918 年的诺贝尔物理学奖，并被人誉为“量子力学之父”，玻尔模型实际上也建立在普朗克理论的基础之上。

原子轨道量子化

之后对原子光谱的研究，证实了普朗克的假设从实验角度看是正确的，因为单个原子内的能量是量子化的，电子的能量只能取特定的值，而后的玻尔模型以及物质波的学说，也解释了这一点。但毕竟玻尔模型是个解释力有限的理论，里面有太多模糊不清和无法解释的问题，所以，真正的量子力学，是以薛定谔（Erwin Schrödinger）和海森堡（Werner Heisenberg）的研究为基础，完全抛弃了玻尔模型，彻底地解决原子内部电子运动的问题。

第二节

波函数（wave function）

…●…

玻尔模型描述原子里电子围绕原子核运动的轨道依然是一个圆，只是加上了角动量量子化的条件。结合德布罗意物质波的理论，电子可以被看作一束围绕着原子核运动的首尾相连的波。既然是一束波，就要满足周期性边界条件，于是就能得出玻尔模型角动量量子化的条件。

这个理论看似美妙，不管把电子看成波还是粒子，它的运动状态都应当是一个环。但人们真的去测量电子位置的时候，会发现电子几乎可以出现在原子核周围的任何位置，这些位置组合起来，完全不像是一个环。

电子根本无轨迹

这说明电子在原子核周围的运动，压根儿没有轨道可言。从实验的角度来说，玻尔模型从根本上就是有谬误，它描述的图景和电子运动的实际情况完全不符，只是在单电子的情况下，从实验结果上解释了氢原子光谱。可以想象，真正描述电子运动的应该是一个更加高级的理论，只不过这个理论在单个电子的情况下，给出的氢原子光谱跟玻尔模型的计算结果是一致的。

如果电子根本没有轨道，运动也毫无规律，为什么会有电子的能量量子化这一现象呢？运动既然毫无规律，能量分布又怎么会有如此精确的规律呢？因此，科学家们开始思考，也许想要让电子的运动轨迹有规律的想法本就是一种妄念，应该用另外一种全新的语言来描述电子的运动。

概率的语言

这种新的语言，就是概率的语言。用概率的语言去描述量子力学系统的行为，是由德国物理学家波恩（Max Born）提出的。前面提到，如果去测量电子在原子中的位置，电子在原子核周围任何位置都可能会出现。但如果再多测几次，比方测一万次，其实是可以看出一些规律的。

这个规律是统计学上的规律，如果我们真的把一万个位置的图像拼在一起，就能看到一张全部是点的图，这些点形成了“电子云”。

通过电子云的形状能看出一些规律，不同能量等级的电子，对应的电子云会有特定的形状，有球形的、哑铃形的，不同的形状对应的电子能量不同。不同形状的电子云,对应的是电子出现位置的不同概率分布。比如，通过某个球形的电子云，我们可以发现在离原子核近的地方找到电子的概率，总比在离原子核远的地方找到电子的概率大。

虽然我们无法精确地预言每个时刻电子会出现在什么位置，但我们可以在多次测量电子的位置后，预测在某些位置出现电子的概率大约是多少。这就是概率的语言，在微观世界描述物体运动状态的标准语言。

在宏观世界，我们可以确定地描述物体的运动状态。比如，有个逃犯开车逃逸，警察抓逃犯的过程中要不断地汇报逃犯的位置。例如，逃犯在 15：10，处在某市 A 路和 B 路的路口，以每小时 80 千米的速度向东逃窜。在 15：10 这个时间点，逃犯的运动状态被确定了；有了这个信息，下一秒逃犯的位置就可以被精确预测。一旦有了运动的物体每个时刻的位置和速度信息，就能精确知道目标对象的运动轨迹。

电子的运动就完全不是如此了，我们只能用概率的语言来描述电子的运动状态：这个电子在 15：10，处在原子核正下方 1 纳米处，并以 10000 米 / 秒的速度向上运动的概率是 X%。在微观世界，我们只有一定的把握知道这个电子在什么地方，并以多大的速度运动，但是我们无法精确预言它会出现在哪里。

概率波的描述

随着时间的变化，概率的分布也会变化，于是我们就借用了波的物理学语言去描述电子运动的概率。这里不再将电子的运动规律称作电子云，而叫它概率波。简单作张图，就能明白为什么要叫它概率波了。以

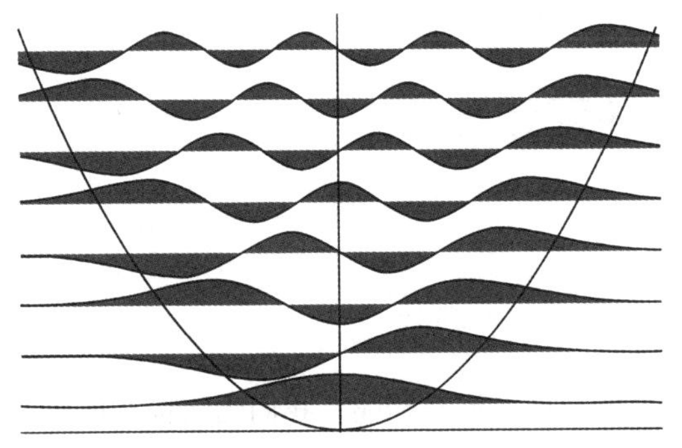

图11-2　不同能量等级的波函数

电子离原子核的距离为横坐标，以电子的概率波 φ 为纵坐标，在数学上，φ 是一个复数（complex number）*［复数分为实部与虚部，可以写成 a+bi，其中 a 和 b 都实数，i 是虚数（imaginary number），定义为 $i^2=-1$］，其中 φ 的平方正比于在某个位置附近发现一个粒子的概率。你会发现这张图看上去像一个波的波包，并且随着时间的变化，这张图是会变的。这样一来，概率的分布就会随着时间的变化而变化，和我们看到的一般的波动情况很像，比如电磁波的波动、水波的波动皆是如此。

$$\int |\phi(x)|^2 dx = 1$$

概率波 φ 平方的图像的总面积必须等于 1。因为如果你在全空间范围内去找这个电子，你一定会找到它，全空间找到电子的概率是 100%，因为电子存在。

既然只能用概率波来描述电子的运动，那下一个问题就是，电子概率波的变化规律是什么样的呢？

随着时间的推移，电子运动的概率本身会不会出现变化？比如在第一秒，它处在某个位置的概率是多少，一秒后，它在这个位置出现的概率是否还跟原来一样？是什么因素决定了概率的分布随时间变化的规律？这就是薛定谔方程要回答的问题，薛定谔方程告诉我们，一旦给定了能量，那么概率波随时间的变化率就确定下来了。

第三节

薛定谔方程

为何波函数随时间变化的规律重要?

电子在原子中的运动，只能用概率波来描述，我们无法描述电子在特定的时间具体会出现在什么地方，我们只能描述它出现的概率。那么随着时间的推移，电子出现的概率的分布，也就是概率波的形状将如何变化?

为什么我们如此执着于一个物体的性质随时间的变化规律？这其实就是物理学的任务。我们在绪论中提过，物理学的研究方法是先归纳，再演绎，后验证。通过归纳法得出一些自然界运行的规律，将其作为推理的起点进行演绎推理，并用实验来验证推理得到的结论。其中，验证用来检验归纳和推理的正确性，**只有当验证的结果与推理相符合，才能说这个理论在给定边界内是正确的**。如果没有验证这个环节，只通过推理解释已有的现象并不难，很多理论都能解释同一现象。比如用万有引力定律解释小尺度范围内的天体运动现象完全没有任何问题，用玻尔模型解释单电子的光谱也能得到很漂亮的结果。

用现有的理论回过头去解释已有现象，其实不困难，可能对于一个现象，几百个理论都能解释。但是科学具有可证伪性，为验证其正确性，我们必须用理论对还未发生的现象进行预测，再用实验去检验这些预测的正确性。比如万有引力定律在预测水星进动的问题上就失效了，广义相对论却可以做很好的解释，它甚至预言了黑洞的存在。玻尔模型解释单电子的光谱没问题，但是预测电子轨迹时就失效了，对于多电子的原子光谱它也是失效的。

因此**对于所有理论，要验证其正确性，就要先做预测**，也就是预言随着时间的变化，系统会有什么样的规律。因为我们的世界是在时空尺度上展开的，所以这里所说的预测，就是找到系统随时空展开的变化规律。理论有了预测，才能用实验结果去验证是否与理论预测相符。

薛定谔方程——概率波随时间变化的规律

我们现在知道，电子在原子中运动的规律可以用概率波来预言。对于普通的波动，如声波、水波、电磁波，随时间变化的规律是很清晰的。比如我们可以用振幅、波长和波速来描述一个电磁波。电磁波的波速就是光速，振幅是它所处的电磁场的强度，波长则是它的时空尺度，也可以被认为是波的大小。这些波都满足经典波动方程，声波和水波满足建立在牛顿定律基础上的机械波方程，电磁波则满足麦克斯韦方程。

概率波随时间变化的规律，是不是也应当用一个方程式来描述呢？答案是肯定的。概率波随时间的变化规律是由薛定谔方程进行描述的，薛定谔方程的形式与传统的波动方程有类似的地方，据薛定谔本人描述，他当初写出这个方程也是受到了波动方程的启发。

概率波一开始只是一个类比，因其形状看上去像个波。薛定谔说，既然都叫概率波了，那不如真的把它当成一个波来表达，于是就得到了薛定谔方程。

$$i\hbar\frac{\partial}{\partial t}\phi = H\phi$$

薛定谔方程的物理意义，就是概率波随时间的变化率由它的能量唯一确定。比如，原子中随着时间流逝电子位置的概率分布是怎样变化的，就由它的能量状态唯一确定了。能量越高的电子，概率分布的变化越快，这已经充分说明了概率波的波动特性。

类比其他经典意义上的波，如声波和电磁波，频率越高的声波和电磁波，能量越高，相应的波长越短。这怎么理解呢？其实频率越高，单位长度内波的上下振动弯曲的次数就越多，波的每个位置弯曲的程度就越大。就像一根有弹性的橡皮筋，其弯曲的程度越大，越剧烈，它内部储藏的弹性势能就越大。

薛定谔方程告诉我们，能量越高的微观粒子，概率分布随时间变化越快，也就是概率分布图上下振动得越频繁。此外，概率波的具体形状也由微观粒子的能量唯一确定，也就是薛定谔方程可以彻底地描述微观粒子的量子规律［当然，薛定谔方程描述的量子系统是不用考虑狭义相对论的，适用于粒子能量较低的系统；如果粒子能量过高，则要考虑相对论效应，薛定谔方程是失效的，狄拉克方程（Dirac equation）才是正解］。根据薛定谔方程的数学形式，能够直接得出原子中电子所处的能量状态必然是量子化的，这是解原子中电子所满足的薛定谔方程这样一个微分方程的必然结果，不像玻尔模型需要人为引入角动量量子化的条件。

薛定谔方程是描述量子世界运动规律的方程，任何一个量子力学系统（能量过高、相对论效应极其显著的系统除外），原则上只要解出其薛定谔方程，就能从概率波的角度描述该系统的行为。这就是薛定谔方程的强大之处。

再看物质波与波粒二象性

有了概率波，再加上薛定谔方程对于概率波变化规律的描述，就会发现物质波和波粒二象性不过是我们在掌握概率波和薛定谔方程前，对薛定谔方程性质的特殊描述而已。也就是说，物质波和波粒二象性不过是薛定谔方程对量子力学描述的特殊情况，它们描述了现象，但并没有触及本质。

有了概率波和薛定谔方程，如何理解物质波和波粒二象性呢？

任何一个物体都可以用概率波来描述，并用薛定谔方程解出它的概率波形状：如果这个形状是非常集中的，在一个很小的区域里集中了它所有概率，那这个物体就表现得像一个粒子；如果解出来的形状非常分散，那么这个物体就表现得像一个波。

所以，物质波、波粒二象性对量子现象的描述都不够准确。根据概率波的说法，世界上**不存在纯粹的波，也不存在纯粹的粒子**。因为波和粒子的概念，都是人类抽象出来便于做物理研究的。纯粹的波的长度无限长，但世界上哪里存在无限长的波？纯粹的粒子，是没有大小、只有质量的质点，但质点也只是一个理想模型而已。

量子力学告诉我们，只存在纯粹的概率分布，不同的概率分布，对应了不同的物质形态——非常像波或者非常像粒子。最后物体到底具体呈现波动性还是粒子性，要看它的波函数的分布是什么样的。不同的情况下，薛定谔方程解出来的波函数的形态不同，光电效应下光会呈现粒子性，是因为光电效应对应的薛定谔方程解出来的波函数是集中的；双缝干涉实验下会呈现波动性，是因为双缝干涉实验对应的薛定谔方程解出来的波函数是分散的。

薛定谔方程可以说是量子物理的奠基性理论，一旦确定量子力学系统能用概率波描述，概率波随时间变化的规律便确定了。

第四节

隧道效应（quantum tunneling）

量子力学对于微观世界的描述，是一种充满了不确定性的描述，我们无法精确预测电子处在原子中的位置，只能预测电子出现位置的概率，这与描述宏观世界的方法截然不同。

一切皆有可能

宏观世界任何一个物体的运动，都是以在某时某地出现并以多大的速度向什么方向运动来进行确定性的描述的。如果一定要用概率来描绘宏观世界,其概率只有两种,就是100%和0%,对应的语言描述是"必然"和"绝无可能"。但在微观世界,这个描述变成了"有可能"的可能性,薛定谔方程还能计算出这个"有可能"具体是百分之多少。微观世界在量子力学的描述下,变成了一个"一切皆有可能"的世界,这个世界会发生一些宏观世界绝无可能发生的事情,"隧道效应"便是其中的典型代表。

隧道效应:化不可能为可能

举一个宏观世界的例子,你现在要跳过一堵 2 米高的墙,假设你的跳跃能力只有 1.9 米,也就是跳起来的那一刹那,你双腿用力,让自己获得向上运动的速度并具备一定的动能,然后这个动能的大小最多能达到 1.9 米的高度对应的重力势能,而无法超越 2 米的高度对应的重力势能,因此你无法跳过这堵墙。但微观世界并非如此,薛定谔方程告诉我们,从数学角度来看,能量发生变化,波函数也会发生变化。它是一个连续的方程,如果能量变化是连续地从一个值慢慢变到另一个值,那么波函数也应该是从一个形状顺滑地变到另外一个形状。

假设现在在微观世界,让一个微观粒子跃过一道有限高度的墙。若粒子的动能高于这堵墙的势能(potential energy),毫无疑问,这个粒子肯定可以跃过去,这时粒子跃过墙后的能量等于动能减去墙的高度对应的重力势能。现在让粒子的动能逐渐减小,也就是把粒子跃墙时的能量从大于 0 逐渐变到小于 0,其是否能跃过去的概率也应该是顺滑地慢慢减小。但如果真的去解薛定谔方程,就会发现即便能量变成小于 0,也就是动能小于势能,解出来的波函数跃过墙的概率虽大大减小,但不为0。也就是说,微观量子世界的语言是波函数的语言,波函数是顺滑的,不是宏观世界里的 100% 和 0%,所以即便是从宏观情况看跃不过去的

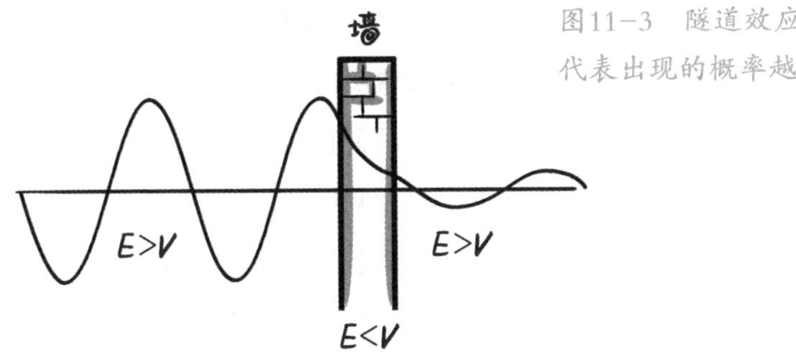

图11-3 隧道效应（振幅越大代表出现的概率越高）

粒子，仍有一定概率跃过一道势能比自己的动能要高的墙。

一个微观粒子即便它的动能很小，但面对一堵势能比自己的动能还高的墙，也不是完全没有可能跃过，只是这个可能性会变小。就好像它可以从墙上打一条隧道，有一定概率可以“钻”出去。这就是隧道效应。

摩尔定律（Moore's law）的极限

隧道效应，是量子力学特殊性的集中展现。它告诉我们，量子世界的规律与宏观世界的经验并不完全相符。因为有隧道效应，现实生活中的技术进步受到了很大的挑战。

相信你应该听过摩尔定律。摩尔定律说的是，计算机的计算能力每 18 个月就会翻一番。计算机的计算处理由 CPU 上的计算单元完成，单位面积的芯片上计算单元越多，计算机的处理速度就越快。计算单元由晶体管组成，即在硅板上进行光刻，计算单元做得越小，在单位面积上就可以安放越多的计算单元，计算机计算速度越快。

18 个月就能翻一番的计算能力，是指每过 18 个月，计算单元的大小就变为原来的 1/2，单位面积能放入原来 2 倍的晶体管，计算速度也变为原来的 2 倍。但摩尔定律有其局限性，因为计算单元不能做得无限小。电子计算机依靠 0 和 1 两个信号表示信息，具体是 0 是 1 非常重要，差一个数字就面目全非，因此计算机处理的 0 和 1 信号要非常精确。

如果计算单元太小，信息的准确性会受到威胁。0 和 1 两个信号，非此即彼，具体是 0 还是 1，由计算单元两端的电压决定。计算机中的电流，完全按照电学规律运动。如果计算单元做得过小，量子力学的效果便开始显现，仅靠电学规律便不再能够预测电子的运动。

量子力学现象的效果开始显现，就意味着会发生隧道效应，本来应该是 1 的信号，有可能会变成 0，这样信息就发生了错误，会影响计算的进行。目前最小的计算单元在 7 纳米左右，已经到极限了，再往下会非常困难。7 纳米相当于几个硅原子并排的大小，这时发生隧道效应就变得非常容易。这就是为什么说，摩尔定律在量子力学面前面临失效。

至此，我们用量子力学的概率波以及薛定谔方程充分地描述了量子力学系统的运动规律。原则上，只要不纠结于电子的具体轨道是什么样的，原子中电子的运动规律就能被彻底解释清楚。但这样的解决方案并不能让人完全满意，我们还是希望能解出电子的具体运动轨道，也就是它的轨迹随着时间具体如何变化，是否能用确定性的语言进行描述。如果不可能，是否能证明这种不可能呢？

第五节

原子结构的最终解

有了薛定谔方程这个强大的理论工具，便能清晰地描述原子中电子围绕原子核运动的规律。由于原子核比电子重太多，可以认为原子核处在中心不动，一般只研究原子核周围的电子如何运动。

能级

即便没有薛定谔方程，根据原子光谱实验，也能知道原子中电子所具有的能量是离散化，分能级的。当然，通过薛定谔方程计算电子的能量，也能得出同样的结论。

拥有不同能量的电子所对应的波函数，也可以被称作电子不同的轨道。这里轨道的概念和传统意义上的天体运动的轨道概念不同，天体运动的轨道是一条曲线，但原子中电子的轨道是一团有着特定形状的电子云，或者说是有特定概率分布形态的波函数。此处还要明确，当讨论原子结构时，我们默认讨论的是其处在能量最低状态的情况下，电子在原子中的排布情况。根据能量最低原理，这是原子最稳定的状态。如果是非稳定状态，就有太多种情况要讨论了，而物理学更感兴趣的是最稳定的状态。

把不同能级和对应的轨道算出来以后，所谓原子结构，就是依照能量最低原理往轨道里安放电子。比如氢原子，只有一个电子，所以直接把它放到最低能级就可以了。但随着原子中的原子核越来越重，电子也越来越多，再往里安放电子的过程就不那么容易了，需要找出安放电子的规律。

自旋

先理解一个量子力学的概念——自旋。

每个微观粒子，都好像一个小磁铁，如果把粒子放在磁场里，会产生一定角度的偏转，并且自旋的方向倾向于和磁场的方向平行，就像指南针一样。自旋有大有小，但其数值是量子化的，自旋的大小只能取一些特定的值，统一是约化普朗克常数（reduced planck constant）的整数倍或半整数倍。

$$\hbar = \frac{h}{2\pi}$$

比如电子的自旋是 1/2 的约化普朗克常数，光子的自旋是 1 倍的约化普朗克常数。约化普朗克常数的数值非常小，约等于 6.63×10^{-34} J·s，它代表了量子力学的最小尺度。我们一直说存在构成万事万物的最小单元，普朗克尺度就标度了这个最小单元的尺度大概有多小。至于为什么微观粒子会有自旋，并且还是量子化的，原因尚不清楚，只能把它当成微观粒子的固有性质（intrinsic property）。

电流会产生磁场，自旋也有自己的固有磁场。因此有人假设，自旋是因为电子确实在旋转产生的，但这样的解释是有失偏颇的。如果真的让电子、质子这样的带电粒子旋转起来，会发现它们的旋转速度要超过光速才能测量到，并且很多不带电的粒子，如光子、中子、中微子（neutrino）等都是有自旋的。

玻色子（boson）与费米子

有了自旋的概念之后，可以将所有微观粒子按照自旋的性质分类。所有满足量子力学规律的微观粒子都可以分为玻色子和费米子。

自旋大小是约化普朗克常数的整数（integer）倍的粒子叫作玻色子，如光子、胶子（gluon）；自旋大小是约化普朗克常数的 1/2、3/2、5/2 这样的半整数（half integer）倍的粒子，叫作费米子，如质子、中子、电子。玻色（Satyendra Nath Bose）是一位印度物理学家，费米（Enrico Fermi）则是意大利裔美国物理学家，被称为“核物理之父”。

泡利不相容原理

玻色子和费米子的最大区别，体现在泡利不相容原理上。

泡利不相容原理说的是，一个系统内不能存在两个状态完全相同的费米子，玻色子则没有这个限制。状态不同是指两个费米子只要有一个性质不一样，就可以存在于同一个系统中，如果所有性质都完全一样，就无法存在于同一个系统中。

有了泡利不相容原理和自旋的概念，我们就可以把电子安放到原子的轨道中去。

电子分层结构

原子内的电子轨道能量是从低到高排列的，我们想要了解的是原子处在能量最低状态的结构。

不同元素的原子中电子的数量不同，其数量等于原子核的正电荷数。

假设某种元素的原子有 N 个质子，相应地就有 N 个电子，这 N 个电子要一个一个放到该原子的轨道里。第一个电子当然是放在能量最低的轨道，那第二个电子放在哪里呢？当然也是放在剩下所有可能的轨道中能量最低的轨道中。在同一个轨道，由于电子有自旋，其自旋可以有两种情况，分别是南极朝上和南极朝下，也就是说，两个电子的自旋虽然大小相同，但方向相反，所以一个轨道里最多可以放两个电子，而且这两个电子的能量相同。

第一层，能量最低的轨道最多放两个电子，再放就放不进来了。根据泡利不相容原理，第三个电子无法取到跟两个电子都不同的状态，只能往第二层的轨道放。第一层轨道电子的波函数的形态是个球形。

第二层轨道有很神奇的特点，它有四个分轨道，这四个分轨道的

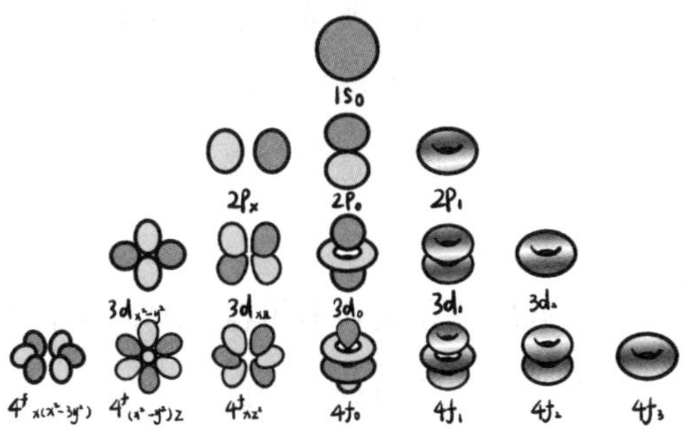

图11-4　不同能量等级的三维波函数

能量都一样，但是有不同的性质，叫轨道角动量（orbital angular momentum）。对第二层轨道解薛定谔方程，会发现第二层轨道对应的波函数总体上相对于原子核呈哑铃状。既然是哑铃状，可能的方向就有三个，即空间的 x、y、z 轴三个方向。同时，第四个分轨道也是个球形波函数，这个球形波函数比第一层的球形波函数大一圈。

这四个分轨道有四个不同的状态，叫作它们的角动量量子数。根据泡利不相容原理，每个分轨道可以放两个电子，四个分轨道虽然能量一样，但多了角动量量子数这个新的性质，处在四个不同分轨道里的电子状态各不相同。每个分轨道两个电子，所以第二层可以放 8 个电子。

第二层轨道填满以后，已经有 10 个电子，第 11 个电子就要往第三层放了，第三层有更多分轨道，算起来可以放 18 个电子。

依此类推。天然元素到 92 号元素铀（uranium），最多 92 个电子，算上人造元素，也不过是至多 118 个。电子很难继续增加，因为原子核无法承载过多的质子，再多就不稳定，会发生核裂变（nuclear fission）。

能级变动

真正的原子内电子的排布，并非如泡利不相容原理安放电子那么简单，虽然大原则确实如此，但是实际情况中还受到其他因素影响。比如电子围绕原子核运动时，自身会等效产生电流，电流会产生磁场，磁场会跟电子的自旋发生作用，导致能量的变动；内层电子相对于外层电子抵消了一部分原子核的正电荷，因此外层轨道的能量也会发生变动。最终一个原子能量最低的结构，是综合考虑了所有因素的结果。这个计算和实验验证的过程相当复杂，但主要的决定因素是薛定谔方程、能量最低原理和泡利不相容原理。

至此，通过薛定谔方程、能量最低原理和泡利不相容原理，我们几乎把原子的内部结构研究明白了。但为什么波函数会是量子力学的表达形式？量子力学的第一性原理是什么？量子力学波函数表达背后的本质又是什么呢？

第六节

哥本哈根诠释

在微观世界，如果用概率的语言来描述系统的状态，只要有薛定谔方程，就能了解原子中的电子会以什么概率出现在不同位置，原则上就能将其状态描述清楚。

对于微观粒子的运动状态，除了测量它的位置以外，还有很多其他的物理量可以测量，比如速度、能量、自旋等各种物理量。既然微观粒子的位置无法精确预测，只能用概率波来表达，那么，可以推论它的其他性质，比如速度，也可能是无法精确预测的。速度的变化也可以对应于一个波函数，只是这个波函数的自变量不是位置，而是速度，纵坐标依然是概率密度（probability density）。

目前量子系统的运动规律，**只能用概率的方式来描述。**这背后的原因是什么？为什么会这样？玻尔以及他的学生——德国物理学家海森堡带头给出了关于如何理解量子系统这种特性的办法，这个办法叫哥本哈根诠释。哥本哈根诠释是对量子系统测量过程的物理学描述。玻尔是丹麦哥本哈根大学的学术带头人，以他和海森堡为核心的学派叫哥本哈根学派。

同时处在不同状态的系统

我们该如何理解量子系统的波函数表述呢？哥本哈根诠释的解答是：**一个量子系统可以同时处在不同的状态**，这个状态叫量子叠加态。

当你去测量这个系统的状态时，**你只能随机地获得其中一个状态；**当你测量的时候，这个系统所处的量子叠加态的波函数就**随机地、瞬间地坍缩**（wave function collapse）**成了其中一个状态所对应的波函数。**

比如，一个粒子可以同时处在原子核周围的不同地方。如果真的去测量它的位置，你测量到的是它其中的一个位置，至于具体是哪个位置，则完全是随机的。比如，准备一万个完全相同的量子系统并测量它们的状态，你会得到一万个结果。但可能某些结果出现的频率高一些，某些结果出现的频率低一些，这个频率的分布就是概率分布，也就是概率波。

测量即瞬间“坍缩”

可以这样理解哥本哈根诠释：一个原子中的电子没有被测量时，它同时处在多个状态的叠加。但当测量时，你只能得到一个最终的状态。也就是它的波函数在测量前是分散的，但测量后立刻变为在一个位置是100%，其他位置都是0。这个电子的波函数在测量前后发生了瞬间的变化，从一个分散的函数变成了一个集中在一点的函数。根据哥本哈根诠释，这个由测量导致波函数骤变的过程，叫作坍缩。

测量之后，原本分散的波函数，随机坍缩成了其中一个集中的波函数。坍缩的过程是完全随机、不可预测的，它没有从大变小的中间态，是不连续的，像瞬间完成的一样。就像一根雪糕，你没看见它融化，也

图11-5　坍缩的过程示意图

没看见有人吃了一口，就突然没了一截，是没有中间过程的，这就是哥本哈根诠释。

薛定谔的猫（Schrödinger's cat）

哥本哈根诠释对于量子力学的描述，不仅从概念上难以理解，而且也从根本上挑战了大部分人的基本哲学观——因果关系。你用相同的方法测量若干个处在同一状态的系统时，得到的结果却是随机的，只是在概率分布上有一定的特点，这在本质上从量子力学层面否认了因果律。

因果律的核心是：**一个结果必然对应一个原因**。相同的测量方式下，却得到不同的结果，较难理解，那就只能换一种方式来理解量子层面的因果律了：概率分布唯一确定，但具体的结果却不是唯一确定的。

这让当时的物理学家难以接受，比如薛定谔就反对这个观点。尽管他已经给出了薛定谔方程，但他本人并不认同这种否定因果律的诠释。于是，薛定谔做了一个思维实验，用以阐释哥本哈根诠释的不合理性，这就是著名的“薛定谔的猫”。

薛定谔假定，有一只猫被放在一个盒子里。盒子里有一个装着毒药的瓶子，瓶子与一个处在叠加态的量子开关相连。现在关上盒子，并规定打开盒子这个动作会对量子开关进行一次测量，测量最终会给出量子开关到底是开还是关的结论。如果是开的，瓶子便释放毒药，猫就死了；

图11-6　薛定谔的猫

如果是关的，瓶子不会释放毒药，猫活着。

如果不打开盒子还要描述盒子中猫的状态，我们只能说这只猫是既死又活的，或者说是半死半活的。此处就与常识相违背了，现实中的猫要么是死的，要么是活的。即便是修辞手法中说的“半死不活”的猫，也是活的猫。这个思维实验的结果严重违反常识，因此可以说是对哥本哈根诠释的反讽。

薛定谔通过“薛定谔的猫”这个思维实验，试图用一个与常识相违背的描述方式来阐述哥本哈根诠释的不合理性。但转念一想，我们之所以会有生活常识，**本质上都是因为在对生活中的一切事物做各种各样的感知，这种感知在物理学上的本质就是测量。**

要判断一只猫的死活，你就必须用各种方式跟猫发生耦合，比如看它一眼，或者听它的叫声。哥本哈根诠释恰恰就揭示了：**在量子力学中，一切皆测量，不测量就不存在描述**。我们只能用测量的结果，反向对事物进行描述。当没有去测量猫时，我们说它处在半死半活的状态没有逻辑问题，半死半活只与测量后的经验不符，但并无法证伪测量前可能存在的状态的合理性。

什么是“真随机”？

到这里，量子力学中的两大阵营已经出现了。一个是以玻尔、海森堡师徒俩为首的哥本哈根学派主张的量子叠加态。他们主张量子系统的真随机性，也就是测量后会得到什么结果，完全是不可预测的，随机的。

> 真随机和我们生活中的普通随机不一样。比如，掷骰子时每个面朝上出现的概率都是 1/6，其实是因为我们的眼睛无法在扔出的瞬间看到骰子的速度和角度。如果有个高速摄像机，在骰子掷出的瞬间就分析出它的角度、速度和高度，完全可以计算并预测骰子最后得出的数字是多

少。这里存在一个隐含变量（hidden variable），也就是骰子被扔出时的运动情况。只是这个情况不明显，从肉眼看像是随机的，因此是伪随机。哥本哈根诠释认为量子系统中不存在这样的隐含变量，这个随机结果是真随机，真的无法预测。

另外一派则以薛定谔和爱因斯坦为首。他们认为，量子叠加态主要是因为我们的实验手段和理论不够先进。就像扔骰子一样，因果律其实是成立的，之所以用概率波的形式描述量子力学，不过是因为我们还不知道量子过程中的隐含变量是什么而已。

两派观点在历史上针锋相对，僵持不下，都有各自的研究进展。就目前的物理学研究来看，结果似乎更偏向哥本哈根诠释这一边。为什么会出现这种真随机？量子力学背后的这种真随机的原理是什么？答案就是海森堡的不确定性原理（uncertainty principle）。

第七节

不确定性原理

什么是不确定性原理

如果真如哥本哈根诠释所说，我们只能用叠加态的方式来描述量子力学系统，则量子系统从根本上无法精确预测。其背后的原理就是量子力学的基本原理——海森堡提出的不确定性原理。

不确定性原理说，我们无法同时精确测量一个满足量子力学描述的微观粒子的位置和速度。你若测得它的精确位置，就无法精确测量其速度，反之亦然。

之所以用概率波去描述量子系统，是因为量子系统具有不确定性，不可精确预测。概率波的描述和不确定性原理可以说互为充要条件。有不确定性原理则必有概率波描述，概率波描述必对应不确定性原理。

为了证明这一点，不妨让我们假设不确定性原理是错的，假设我们能够同时确定一个微观粒子的位置和速度，那你会发现概率波函数的描述就崩溃了，为什么？假设现在已经测量出一个微观粒子的位置，并且知道了它的速度，由于位移 = 速度 × 时间，因此我们可以精确地预言下一个时刻它会出现在哪里。如果没有不确定性原理，粒子的轨迹能够被唯一地确定，根本用不到概率波。所以，如果概率波是最根本的量子力学系统的描述方式，则必有不确定性原理之正确性。不确定性原理作为量子力学的基本原理，又必然可以导出概率波的表述。

电子是个“小球”吗?

即便如此，不确定性原理所表达的内容仍然令人十分费解。这些微观粒子不就是体积很小的小球吗？怎么会出现位置和速度无法同时确定的情况呢？任何一个宏观物体都可以同时确定其速度和位置，为什么微观粒子就无法确定了呢？

理解这个问题的关键在于对微观粒子的认知，我们认为：像质子、电子这样的微观粒子可能就是一个小到只有千分之一纳米的小球。问题就出在这个**“是”**字上，当我们说出“微观粒子就是个小球”时，我们对于这个**“是”**字是没有经过检验的。

我们通过实验，比如将电子打在铺满荧光粉的墙面上，发现墙面上电子的形象就是一个很小的点，于是默认电子必然是一个小球。但是将电子打在墙面上是一个测量过程，这个过程告诉我们小球的位置信息。当测量电子的位置时，它的空间属性是个小球。但测量速度时，我们无法确定在以一定速度运动的过程中，电子是否还是一个小球的形态。

如果抛开“电子是一个小球”的执念，我们就能更好地理解无法同时将两个性质测准这件事。在宏观世界，这样的情况很普遍。比如，体能测试里有两个指标是测心肺功能的：一个是肺活量，另一个是激烈运动后的心率。很显然，这两个指标是无法同时测准的，肺活量必须在平静的情况下测，激烈运动后的心率必然是在激烈运动后，比如跑两圈后再测量。因此，肺活量的测量和激烈运动后心率的测量是不兼容的，你不会觉得这有什么难以理解的。

为什么放在电子的测量上，就会觉得两个物理量不能同时测准如此难以理解呢？因为你已经主观预设微观粒子是个小球。但是只要放下“微观粒子是个小球”的执念，不预设它“是”什么，理解不确定性原理就会变得很简单。对于一个微观粒子，速度和位置这两种测量并不兼容，就像测量人体的肺活量和激烈运动后的心率不兼容一样。也就是说，微观粒子不是一个小球。

不确定性原理的哲学启示

那么微观粒子到底是什么？这是一个非常好的问题。首先回想一下，你如何描述一个东西是什么？本质上，人们描述任何一个物体，所描述的都是这个物体的性质。一个物体具体是什么，体现为它所表现的所有性质的集合。

人们会给宏观物体起各种各样的名字，比如一个苹果，一个球。但是如果要解释什么是苹果，什么是球，只能把苹果、球的性质一条条地描述出来，比如：苹果吃上去是酸酸甜甜的；形状是上面比较大，下面比较小；颜色是红的、绿的等。人们将有这种共性的水果，抽象成为一个概念，叫作苹果。我们说铅球是一个球时，无非是因为它的形状呈现为球形，我们命名这种形状，叫作球。我们之所以对球这个形状有认知，是因为我们用视觉对它进行了“测量”。也就是说，我们对于**物体**是什么的描述，**本质上是对它在不同测量方式下得到的结果的集合的描述。**

在微观世界，对于电子这么小的粒子来说，人们没有视觉这种知觉。宏观物体有确定的颜色、形状，能被肉眼看见，是因为它们的大小尺度比光波的波长尺度大很多，能反射光，但是像电子、原子这样的微观粒子，它们的大小比光波的波长还要小很多，无法反射光，因此无法被视觉感知。基于这种情况，我们无法用小球这样的视觉概念去形容它们。为了感知微观粒子的存在，人们只能通过各种各样的实验去测量它们，通过不同的实验测量得出不同的结果。对我们来说，这些微观粒子就是这些实验测量结果的集合。

这里我们得到启示：在量子力学中，**不能说一个物体“是”什么，只能说这个物体或者系统在某种测量下呈现出某个结果**。而且测量和测量之间，很有可能是不兼容的，也就是说，目标对象很有可能在同一状态下无法给出两个性质的确定结果，这就体现为针对同一量子系统的两种测量之间的不兼容性。

不确定性原理告诉我们：由于位置和速度是不兼容的测量，所以量子系统中不存在确定的微观粒子的运动轨迹。只要认为微观粒子的运动有轨迹，**我们就等于已经预设它是一个小球，从根本上违背了描述量子系统的原则**。

不可对易性（non-commutability）*

通过解量子系统的薛定谔方程，我们可以解出系统以时空坐标为自变量的概率波函数，并且通过波函数，我们可以算出量子系统的各种可测量的物理量。譬如，我们通过解原子中电子满足的薛定谔方程，可以天然地从电子的波函数中算出电子在原子中的能量是量子化的，但这只是数学结论，解微分方程的时候，会发现量子化是数学推理的必然。如果抛开数学，量子系统的这种“量子化”特性，有什么更加本质的原因吗？不确定性原理刚好可以描述这种量子化特性的本质。

量子力学的量子化特性，本质上是说，万物存在最小单元，甚至不同系统的很多物理量存在数值上的最小间隔，不能如一条数学曲线一样连续发生变化，世界是用乐高积木拼出来的，不是橡皮泥捏出来的。普朗克常数的数量级大小就表示了这块最小的“乐高积木”的尺度。

不确定性原理说的是无法同时精确测量出一个微观粒子的速度和位置，但是这种不精确的精确度到底如何呢？就算不精确，至少也应当有一个数值吧？既然世界是由最小构成单元组成的，那么很明显，这种量子系统测量的精确度，最多就是精确到最小单元本身的尺度，因为如果比最小单元的尺度还要精确的话，就说明最小单元依然可分割，这个最小单元就不是最小单元了。因此，约化普朗克常数尺度就应当是不确定性原理所预言的最精确的精确度。不确定性原理的表达式：

$$\sigma_x\sigma_p \geq \frac{\hbar}{2}$$

这里的σ_x表示你去测量一个粒子位置的最小误差，即位置测量的精确度；σ_p则是你去测量一个粒子动量的最小误差，即动量的精确度。这两个精确度相乘，必须要大于约化普朗克常数的一半。如果位置测量无比精确，误差为0，即$\sigma_x=0$，为了让这个不等式成立，则σ_p必须要趋向于无穷大，因为0乘以任何一个有限的数都是0，即一旦对位置的测量极其精确，对于正比于速度的动量的测量就必须极其不精确。不论你如何改变测量方法，测量的总体误差一定不为0，一定存在一个间隔，这个间隔就是量子化的本质。

不确定性原理描述了对于粒子的位置和速度这两个测量的“不可对易”，即这两个测量的操作不可交换。这里的不可对易，应当理解为，一个微观粒子，你先测它的位置再测它的速度，把测到的速度和位置相乘，和先测它的速度再测它的位置，把测到的速度和位置相乘，这两组乘积并不相等。这和数学乘法交换律是不同的，也就是 $a\times b \neq b\times a$。如果你学过线性代数，就会知道，当 a 和 b 是两个矩阵（matrix）时，通常 $a\times b \neq b\times a$，而在海森堡发明的、用以描述量子力学系统的矩阵力学

(matrix mechanics) 中，每一种针对量子力学系统的物理测量，都可以用矩阵来表示，也就是说，矩阵力学的数学形式天然描述了不确定性原理。

这种不可对易，也可以用来理解为什么量子系统存在量子化，我们甚至可以用一个宏观世界的案例来解释。我们想象有一个球体，在球体里建立一个三维直角坐标系 x-y-z，原点处在球心，z 轴指向南北极。假设在球的北极点有一个指向北的箭头，这个时候我们考虑两个操作，分别是让球以 x 轴为转轴顺时针旋转 90°，再让球以 y 轴为转轴逆时针旋转 90°。那么这两个旋转操作是不可对易的，因为你会发现，北极点的指针方向在以不同顺序分别进行两种操作后，是不一样的，两种结果之间会有一个角度差。用这个例子类比不确定性原理，它恰恰表征了量子系统的量子化来源，正是这种对于量子系统测量的不可对易。

第八节

EPR 悖论

不确定性原理与哥本哈根诠释

不确定性原理可以说是量子力学的根基性原理。它无法被证明，只能通过实验归纳总结出来。承认不确定性原理，就相当于承认了哥本哈根诠释。我们可以用不确定性原理来描述哥本哈根诠释。

哥本哈根诠释说的是：**量子系统可以同时处在不同状态的叠加，一旦测量，量子系统会随机地坍缩成为其中一个状态**。也就是测量前后，波函数会发生突变，而且这个过程是瞬时的，没有中间态。

海森堡的不确定性原理说的是：**无法同时精确测量出一个微观粒子的速度和位置**。或者对于微观粒子来说，速度和位置的测量不可交换，用量子力学的专业术语则是，一个满足量子力学规律的微观粒子，速度和位置的测量操作不可对易。此外，不光速度和位置的测量不可对易，还有很多物理量是不可对易的，比如能量和时间。

如何用不确定性原理来理解哥本哈根诠释呢？根据哥本哈根诠释，一个粒子的状态可以用量子叠加态来表示。比如，这个粒子有可能存在于若干个位置，并且每个位置的概率不同，但它们的概率相加必然是 1。同时，这个粒子的速度也处在叠加态。以速度为自变量，可以写下它的概率波函数。

假设我们测量一个粒子的位置，得到一个精确的位置结果。根据不确定性原理，这时它的速度，必然是不确定的。根据哥本哈根诠释，以速度为自变量的波函数必然是多个速度状态波函数的叠加，如果我们立刻去测量它的速度，处在叠加态的波函数会随机地坍缩到其中一个波函数，让我们随机地获得一个速度。按理说，我们现在已经测过粒子的位置了，也随机获得了它在这一时刻的速度，是不是就能预测它下一秒的位置了呢？真实情况并非如此。当测量速度时，粒子的速度虽然确定了，但是根据不确定性原理，它的位置又将变得极其不确定，根据哥本哈根诠释，以位置为自变量的波函数又变成了若干个位置波函数的叠加态。这时再去测量粒子的位置，它会随机地给出一个位置结果，因此我们依然不知道它下一刻会出现在哪里。分析到这儿，我们会发现哥本哈根诠释和不确定性原理是等价的，它们能相互解释。

爱因斯坦的思维实验：量子纠缠（quantum entanglement）

爱因斯坦认为，不确定性原理从根本上否认了因果律。这样的哲学观爱因斯坦是不接受的。爱因斯坦认为，量子力学的随机不是真随机，**一定存在隐变量在决定每次做测量时测得的结果**。波函数即便有坍缩的过程，该过程也必定是连续的。为此，爱因斯坦设计了一个思维实验企图证明哥本哈根诠释和不确定性原理是错误的，这个思维实验叫 EPR

悖论。EPR分别是爱因斯坦（Albert Einstein）、波多尔斯基（Boris Podolsky）和罗森（Nathan Rosen）三位科学家的姓氏首字母缩写。

这个思维实验是这样的：我们想象一个只可能处在状态 A 或者状态 B 的量子系统，根据哥本哈根诠释，这个量子系统的状态可以写成一定概率的状态 A 和一定概率的状态 B 的叠加，这两个概率加起来要等于100%。当测量系统状态时，得到的只是系统处在状态 A 或者状态 B 的具体结果。同理，把两个量子系统放在一起时，可以通过调节系统状态，让二者之间产生关联。

为便于讨论，可以只看两个相互关联的电子，我们把状态 A 理解为电子自旋向上的状态，把状态 B 理解为电子自旋向下的状态，这种相关联的状态叫作纠缠态。有一种纠缠态可以是这样的：两个电子组成的系统的状态可以写成“一定概率的两个电子都处在状态 A 加上一定概率的两个电子都处在状态 B”。现在去测量其中一个电子，如果得到的结果是状态 A，这时甚至不用再对另外一个电子做测量，就可以判断出它也处在状态 A。反之，如果我测量其中一个系统得到状态 B，也可以不用测量另外一个系统就知道它也处在状态 B。

至此，爱因斯坦推导出了一个与狭义相对论矛盾的推论：在上面提到的两个纠缠住的系统中，这种纠缠态与两个系统之间的物理距离并没有必然联系。我们可以让两个系统的距离非常远，这时纠缠的状态依然存在，这里就出现了悖论。

举个例子，我跟你两个人一人手上拿着一个电子，我们让这两个电子处在量子纠缠的状态。你拿着电子坐宇宙飞船去了 1 光年以外，这时，只要测量一下我手中电子的状态，假设它此时处在状态 A，由于我们手上的电子是相互纠缠的，我就能立刻知道你手上的电子也处在状态 A，于是你那边的信息就瞬间被我知道了。这是一种超距作用。但是我们知道，任何信息的传播速度都无法超越光速，超距作用并不存在，它违背了相对论。问题出在了哪里呢？一路追溯上去，只能说**量子纠缠这种状**

图11-7　爱因斯坦和普朗克的信息传递游戏

态不可能存在，哥本哈根诠释是错的。这就是 EPR **悖论。**

量子纠缠超光速吗？

事实上，量子纠缠这种现象是存在的，我们甚至还能利用量子纠缠制造量子计算机（quantum computer）。爱因斯坦的悖论不仅没有推翻哥本哈根诠释，没有否定不确定性原理，反而提出了量子纠缠这种现象以验证其正确性。

爱因斯坦错在哪里呢？难道是相对论错了？可以存在超光速的信息传递吗？问题在于我们对信息的认知。量子纠缠的现象似乎可以让我们瞬间知道几光年以外的事情，但是这种“知道”并非信息，因为它不是确定的。

什么叫信息？对方给你传递的确定的内容才叫信息。比如，我们手上各拿一个纠缠在一起的电子，这时，你去外星寻找水源，我们约定，如果你找到了，就让你手里的粒子处在状态 A，没有找到，就让它处在状态 B。假设你真找到了水源，这时你希望让我也知道，你想让我探测一下我手中的电子，并测得电子处在状态 A。你能做到吗？你做不到。虽然我们手上的粒子处在同一个状态，但是你无法控制我测量时具体得到的是状态 A，还是状态 B。你可以先测量，但你也无法控制测量的结果是什么。如果你得出了状态 A 或者状态 B,我也必然得到同样的答案。正因为无法控制结果，所以，你没有办法“告诉”我确定的信息。

在这个测量过程中，没有确定的信息传递，因此它并不违背相对论。一旦测量之后，我们手上的两个粒子就确定落入了同一个状态，它们之间从此就不存在量子纠缠了。

波函数坍缩过程是连续的

经过爱因斯坦的这番论证，哥本哈根诠释和不确定性原理反而更加牢靠了。但是哥本哈根诠释关于波函数坍缩过程的描述，最近被证明并非完全正确。

2019 年 6 月，耶鲁大学的一个实验团队用巧妙的实验办法，证明了**波函数的坍缩过程不是瞬时的，而是有中间过程的**（即便具体坍缩到哪个波函数是随机的）。但是，一旦决定好要坍缩到哪个状态后，波函数坍缩的过程却是连续的，确实有一个中间态存在。因此，爱因斯坦关于波函数连续性的直觉似乎是正确的。

到目前为止，量子力学的真随机性似乎牢不可破，但是从物理学的角度，应该如何理解它呢？其中，平行宇宙（parallel universe）理论是一种解释方式。

第九节

平行宇宙理论

平行宇宙理论是什么

对于平行宇宙，相信你一定不陌生，它已经被很多科幻小说和电影反复使用，是一个非常神奇的概念。与其说平行宇宙是一个物理学概念，不如说它更像一个哲学观念。它至今未被证实，并且似乎被证实的可能性很小，但它又确实是量子力学不确定性原理的一个合理解释。

平行宇宙理论的最早提出人是薛定谔。薛定谔除了拥有骄人的物理学研究成果以外，也是一位卓越的哲学家、思想家。薛定谔在 1952 年于爱尔兰首都都柏林召开的一次学术研讨会上，做出了关于平行宇宙理论的发言。他在发言前给与会者们打了预防针，请大家做好心理准备，他的发言会让人认为他疯了。

平行宇宙的理论是用来理解不确定性原理的，也可以说是用来解释哥本哈根诠释的。

> 哥本哈根诠释是说，一个系统在测量前处在多个状态的叠加态，一旦测量，只能随机地获得其中一个状态。

平行宇宙理论这样解释波函数的坍缩：并不是因为我们只能随机地获得其中一个状态，也不是因为波函数有坍缩的特性，而是当测量后，所有可能的结果都同时产生了，这些不同的结果对应于多个不同的平行宇宙。

举个例子，你正在参加高考，碰到一道不确定的选择题。这道题如果答对了，你的分数刚好可以过一本线。但是如果答错了，你最后的分数就只能上二本院校。你对这道题实在没有把握，于是拿出一个量子系统并按下开关，对这个量子系统做测量。这个量子系统有四个可能的状态，对应于 A、B、C、D 四个选项。根据哥本哈根诠释，你最终会随机获得四个答案中的一个，其中只有一个答案是正确的。平行宇宙对这个过程的解释是：并不是你注定上一本或二本，而是你做出选择的一瞬间，四个平行宇宙就产生了。四个平行宇宙中，只有一个平行宇宙中的你选对了正确答案上了一本，其余的三个平行宇宙中的你都去了二本。

这就是平行宇宙对于哥本哈根诠释的解释。平行宇宙理论认为：**不**

图11-8　平行宇宙幻想

存在随机的选择，所有的可能性都以新的平行宇宙的形式产生了。只不过作为人类，我们的精神只能与其中的一个结果耦合。因此在我们看来，我们是随机地获得了一个测量结果。

第五维度

平行宇宙的理论打开了一个新的时空维度，叫可能性的维度，也可以被认为是第五维度。

人的感知是存在于四维时空中的，我们应该如何理解第五维度呢？可以把人的一生，或者宇宙的一生，从出生到死亡当作一条线。这是一条时间线，它是四维的，其中的每一个点都有四个坐标，也就是一维的时间坐标和三维的空间坐标。

我们可以通过类比，从几何学的角度定义从一维展开到二维是怎样做到的。在纸上画一条线，它定义了一维；如果要定义二维，办法是让这条一维的线分叉为两条线，这两条线在一起，就定义了二维的平面。定义五维也是一样的。一个宇宙的诞生到灭亡是一条完整的时间线，只要让这条时间线分叉，它就从四维升高到了五维。对于人类这样的四维生物来说，第五维度就是每做一次量子系统的测量分出来的不同的时间线，它是可能性的维度。

宇宙发展到今天，量子过程不计其数，每一次的测量，都对应于新的平行宇宙。这些平行宇宙在相近的时间尺度上是接近的，但是随着时间的推移，宇宙和宇宙之间的差异越来越大，就好像一棵树的树枝，在生长过程中不断地分叉，于是存在无限个你，生活在无限个平行宇宙中。这无限个你，可能人生轨迹完全不同，有不同的职业、不同的性格等。

平行宇宙理论目前还无法用实验证明。虽然也有这方面的研究，但并不是一个主流的研究方向，它更像对哥本哈根诠释和不确定性原理的哲学解释。

至此，我们已经从一般意义上回答了事物的基本构成：万事万物由原子构成。道尔顿和布朗运动证明了原子的存在。通过约翰·汤姆逊，我们知道了原子依然有内部结构，里面有电子。通过卢瑟福散射实验，我们知道原子由原子核和电子构成，电子带负电，原子核带正电。一个原子里，负电的数量（电子个数）等于原子核带正电的质子数。

我们知道了在原子内部，电子围绕原子核的运动是没有明确轨迹的，它的规律由概率波来描述。电子围绕原子核的运动满足薛定谔方程，通过薛定谔方程，我们能够解出电子的能量，得到电子波函数的数学形式。结合电子轨道的能级，以及泡利不相容原理，我们能够理解电子在原子内是如何进行排布的，原子的化学性质就由电子的排布结构决定。

由量子系统的波函数的表述，可以总结出量子力学最基本的原理——不确定性原理。不确定性原理和哥本哈根诠释等价，一个量子系统可以同时处在不同状态的叠加，一旦测量，量子系统随机地坍缩到其中一个状态。

这样一来，我们对于原子的理解已经可以说是比较通透了。这时就要追问，原子核有什么性质？它有没有更基本的结构？既然不同的原子之间性质不一样是因为原子核可以带不同量的电荷，且不同的原子里面的电子数是不一样的，那么原子核是否应该也有内部结构？原子核里有什么？原子核内部的物质，它们的运动规律是什么样的？我们要把研究极小的眼光，再缩小一层，把显微镜对准原子核内部，这就自然而然地引出了一个新的物理学分支——核物理。

第十二章
Chapter 12

核物理
Nuclear Physics

第一节

原子核的内部构成

核物理是干什么的?

核物理的研究对象是原子核。它是与原子物理严格区分的，原子物理将原子作为研究对象，核心目标是研究清楚原子内部电子和原子核的关系，主要是原子中的电子排布结构。电子的性质非常清晰，就是带有一个单位负电荷的粒子，它的质量非常小，只有氢原子核质量的1/1800。如果用千克来表示它的质量，其质量大小为 9.1×10^{-31} 千克。电子的自旋是 1/2 的约化普朗克常数。一个原子中负电荷的数量，就体现为一个原子中有多少个电子。

反观原子核的性质就不那么简单了。首先，原子核带正电荷，其电荷数等于原子的电子数。此外，不同原子核的大小、自旋和质量都有差异。由此可见，原子核的结构要比电子复杂得多。**核物理就是研究原子核物理性质的学科**。

原子核是否可以被拆分成更小的基本组成部分呢？如果可以，原子核由哪几种基本粒子组成？这几种粒子的性质又是怎样的？它们是如何在原子核那么小的空间内相互作用的？这些都是核物理要讨论的问题。我们在中学就学过:原子核是由质子和中子构成的。看似简单的一句话，其背后的发现过程却并不简单。

三种辐射

原子核有复杂的内部结构这一点，科学家们在 20 世纪初通过对放射性物质的实验研究就有一定认识了。

放射性（radioactivity）是指在一定情况下，原子核会释放出一些物质。后来我们才知道，这就是核辐射的过程。核辐射主要有三种：分别是 α 辐射、β 辐射和 γ 辐射。

α 辐射辐射出的物质是氦原子的原子核，氦原子的原子核带有两个正电荷，包含两个质子和两个中子；β 辐射辐射出的物质是电子，大量电子形成电子束；γ 辐射辐射出的是频率超高的电磁波，其能量要比 X 射线高上百倍。

我们说的核污染，指的主要就是这三种辐射污染。这三种辐射能量高，对有机结构的损害非常大。它们可以打断生物细胞中的蛋白质结构，甚至破坏 DNA 链，从而导致基因变异。有些原子核在一定条件下可以释放出这些辐射。越来越多的放射性元素被发现，说明原子核的内部结构相当复杂。

质子的发现

最初，人们还没有发现原子核的存在，只是根据实验知道氢原子是最轻的原子。根据实验，可以测得所有种类的原子质量几乎都是氢原子质量的整数倍，因此，当时的主流意见认为：所有原子只不过是不同数量的氢原子组成的。直到卢瑟福通过散射实验证明了原子核的存在，并且根据约翰·汤姆逊对于电子的发现，我们知道电子的质量与原子核相比是微不足道的。所以，更加合理的说法应该是：所有不同种类的原子，其原子核的质量是氢原子核质量的整数倍。

到了 20 世纪 20 年代，卢瑟福又发现 α 粒子（即氦核）与氮（nitrogen）原子会发生剧烈反应产生氧原子，同时生成一个带正电，且质量和氢原子几乎一样的粒子。这就是质子被发现的过程。也就是说，氢原子的原子核其实就是一个质子。这种产生反应前没有的元素的反应属于核反应。原子呈电中性，不同原子的原子核所带的正电荷的数量等于其所含电子数。由此可以推论不同原子核带的正电荷不同，其质子数也不同。

质子这个名字是卢瑟福起的，他从希腊语中挑了一个词根，叫 protos，意思是原初的、第一的，proton 直译也有第一粒子的含义。粒子的英文命名规律通常是选择一个含义，加上后缀 on 以表示某种粒子。

但是事情没有那么简单。既然氢原子核就是一个质子，那么带有两个正电荷的氦原子的原子核是不是就有两个质子呢？如果真的是这样，氦原子核的质量应当是氢原子核质量的两倍。但事实并非如此：氦原子核的质量是氢原子核的四倍；碳原子核带 6 个正电荷，它的质量是氢原子核的 12 倍；氧原子核带 8 个正电荷，质量却是氢原子核的 16 倍。

重一点儿的原子核的质量并不随着它们的电量等倍增长，而几乎是以二倍的关系增长。也就是说，原子核当中似乎不仅仅有质子那么简单，还有其他的东西存在。

当时比较主流的观点认为：原子核中，除了质子以外还有电子。比如氦原子核，包含四个质子和两个电子。其中，两个电子的负电荷刚好抵消了两个质子的正电荷，余下的两个质子的正电荷使得原子核作为一个整体是带正电荷的。但是为什么只有两个电子可以进入原子核，而原子核外面的电子却不进入原子核呢？这个问题直到中子被发现才解决。

同位素

中子的发现可不是那么容易的。为什么呢？因为我们很难直接探测到中子。要探测到一个微观粒子，本质上是要让这个微观粒子跟实验测量仪器发生相互作用。而这种相互作用中，在早期能用的，几乎只有电磁相互作用。

电磁相互作用就是靠电磁场去影响带电粒子，一旦这个粒子不带电，就无法用电磁场捕捉到它。带电粒子还比较好办，因为一旦运动起来，它在磁场里会受到洛伦兹力的作用做圆周运动。我们可以用类似荧光粉这样的东西让带电粒子打上去发光，电子就是这么被找到的。

中子非常小，跟质子一般大小，质量比质子稍大一些，且不带电，因此要直接探测到中子非常困难。最初人们甚至意识不到中子的存在，认为原子核的质量过大是因为里面有电子中和了一部分质子的正电荷。

但是放射性同位素（radioactive isotope）的发现，让我们意识到原子核里有些不一样的东西。20 世纪 20 年代，科学家们发现了很多放射性元素。这些放射性元素有几十种，原子质量各不相同，而且神奇的是，这些放射性元素可以分类，每一类当中的若干种放射性元素的化学性质完全相同，但质量不同。

元素周期表是按照化学性质的不同进行排布的，既然有多种放射性元素都有相同的化学性质，那它们在元素周期表上的位置应该是同一个。也就是元素周期表上每个位置总有一个元素是最稳定的，其他与之化学性质相同，但是放射性、质量不同的元素，叫作它的同位素。比如正常情况下，碳的相对原子质量（相对原子质量是原子质量与一个氢原子质量的比值）是 12，但是也有碳的相对原子量是 14。碳 -14 的化学性质和碳 -12 完全一样，但是碳 -14 有放射性，碳 -12 没有，它们两个互为同位素。

根据我们现有的知识，既然化学性质相同，那么它们的原子核的带电量应该是相等的。为什么呢？因为一种元素的化学性质完全由它原子内部的电子排布规律决定。所有的化学反应都是电子层的相互融合，不涉及原子核，否则就是核反应了。所以化学性质相同，意味着电子排布结构、原子核所带正电荷数相同。但是同位素的原子核的质量不一样，这就说明不同同位素的原子核，除了正电荷数相同之外，还有一些不同。

中子的发现

知道了同位素的概念，原子核里有质子以外的其他东西，这个暗示可以说是很明晰了。

1930 年，英国科学家查德威克爵士（Sir James Chadwick）发现了中子。他是怎么发现的呢？我们知道，原子核里除了质子以外，还有一些东西。像氦核只带 2 个正电荷，但是原子量为 4。多出来的质子以外的东西，很明显是不带电的，它们就是查德威克发现的中子。

既然中子无法用电磁场测得，那么发现它们比较靠谱的办法就是碰撞。最早有一批德国科学家发现，如果让钋（pō，polonium）元素释放出的高能量的 α 粒子打在比较轻的原子，比如铍（pí，beryllium）原子上，就会产生一种新的辐射。钋是由居里夫妇于 1898 年发现的超高放射性元素，它的放射性比铀都要高许多倍。这种辐射物质不带电，于是当时科学家们觉得它可能是高能的 γ 射线。再用这种辐射物撞击一种石蜡，就会撞击出一系列的质子。查德威克设计了一系列的实验，证明这种从铍元素里反应出来的射线虽然不带电，但是绝非 γ 射线。这是因为 γ 射线毕竟没有那么大的动质量。

查德威克研究了石蜡里面被撞出来的质子的速度等情况，从而得出，铍元素里辐射出来的不是 γ 射线，它是一种不带电、质量比质子稍微重一点的新粒子，并命名它为中子。neutral 在英语中是中性的意思，加后缀 on，则表示它是一个粒子。

既然发现了中子，之前的问题也就迎刃而解了：为什么原子核的质量过大？是因为里面还有中子。因此，在 20 世纪 30 年代，原子核里的成分基本就清楚了：它由质子和中子构成，正电荷数等于质子数。根据一系列的实验和计算可知，基本上原子质量越大的元素，它的中子数就越多。

第二节

原子核如何保持稳定

···●···

原子核是由质子和中子构成的，它们的质量几乎相同。中子比质子略重一点儿，质子带一个单位的正电，中子不带电。既然知道了成分，接下来还要知道它们之间是如何相互作用的。

质子为什么会待在原子核里？

原子核很小，只占整个原子体积的几千亿分之一。换句话说，原子里基本都是空的。尽管原子核很小，但里面还可以容纳多个质子和中子。这些质子和中子也非常小，并且它们之间的距离非常近。这就立刻出现了一个巨大的问题：质子都是带正电的，但电荷之间的关系是同性相斥。氢原子还好，它里面就一个质子，但其他元素的原子核里质子都不止一个。质子和质子之间，应该有强到难以置信的排斥力。但事实上它们并没有因此而分崩离析，那就一定存在一个吸引力能够把质子绑在一起。这个力应该比电磁力还要强很多，否则原子核的结构不会那么稳固。如果这个吸引力大小只是跟电磁力差不多，刚好能把质子绑在原子核里，那么原子核应该随随便便做个实验就能被砸开。

这样一想，你就会明白为什么原子核里需要有中子的存在。如果原子核里都是质子，什么东西能提供强吸引力把质子绑在一块呢？通过研究我们发现：随着原子核中质子数的增多，中子数一定也是增多的，并且中子数会逐渐超过质子数。这个应该怎么理解呢？可以做一个简单的推理：当有两个质子时，需要什么东西把它们绑住？比如我需要一根弹簧连接两个质子，那我们可以把这根弹簧想象成中子，也就是两个质子和一个中子应该也可以形成一种原子核。事实证明存在一种叫氦 -3 的元素，这种元素在月球上很多，是完美的核反应材料。如果质子变成三个，三个质子间两两存在相互作用，为平衡这三组排斥作用就需要三个中子充当弹簧。这就是锂（Lithium）的同位素锂 -6，它有三个质子和三个中子，是锂电池的原料。随着质子数增多，质子之间通过中子两两相互作用的数量就会超过质子的数量。

因此可以预见：随着质子数增多，越重的元素，中子数会越多地超过质子数。尤其是放射性元素，它们的中子数比质子数要多出很多。比如第 92 号元素——铀，它只有 92 个质子，但是中子数可以达到 143—146 个。所以多个质子在超强的电磁斥力下仍然在原子核里保持稳定，一定是因为有什么东西提供了比电磁力强很多的力。根据前面的分析，似乎中子就能做到这件事。

强相互作用（强力）

因为中子不带电，完全是中性的，所以中子提供吸引力这个推论仍然无法令人满意。那么到底是什么样的东西，或者说什么样的机制产生了这种引力呢？这也是日本物理学家汤川秀树所思考的问题。

1934 年，汤川秀树发表了一篇论文。他认为，原子核之所以不会在质子排斥力的作用下分崩离析，依靠的是一种新的力。汤川将这种力命名为强力（后文中也称之为强相互作用），它的强度要比电磁力强 100 多倍，可以轻松地把质子锁在一起。但我们在宏观世界中是感受不到这种强力的，只能感受到万有引力和电磁力。既然强力那么强，那为什么在宏观世界中感受不到呢？汤川秀树认为：虽然强力的强度很强，但是它的作用距离非常短，其有效作用距离几乎就在原子核的范围之内。这就好像一个拳击手的拳头非常有力量，但是他能攻击的范围受制于其手臂的长短。电磁力和引力的大小与距离的平方成反比，这样的力可以作用到无穷远处，但是强力的作用力范围极小。汤川秀树也给出了强力大小随距离变化的公式——汤川势（Yukawa potential）。这个公式其实就是在电势能形式的基础上，再乘以一个衰减函数。它描述了强力对应的势能随距离变化的规律。

$$V(r)=\frac{e^{-\alpha mr}}{r}$$

根据这个公式，我们能发现：当力的作用距离超出原子核的范围时，这个力就衰减殆尽了。所以，一旦质子被撞出原子核，几乎是无法被强力拽回去的。

根据汤川秀树给出的强力公式，我们可以计算出这个力对应的势能。就像我们在前面把中子比作弹簧，既然是弹簧，就有弹性势能，中子也会提供势能，汤川算出来的这个势能，叫汤川势。汤川秀树也因为这个成果，获得了 1949 年的诺贝尔物理学奖。

汤川秀树：介子（meson）

力有了，那么是什么东西提供了力呢？答案并非中子，它毕竟是一种中性粒子。于是汤川秀树预言：应当存在一种新的粒子提供了强力。这个猜测其实是很合逻辑的，我们知道，电磁力其实就是带电粒子间的相互作用力，那么强力当然也可以有自己对应的粒子。

对应于强力的粒子叫介子。我们知道，质子的质量是电子的 1800 倍左右，而经过汤川秀树的计算，介子的质量应该是质子的 1/6 左右。如果把质子、中子和电子统一做归类，电子这类质量的粒子叫轻子（lepton）；质子、中子这类质量的粒子叫重子（baryon）；介子是质量介于二者之间的粒子，所以被称为介子。

介子被认为是携带强力的粒子，它充当了中子和质子之间的黏合剂，让原子核的结构稳定。但是为什么科学家们早年在实验室里只发现了质子和中子，没有直接发现介子呢？因为介子的寿命（通常几纳秒，甚至几纳秒的十亿分之一左右）太短暂，不能够长时间地独立存在，很快就会衰变成其他粒子，这个时间尺度以当时的实验水平是测量不出来的。后来随着实验技术的进步，介子也被顺利找到。介子的种类并非只有一种，有的带电，有的不带电。

有了对介子和强力的认知，我们就理解了原子核的结构是如何形成的。它由质子和中子组成，其中介子提供强力，把质子和中子连接在一起。质子之间又通过中子的连接，间接地结合在一起，形成了原子核。

第三节

原子核的特性

了解了原子核的构造以后，接下来，我们要了解原子核有什么独特的性质，以及我们能用什么办法去研究这些性质。

与化学反应类比

先来看看什么是化学反应。

化学反应本质上是不同元素原子之间的反应。在中学里学过的定义是：凡是产生新物质的反应都是化学反应。比如碳和氧反应，生成了新的物质二氧化碳，这就是化学反应。

化学反应除了要产生新物质以外，还有一个条件，就是不能产生新的元素。还是以碳和氧的反应举例：碳和氧反应前后，都只有碳元素和氧元素，没有其他元素。也就是说，化学对于原子的研究，不会进入原子核层面。

所有在化学层面上产生新物质的反应，其本质是不同原子的电子之间的作用。如碳和氧结合，是因为碳原子和氧原子中的外层电子互相渗透到了对方的电子层结构里，形成了在化学上叫作共价键的东西。当我们研究单个碳原子和单个氧原子时，要理解其中电子的运动规律，只需要对一个原子核解薛定谔方程。但碳氧结合以后，它们共有的电子则要同时对碳原子核和氧原子核解薛定谔方程。解出来的这个双核系统的某些波函数，在化学上我们给了它一个统一的称谓——共价键。所以当我们说到某种元素的化学性质时，完全就是在讨论其原子中电子的排布规律，甚至只是最外层电子的排布规律。

类比于化学反应，核反应就是原子核之间的反应了。核反应也可以产生新物质，但这里的新物质指的是产生了反应前不存在的新的元素。比如氢的同位素氘（dāo，deuterium）和氚（chuān ，tritium）。氢原子核只有一个质子，没有中子；氘原子核有一个质子，一个中子；氚原子核有一个质子，两个中子。氘和氚可以结合成为一个氦原子并放出一个中子，这就是一种叫作核聚变的核反应。由于原子核的结构比原子的结构要稳定得多，并小得多，因此要发生核反应通常需要比较高的能量。

由此可见，点石成金这件事情，在核反应的层面并非不可能，我们要做的就是想办法把硅元素的原子核改造成金元素的原子核就可以了。但在 17 世纪，炼金术是做不到点石成金的，因为炼金术充其量是化学反应，还达不到核反应的等级。

α 衰变

之前我们提过三种辐射：α 辐射、β 辐射和 γ 辐射，它们都属于核反应。

α 辐射，是从原子核中辐射出 α 粒子，也就是氦核的核反应，它会辐射出带两个正电的氦原子的原子核。这背后的原因很简单，就是我们之前讲过的隧道效应。首先，我们要知道 α 粒子是非常稳定的。原子核里的结构并非是每个质子和每个中子之间以同样的强度连接在一起，而是以 α 粒子的双质子加上双中子构成一个局部最稳定的子单元，这些子单元再相互连接在一起。子单元之间的连接，是没有子单元内的连接强的，所以我们可以把 α 粒子单元当成一个整体作为研究对象。

根据前面的分析，虽然质子之间存在排斥力，但是被强相互作用限制住了。打个比方,这个过程就好像 α 粒子在一个坑里想跳出去。当然，这个"坑"在物理上，其实是能量的势阱（potential well）。α 粒子受到电磁力让它有跳出去的趋势，但无奈强力太强，就好像这个坑很深，电磁力作为 α 粒子的弹跳力，无法克服强力的限制使 α 粒子跳出这个坑。但根据量子力学，我们可以知道，即便面对跳不出去的深坑，粒子在量子系统中也有一定的概率可以跳出去，这就是隧道效应。只不过坑越浅，发生隧道效应的概率越大。

α 辐射在较重的原子中惯常发生。比较重的原子，强力给它做成的坑反而是比较浅的。我们可以这样理解：因为强力是个作用范围很小的力，因此越重的原子核，大小越大，强力能够束缚住它的范围有限，所以强力的束缚效果就越差。相反，电磁力是个长程力，不管原子核的大小与否，电磁力的排斥效果都差不多。

综上，当原子核越重、越大时，强力给 α 粒子单元塑造的坑就越浅，它就越容易发生隧道效应。这就不难理解为什么天然元素重到一定程度（现阶段发现到第 92 号的铀元素），再往上就没有了。就是因为太重了之后，强力对粒子的约束力太弱了，束缚不住 α 粒子单元。这样的话，自然就无法保持极重状态的原子核结构了。这就是 α 辐射的基本原理。发生 α 辐射的原子的质子数会减少两个，质量数会减少四个单位。可想而知，发生 α 辐射的元素就变成了其他元素。当然，人造元素可以到第 118 号，也就是 118 个质子。

β 衰变：弱相互作用

比 α 辐射更加神奇的是 β 辐射，它的核反应过程叫 β 衰变（β decay）。β 辐射有两种，分别是放出电子和正电子的辐射。β 辐射的本质是可以让中子和质子之间互相转化。比如，中子发生 β 衰变放出一个电子、一个反中微子以及一个质子，这是标准的 β 辐射。反 β 衰变则是质子放出一个带正电的正电子、一个中微子以及一个中子，但是反 β 衰变是难以自发发生的。

β 衰变的物理原理跟 α 衰变截然不同：α 衰变是强力和电磁力相互博弈的结果；β 衰变的发生则是因为一种不同的力，叫作弱相互作用力（weak force，后文中也称之为弱力）。弱相互作用力是一种非常弱的力，虽然比引力强一点，但是强度远远不及强力和电磁力。因此，弱相互作用力无法跟强力和电磁力抗衡。弱相互作用力的作用范围比强力还小，基本就在单个质子和中子以内。

讲到这里，我们还无法说清弱相互作用力的本质是什么，必须在第十三章《粒子物理》中讲到夸克模型时，才能彻底地解释弱相互作用力。弱相互作用力的概念最早是由“核物理之父”——意大利裔美国物理学家费米提出的。

γ 辐射

γ 辐射的机制比 α 和 β 辐射更容易解释。γ 辐射是原子核里的质子和中子能量状态发生改变时发出的光子。由于原子核中各个核子所处的能量状态很高，对应的能量状态发生改变的差值就非常大，根据能量守恒其所发出的电磁波的能量就很高，因此光子频率极高，成为 γ 射线。γ 辐射的过程不涉及原子核中质子数和中子数的变化，在 α 辐射和 β 辐射的过程中，反应后通常伴随着核子能量状态的变化，这种能量状态的变化往往伴随着 γ 辐射的产生。

总的来说，核反应的过程中，原子核中的质子数、中子数发生变化，也可能中子和质子之间发生了转变。无论是哪种变化，都会改变元素的种类。质子数的改变，会让一种元素变成另外一种元素，中子数的改变会产生同位素。除此之外，还有各种各样的微观粒子产生，如中微子、反中微子等。这些核反应往往伴随着 α、β、γ 三种辐射。当我们去研究一个反应时，它其实是一个黑箱。研究黑箱系统的主要方法是先通过对系统进行输入，然后看相应的输出是什么。这三种辐射就是原子核这个黑箱的输出信号。当然，辐射并非只有三种，还有中子辐射等。

我们用微观粒子轰击原子核或者核反应堆，这些手段都是对原子核进行信号输入。输入以后，看原子核在不同情况下会输出什么。比如辐射的能量、剂量，甚至空间角度，都可以给出更多关于原子核的信息。因此，对于衰变和核辐射现象的研究，是了解原子核性质的核心手段。

第四节

核裂变

原子能的发现和利用可以说是 20 世纪最重要的科技大飞跃之一。其中原子弹的发明虽然不能说是件好事，但客观上确实让第二次世界大战提前结束了。此外，核电站的发明给人类提供了一种全新、高效的能源获取的方式，但是它的隐患也不小。例如 1986 年苏联切尔诺贝利（Chernobyl）核电站的爆炸，以及 2011 年日本福岛（Fukushima）核电站的核泄漏事件，都是人类历史上的重大悲剧。

原子弹以及核电站释放能量的方式都来自同一种核反应——核裂变。

核裂变

核裂变的发现其实是个偶然。

20 世纪 30 年代，几位德国科学家试图通过实验来人工合成各种元素，这可以说是新时代的炼金术。我们知道，原子核无非是由不同数量的质子和中子构成的。原则上只要在原子核里加入新的质子和中子，就能不断造出新的元素。这个过程本来挺顺利的，但当进行到第 92 号元素铀时，科学家们发现无论如何都加不进新的质子和中子，产生新元素了。与此同时，一种新的核反应——核裂变被发现了。因为德国科学家们发现，之所以到铀就没有办法再通过轰击原子核的方法使得更重的元素产生，是因为铀元素发生了核裂变，它分裂成了原子质量更小的元素。顾名思义，核裂变就是让原子核分裂的核反应。用中子轰击铀元素的原子核会产生几种分裂方式，常见的是分裂成钡（barium）和氪（krpton），并释放出三个中子，同时在分裂的过程中释放能量。这些能量是哪里来的呢？有两种解释，它们是等价的。

（1）这些能量是原子核的质子和中子之间结合能的释放。原子核的结合力是强相互作用力，这种力十分强大。介子提供的强力像一根弹簧一样，把质子和中子连在一起。由于强力非常强，可以想象这根弹簧应该非常紧。被充分压缩的弹簧里面储藏着弹性势能，原子核间靠强力连接的这根“弹簧”储存的能量，就是原子核内的结合能。这种结合能就是核能的来源。裂变的过程本质上是让重的原子分裂成轻的原子，这个过程可以理解为很多“强力弹簧”里蕴藏的巨大能量被释放了出来。

（2）基于爱因斯坦的狭义相对论。反应后物质的质量相较于反应前有所亏损，这部分亏损转化成了能量。由于 $E=mc^2$，只要亏损一点点质量就有巨大的能量转化。

链式反应（chain reaction）

核裂变是攫取原子核能量的方式。但是要制造一颗原子弹还需要其他条件，这个条件就是链式反应。当裂变发生时，重原子除了在中子的轰击下会分裂成若干个轻的原子并释放出能量以外,还会放出新的中子。这些新的中子再去轰击周围的重原子，然后发生新的核裂变，新的核裂变又会放出新的中子，这些新的中子会继续轰击新的重原子。就像多米诺骨牌一样,一路反应下去。这种反应模式像一根链条一环环相互连接，所以叫链式反应。只有发生链式反应，核裂变才能从整体上释放巨大的能量。

铀元素能用来制造原子弹，就是因为铀的同位素铀 -235（铀 -235 是铀元素里中子数为 143 的放射性同位素）能够释放拥有足够能量的中子，开启链式反应。正常的铀元素——铀 -238，释放的中子能量不够高，即便打到其他铀原子上，从概率上也无法进行整体的下一轮核裂变。所以原子弹的反应材料通常是铀 -235。

临界质量

有了核裂变和链式反应，理论上原子弹就能爆炸了。但在实操层面上还需要达到一个条件——临界质量。因为存在反应概率的问题，一个铀 -235 原子裂变放出的中子未必全都能打到铀原子上，这取决于它周围的铀原子是不是足够多。因此，要完成完整的爆炸过程，必须要有足够多的铀，这就是临界质量。

原子弹的爆炸原理其实相对简单：在原子弹中放置若干块质量未达到临界质量的铀 -235，爆炸点火的过程就是把这些未达到临界质量的铀合并在一起。一旦达到临界质量，原子弹就被引爆了。

中子减速剂（neutron moderator）

实际操作上，我们还可以通过技术手段增加中子与铀原子的反应概

图12-1 原子弹爆炸

率，这就是中子减速剂的功效。通常来说，核裂变产生的中子速度极快。尽管速度快是好事，能量足够高的中子才能够把原子核打破诱发新的核裂变，但与此同时也存在一个问题——速度越快越难捕捉，这会降低中子击中铀原子的概率，因此需要减速剂。

减速剂通常是石墨和重水。重水（D_2O）就是把水分子里的氢元素换成它的同位素氘，氘有一个质子和一个中子。这些物质放在铀里面，就可以充当中子的减速剂。减速剂的效果是让反应的中子速度减慢，从而增加击中率，但同时不会把中子的速度降到使裂变能够发生的速度以下。

核裂变释放的能量是巨大的，但是对环境造成的污染也很严重。比如被原子弹污染过的地区，其辐射造成的影响百余年都难以消散。核聚变是一种更加清洁的核能，并且它释放能量的效率更高。

第五节

核聚变

我们在“极大篇”第五章《宇宙里有什么》中说过：恒星之所以能发光发热，靠的是核聚变。核聚变同时也是氢弹爆炸的原理。

核聚变

核聚变就是由原子质量比较小的元素聚合成原子质量相对比较大的元素，并释放出大量能量的核反应过程。比如氢弹的原理就是氘和氚发生聚变生成氦，并放出一个中子，同时释放出巨大的能量。

核聚变之所以能产生能量本质是因为结合能。我们可以用前面解释核裂变产生能量的两种观点来理解这个原理。

（1）氦的结合方式，其中质子和中子结合的能量比一个氘加一个氚的结合能要低。根据能量守恒，氘和氚结合成氦的时候，有一部分能量就被释放了出来。由于原子核的相互作用力是强力，强力作为自然界已知强度最强的力，以其为主导的结合能被释放出来时，产生的能量是巨大的。

（2）由于反应后相较于反应前有质量亏损，它要转化成能量。爱因斯坦的质能方程告诉我们，质量转化成能量要乘以光速的平方，这个数值也是巨大的。

点火温度

实际操作中要让核聚变发生，氘和氚必须以非常高的能量相碰撞。这是因为强力的强度太强了，要打开它们的核结构并形成新的结构，必须要有十分强劲的碰撞才可以做到。

核反应发生要求的环境温度必须非常高。温度的高低本质上表征的是微观粒子运动动能的大小，温度越高，意味着这些粒子的运动速度越快。所以从概率上看，高温下粒子发生核聚变反应的概率会增大，从而形成大规模的聚变反应。核聚变不需要链式反应那样的多米诺骨牌效应，需要的就是足够高的温度以保证反应的进行。

制作一颗氢弹的原料是非常容易获得的，氘和氚在海水中就大量存在。因此想要让氢弹爆炸，只要制造足够高的温度就可以，这个温度大约是 1 亿摄氏度。这么高的温度要如何获取呢？原子弹爆炸的中心温度就可以达到 1 亿摄氏度。所以，氢弹的结构并不复杂，就是把原子弹安置在氘和氚的外围，原子弹先爆炸产生足够高的中心温度，自然就会产生核聚变，从而引爆氢弹。

为什么会有聚变和裂变

为什么会有核聚变和核裂变这两种核反应呢？核聚变是轻的元素结合变重，核裂变则是重的元素分裂变轻。之所以会发生这些反应，最核心的原因就是能量最低原理。

任何一个反应会发生，必然是因为反应后相对于反应前的能量更低，更低的能量更稳定。通过观察可以发现：轻的元素想变重，重的元素想变轻。这隐约告诉我们：质量处在不轻不重的中间态时，应该是最稳定的。在元素周期表的中段，存在一种最稳定的元素——铁，它的原子核的单位质量对应的能量最低。所以，其他元素原则上都可以通过裂变或者聚变的方式变成铁元素。

可控核聚变

科学家一直致力于用最好的方式来获得最多的能量，相比于核裂变，核聚变是更加理想的获得能量的方式。

首先，氢弹比原子弹的能量要大得多。这是因为同等能量的释放，核聚变需要的反应物从质量上来看更少，而且核聚变的反应材料很好获取（核聚变的原料，从海水中就可以大量提取），而核裂变的材料则难以获取，要么是人工合成钚 -239，要么就是提炼铀 -235（自然界广泛含有的铀元素是铀 -238，它难以开启链式反应，铀 -235 作为铀 -238 的同位素，在铀矿中的含量极少，不到 1%）。

其次，裂变反应后产生的环境污染比核聚变要严重得多。聚变的反应物中有辐射危害的不过是中子，中子的半衰期（half-life，一半的粒子发生衰变所需的时间）是半个小时左右，比较容易消散。

如果能人工控制核聚变，我们几乎可以获得取之不尽、用之不竭的清洁能源。可控核聚变就是通过人工控制核聚变，使其稳定地释放能量，而不是以原子弹点火的方式爆炸。可控核聚变的目标可以说是人造一个太阳，以此获得巨大的能源。

实现可控核聚变的难度是非常高的。要产生核聚变需要 1 亿摄氏度的高温，目前除了原子弹爆炸可以提供如此高的温度外，还有一种办法，就是激光。但是要把 1 亿摄氏度高温的反应物用容器装载是十分困难的。即便我们能把反应物加热到 1 亿摄氏度，也没有任何材料可以承受这么高的温度。

现在基本都是用磁约束技术来装载如此高温的物质。高温的反应物处于等离子状态，也就是原子里的电子都被拔出来了，所以是带电的。既然带电，它们只要运动起来就会受到磁场的作用。

可控核聚变用的是一种叫作托克马克（Tokamak）的实验装置。这种装置的形状像一个甜甜圈，反应物都在“甜甜圈”里面旋转。它的管道里有超强的且大致垂直于“甜甜圈”平面的磁场，带电的反应物在洛伦兹力的作用下转圈，因此可以被约束，不与其他物体产生实质接触。但是即便如此，要保持高温点火也是十分困难的，因为激光要聚焦在反应物上，而反应物处在高速旋转中，难以维持长时间的高温状态。可控核聚变已经是被研究了几十年的老课题，至今还没有质的飞跃。

不论是恒星中的核聚变、氢弹爆炸的核聚变，还是托克马克装置中

图12–2 托克马克实验装置

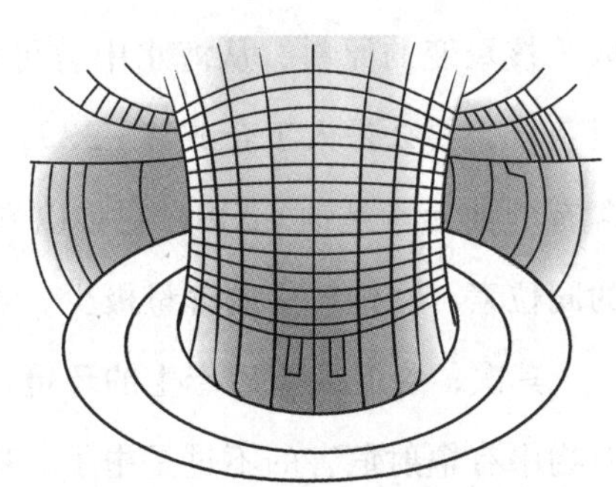

的核聚变，都是热核聚变，通过高温使反应粒子的速度够快，从而达到核聚变的临界点。但核聚变发生的核心是要粒子运动速度足够快，高温不过是使粒子运动速度足够快的手段。原则上，我们只要能够使粒子运动速度足够快，就可以发生核聚变，因此还有另外一种人工核聚变的思想叫"冷核聚变"，顾名思义，就是不借助高温，依然可以使粒子加速到临界点，譬如使用粒子加速器。冷核聚变并非主流的可控核聚变的方案，甚至大部分科学家认为它从操作层面上并不可行。值得一提的是，在很多科幻作品中，冷核聚变是一种常见技术，如漫威的"钢铁侠"（*Iron Man*）系列，钢铁侠胸口的方舟反应炉应当就是一种理想的冷核聚变技术。

至此，我们对核物理的讲解已经完毕。现在来回顾一下，我们在极小这条道路上走了多远。

首先，我们通过研究原子知道了原子的构成，也知道可以通过量子力学，主要是通过解薛定谔方程获得的波函数来描述原子里电子和原子核的关系。

到了核物理的章节，我们研究的尺度就更小了。通过对体积只有原子的几千亿分之一的原子核的研究，我们清楚了原子核是由质子和中子构成的，也知道了质子和中子之间依靠介子提供强相互作用力，从而稳定原子核的结构。但是我们最开始的目标，其实是去寻找构成万事万物的最基本单元。既然是基本单元，到质子、中子和介子这个层面是不够的。既然性质各不相同，那就说明它们还不够基本，我们应该继续探索比质子、中子和介子还要小的基本粒子。

目前我们对基本粒子的探索，都局限于原子核内。我们已经事先假定了原子核的结构。但如果要研究广义上的基本粒子，我们不应当只局限在原子核内进行讨论，而应当考虑它们的广义性质。比如我们还没有讨论过宇宙射线里各种各样的粒子。在粒子物理中，质子和中子并不是最小的基本粒子，还有很多不存在于原子核内的新粒子，我们将用更加广义的方式去研究它们。

第十三章
Chapter 13

粒子物理
Particle Physics

第一节

粒子物理的开端：反粒子

原子物理、核物理的研究对象都是原子以及原子内部，而粒子物理的研究尺度比核物理还要小。为什么我们要关注这么小的尺度呢？首先，是因为，很显然，原子核以内还有质子、中子以及介子这样性质各不相同的微观粒子，既然性质不同，那势必要追问它们有没有更加基本的组成单位。其次，20 世纪 30 年代，由于实验水平的进步，人类观测宇宙射线成为可能。科学家们发现从宇宙辐射到地球表面的宇宙射线里有很多奇特的粒子。粒子物理的范围很广，它把所有基本粒子都作为对象，研究它们的个体性质以及它们间的相互作用。

所以说，粒子物理是更全面的研究基本粒子的物理学领域。

粒子物理要考虑相对论

当我们开始广泛地研究所有基本粒子，而不仅仅局限在原子核中时，微观粒子的物理规律就会复杂得多。比如宇宙中有大量的宇宙射线，这些射线中有各种各样的微观粒子。这些粒子的运动速度极快，甚至接近光速。在高速下，**必须要考虑狭义相对论**。

根据狭义相对论，高速运动的粒子性质会大为不同。我们在“极快篇”

第一章《狭义相对论》的钟慢效应和尺缩效应中提过：高速运动状态下粒子的寿命会变长。因此，要从理论上全面探讨粒子行为，就必须把狭义相对论的效果加入粒子物理的研究中。瑞典物理学家克莱恩（Oskar Klein）、德国物理学家戈尔登（Walter Gordon）以及英国物理学家狄拉克率先做了这项工作。

狭义相对论与量子力学的结合

我们知道，微观粒子都是满足量子力学规律的，它们的波函数可以用薛定谔方程描述。凡是涉及相对论的理论，光速一定是其表达式中的一个必备常数。但是薛定谔方程里没有光速，它不考虑相对论效应，因此，薛定谔方程不足以描述快速运动粒子的量子力学状态。

狄拉克率先把狭义相对论引入了量子力学，但严格来说，狄拉克不是第一人，最早做这项工作的是德国哥廷根大学的戈登和克莱恩。克莱恩-戈登方程研究的是自旋为零的玻色子，狄拉克方程描述的则是自旋为 1/2 的费米子 [除此之外，还有描述自旋为 1 的有质量的玻色子的布罗卡方程（Proca equation）]。

狄拉克利用费米子的特性，成功地把原本非线性的方程变成了线性方程，使其求解变得非常容易，这就是著名的狄拉克方程。

$$i\hbar\gamma^{\mu}\partial_{\mu}\psi - mc\psi = 0$$

狄拉克方程怎么求解不是此处要关心的问题，我们要关心的是它的结论。狄拉克方程解出的每种粒子除了都有一个对应的能量以外，还会解出来一个与之对应的能量为负的粒子，并且这种粒子的负能量绝对值的大小，与正常粒子的能量大小相同。这种情况下，一般人都会觉得这种负能量不符合物理学规律，应该被摒弃。

狄拉克的“反粒子”概念

但是狄拉克并没有就此作罢，而是非常认真地思考了负能量的物理意义，于是他得出了反粒子的基本假设。我们在第十二章中提过：在 β 衰变的过程中，一个中子变成一个质子，并释放出一个电子，以及一个反中微子。这里的反中微子就是中微子的反粒子。

再拿电子来举例，电子带负电，电子有一个带正电的反粒子，叫作正电子。当电子和正电子碰撞时，它们会发生湮灭（annihilation）。湮灭是专有名词，指正反粒子结合在一起就消失了，但是由于能量守恒，它们会转化成能量，以电磁波的形式释放。更广义地说，反粒子是和原来的正粒子量子性质截然相反、质量相同的粒子。

但是负能量是不符合物理学逻辑的。应该如何理解负能量呢？

狄拉克的解释很有开创性。当我们说一个值是负或者正的时候，其实有一个隐含假设：我们心中存在一个零点，比这个零点高的叫正，比它低的叫负。比如说今天是零下 3 摄氏度的时候首先要有一个零度的概念。说一个粒子解出来的能量是负的，其实隐含了我们认为存在一个能量为零的状态。负能量只不过比能量为零的状态能量更低。

首先看一下什么是能量为零的状态。

通常我们认为真空是空无一物的，那么真空所对应的能量就应该为零。而我们谈到负能量，会感觉它的能量比真空的能量还低。其实这不过是参考基准的问题，我们完全可以认为真空的能量不为零。由于正反粒子结合在一起会发生湮灭，我们可以认为真空是正反粒子湮灭以后的状态，也就是正粒子加反粒子等于真空。基于简单的加减，我们可以认为反粒子就是真空里减去一个正粒子。也就是说，我们可以从真空里挖出来一个正粒子，剩下的坑就是反粒子。

比如当我晃动一瓶水，如果这瓶水是满的，这时瓶子中是没有气泡的。但是，如果我从瓶子里挖走一滴水，那我就会在这个瓶子里留下一个气泡。当晃动水瓶时，气泡也会动，它的运动形态就好像一个粒子。

反粒子就像这瓶水里的气泡一样，被挖走的水是普通粒子，留下来的气泡就是反粒子。如果把挖走的水再放回去，它会占据气泡的空间，这瓶水就会变得非常平静，像处在真空状态一样。

这个过程可能比较难以想象，既然真空是空无一物的，怎么从里面挖出东西来呢？

真空对于人的存在，就像纯净的水对于一条一辈子活在水里的鱼一样。鱼认为充满水的状态才是空无一物的状态，这时挖走一部分水，在鱼看来就是水里产生一个气泡。鱼看到的气泡还会往上漂，就像一个物体一样。根据狄拉克的理解，反粒子就像真空这片水中被挖走水滴留下的气泡。这就是狄拉克对于反粒子的解释。所以有一个概念叫“狄拉克海”（Dirac sea），说的就是可以认为真空就好比是一片海洋，正粒子是海水，反粒子是海底，正粒子的海水把反粒子的海底铺满了，所以真空才显得空无一物，但空无一物其实就是被海水充满的狄拉克海。

不只是电子，每个基本粒子都有自己的反粒子，因为只要考虑相对论，解出负能量是必然的。反粒子之间的量子特性是相反的，比如粒子带正电，其反粒子就会带负电。同种的正反粒子相碰会发生湮灭，转化成能量。

狄拉克率先提出了反粒子的概念，并且不久就被实验验证了。人们在实验室里找到了正电子，随后反质子，也就是带一个负电的质子也被找到了。

此处先强调一下，由于狄拉克方程是描述相对论性的费米子的方程，所以我们说的反粒子，特指费米子拥有自己的反粒子。玻色子也拥有自己的反粒子，但是玻色子的反粒子往往是它自己，如光子的反粒子是它自己，胶子的反粒子也是它们自己，但也并非所有玻色子的反粒子是它自己，如主导弱相互作用的 W^+ 与 W^- 玻色子就互为反粒子。这些你现在看来陌生的名字，后文将详细介绍。

用“时间倒流”理解反粒子

关于反粒子的物理意义，还有一层更加大胆的理解：**反粒子无非是时间逆向流动的正粒子而已。**

我们说过，对于微观尺度下的粒子来说，时间的流向无所谓正向或逆向。空间是可上可下、可前可后，可左可右的。时空一体，和空间一样，时间对于微观粒子来说就是个坐标而已。

一个电子在时间正向流动的方式下从 A 运动到 B，和一个正电子在时间倒流的情况下从 B 运动到 A，这两个过程在物理层面上完全等价。在薛定谔方程中，能量和时间以乘积的形式同时出现，也就是 $E \times t = (-E) \times (-t)$，因为负负得正。一个普通粒子在时间中的运动，就相当于一个能量为负的反粒子在时间逆向流动的过程中的运动。所以说，反粒子无非是一个时间倒流的正粒子而已。

反粒子的发现，可以说是打开了粒子物理研究的一扇大门。

这里的逻辑是这样的：若要广义地研究所有基本粒子，则必讨论宇宙射线，以及用对撞实验把粒子加速到接近光速对粒子的结构进行研究；若讨论宇宙射线，以及用加速器加速粒子，则必考虑速度极快、接近光速运动的基本粒子；若讨论接近光速，则必引入狭义相对论；若引入狭义相对论，则会通过狄拉克方程推论出反粒子的概念。

因此，反粒子的概念是极其重要的，如果没有它，很多反应根本就解释不了。比如，我们将永远无法知道 β 衰变过程中产生的是一个反中微子。

卡西米尔效应

抛开反粒子，单纯来看负能量的概念，它应当被理解为比真空的能量更低，也就是说真空并非代表能量为零。真空零点能的存在就很好地说明了这一点。真空零点能说的就是真空的能量并不为零，**真空不空**。

卡西米尔效应就很好地证明了真空零点能的存在。卡西米尔效应的实验装置很简单，把两块金属板靠得非常近，两块金属板之间就会有相互吸引的作用力，并且这并非分子间作用的效果。这种吸引效果就是卡西米尔效应，在这种情况下，两块金属板中间的能量就要比真空的能量低，从比真空能量低的意义上来说，这是一种“负能量”。

卡西米尔效应基于量子力学。根据量子力学的不确定性原理，真空并非长期空无一物，而是不断地发生量子涨落，不断地有正反粒子产生再合并到一块儿。这就好像大海的表面，如果你站在高处俯瞰海面，也许会觉得海面很平静，但是如果靠近了看，会发现海面不断会有水滴跳起来又跳回海面消失。真空跟这个情况类似，不断地有正反粒子，也叫正反虚粒子（virtual particle）出现，叫虚粒子是因为它们是不能够长存的实际粒子，实验中也无法探测捕获，它们更像是量子过程的中间过程，转瞬即逝。这些虚粒子的产生与消失也伴随着量子场（quantum field）的变化，譬如电磁场。

在两块金属板中间，这些由量子涨落产生的电磁场会受到一定的限制，就是因为是金属板，金属中电场无法存在，所以存在于金属板中间的电磁场、电磁波的波长是有限制的。金属板的间隙必须是电磁波波长的整数倍，这样的电磁波才能在两块金属板中存在，否则无法满足电磁波的振幅在金属板处为零这个条件。也就是在金属板当中，只有特定频率的电磁波（量子化的电磁场）是可以存在的。但是金属板的外部却不一样，金属板外部是无限广阔的空间，任何波长的电磁波都可以存在。所以这样一比，就发现两块金属板当中的能量要比金属板外的真空的能量要低，这就是真空零点能的体现。也正是因为如此，金属板中间的能量被认为是负能量。

第二节

夸克模型（quark model）

构成质子和中子的更小粒子：夸克

原子核是由质子和中子构成的，介子提供的强相互作用力克服了质子之间的库仑斥力，把质子和中子绑在一起，从而形成了稳定的原子核结构。当然介子的种类有很多，有带电的，也有不带电的。

质子和中子性质不同，质量却差不多。那么它们有没有什么内部结构呢？答案当然是有的，这就是夸克。

夸克是被称为“粒子物理帝王”的美国物理学家盖尔曼（Murray Gell-Mann）于 20 世纪 60 年代提出的理论。夸克理论说的是：质子和中子都有更小的构成单元。除了质子和中子之外，还有其他的重子，一共 10 种，都分别由三个夸克构成。除此之外，介子应当有 9 种，在盖尔曼的年代有 8 种已经被探测到了。不同的介子分别由一个夸克和一个反夸克构成。

既然质子和中子的性质不一样，那么它们所包含的夸克的种类也不一样。根据盖尔曼的理论，他认为夸克有三种，分别是上夸克（up）、下夸克（down），以及奇异夸克（strange）。它们具体性质的差异体现在质量和带电数量上。其中上夸克是最轻的，下夸克比上夸克重一些，

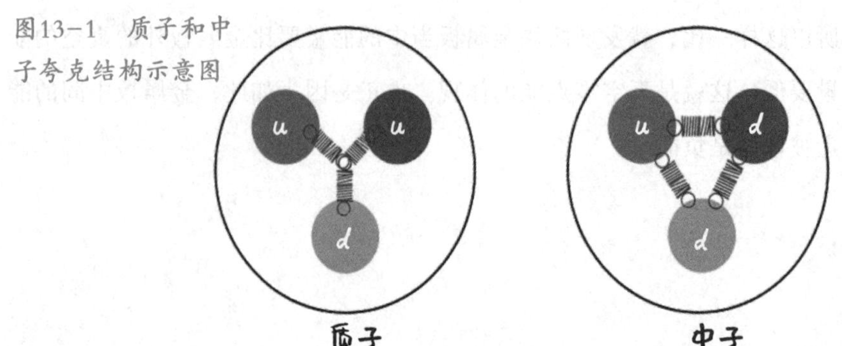

图13–1　质子和中子夸克结构示意图

奇异夸克比它们都重。这些夸克都是费米子，自旋都是 1/2（完整表述是，它们的自旋都是 1/2 的约化普朗克常数，为了方便，只用数字表述自旋大小）。它们的带电数量不一样，上夸克有 2/3 个正元电荷，下夸克和奇异夸克都有 1/3 个负元电荷。

这里你可能觉得奇怪，我们中学学过：元电荷是电荷数量的最小单位。但是元电荷的概念是实验测量出来的，不代表不存在比它更小的电荷单位。只要实验上能测出这样的电荷单位，这就是可能的。

质子由两个上夸克、一个下夸克构成；中子则由一个上夸克、两个下夸克构成。下夸克比上夸克重，所以中子比质子重，这与实验结果是相符合的。上夸克带 2/3 个正电，下夸克带 1/3 个负电，质子电荷数刚好是 2×（2/3）-1/3=1，中子电荷数是 2/3-2×（1/3）=0，这与质子带一个正电、中子不带电的事实相符。

夸克如何构成质子和中子

明明上夸克和下夸克就可以形成质子和中子，那奇异夸克是干什么用的？为什么盖尔曼要提出奇异夸克呢？这里我们先说一下什么是奇异夸克。简单来说，奇异夸克就是奇异数（strange number）等于 -1 的夸克。那什么是奇异数？我要用接下来一段论证来回答这个问题。

这要从粒子物理的研究说起。20 世纪 40 年代开始，很多新粒子被不断发现。可以按照质量把粒子的种类分为三档，分别是：重子，包含质子、中子这样质量较大的粒子；轻子，包含电子，以及在 β 衰变中会产生的中微子这样的粒子，它们的质量很小；介子，它们是质量介于重子和轻子之间的中等粒子。其中，电子的质量是质子的 1/1800 左右，介子的质量是质子的 1/6 左右。

随着实验的进步，有大量的重子和介子被发现。宇宙射线里就有很多奇特的重子和介子，如 K 粒子、σ 粒子等。这样的粒子，算上质子和中子，多达10种。为了把这10种粒子归类，物理学家们花了很多工夫。他们发现，这些粒子之间能发生反应，还可以互相转变。在研究粒子反应的过程中，科学家们发现很多按照理论看来是可以发生但实验中做不出来的反应，也就是有很多“被禁止”（forbidden）的反应。这里的“被禁止”是物理学的说法，应该理解为在实验室中无法实现这些反应，但我们不知道是什么机制让这种反应无法发生。

这里可以借用化学反应来类比。任何一个反应要能够成功发生，都要遵循一些基本的守恒原则。比如一个化学反应因为不涉及核反应，其反应前后元素种类不能多不能少，且反应前后质量守恒，反应前后每种原子的数量不能变。除此之外，反应前后的总带电量是不变的。比方钠离子（Na^+）和硫酸根（SO_4^{2-}）结合生成硫酸钠（Na_2SO_4），由于硫酸钠是不带电的，硫酸根有两个负电，钠离子有一个正电，因此最后的硫酸钠的化学式必须是两个钠离子和一个硫酸根结合，这样才能让总的带电量为0，所以就有了中学里我们都学过的化学方程式配平。

粒子的反应过程也应当遵循一定的守恒律，能量不能凭空产生，也不会凭空消失，所以反应前后必遵循能量守恒。除此之外，电荷数要守恒，因为电荷也不能凭空消失或凭空产生。比方反应前是3个正电荷，2个负电荷，总电荷是3-2=1，那么反应后的正电荷和负电荷的总和也必须是1。当然还有类似于动量守恒、角动量守恒等其他守恒律。

算上所有的守恒，在当时还是有很多反应无法发生。这就启示我们：这些粒子应当有新的性质在反应中是要守恒的，但是我们还不知道，所以才会无法预测这些“被禁止”的反应。**因为守恒律越多，就意味着约束越多，能产生的反应就越少。**

为了解释为什么有些反应无法发生，我们人为发明了奇异数这个概念。规定所有的粒子反应，其反应前后奇异数必须是守恒的。如果不守恒，比如反应前的奇异数加起来是+2，但是反应后的奇异数加起来却是+1，则这个反应无法发生。

有趣的是，在后来粒子物理的发展中，科学家们发现，在很多粒子反应中，实际上奇异数并非严格守恒，只是极其近似为守恒，所以盖尔曼一开始的猜想并非正确，但这依然帮助盖尔曼提出了夸克理论。

通过对存在的粒子反应和无法发生的粒子反应的归纳总结，科学家们发现，奇异数只需要用 1、-1 和 0 三个数字来表达就足以解释所有的粒子反应。有了奇异数这个概念以后，就需要奇异夸克了。奇异夸克就是奇异数为 -1 的夸克，奇异夸克的反粒子，反奇异夸克的奇异数则是 1，上下夸克的奇异数都是 0。

为什么会有夸克理论

夸克概念的提出，恰恰是因为当时发现的重子和介子数实在太多（重子有 10 种，介子则有 9 种）。重子就是那些像质子、中子这样质量比较大的微观粒子。我们最初的目标是去寻找基本粒子。理想情况下，找到的应该是古希腊哲学家德谟克利特提出的真正意义上的“原子”。这个世界上应该只存在虚空和一种“原子”，万事万物都是由“原子”构成的，怎么会越找越多呢？

既然基本的重子有 10 种，介子有 9 种之多，怎么还能说它们是基本粒子呢？如果要继续追求原子论，找到物质的单一的基本组成单元，则这些重子必然有更加基本的结构。因此，盖尔曼提出了夸克理论。

他提出的三种夸克是更加基本的存在。如果仔细列举一下，你会发现：三个夸克在一起，每种夸克都有上、下、奇异三种可能性。不考虑排列的先后次序问题，只考虑组合，那么三种夸克的组合，刚好给出 10 种重子；一个夸克和一个反夸克组成介子，每种夸克也有三种可能，可以给出 9 种介子。

如果你感兴趣，可以自己列举一下。

表13-1　三种夸克组合成10种重子

夸克组成	电荷数	奇异数	重子种类
uuu	2	0	Δ^{++}
uud	1	0	Δ^{+}/p
udd	0	0	Δ^{0}/n
ddd	−1	0	Δ^{-}
uus	1	−1	Σ^{++}
uds	0	−1	Σ^{*0}
dds	−1	−1	Σ^{*-}
uss	0	−2	Ξ^{*0}
dss	−1	−2	Ξ^{*-}
sss	−1	−3	Ω^{-}

除此之外，介子都是玻色子，重子都是费米子。玻色子是自旋为整数的粒子，费米子是自旋为半整数的粒子。这里还蕴含一层逻辑，因为费米子的自旋是半整数，半整数可以拼出整数，比如 1=1/2+1/2，但是整数拼不出半整数，例如你找不到两个整数相加等于 3/2。由于重子是费米子，那么组成重子的更基本的粒子必然也是费米子，因此夸克必须都是费米子。既然重子是费米子，介子是玻色子，以此可以推测：重子里的夸克数应该是奇数，介子里的夸克数就是偶数。所以，重子由三个夸克组成，介子由两个夸克组成等构想，与所有实验测量结果相吻合。

第三节

夸克的种类和性质

重子和介子都由夸克构成

有了夸克的概念，我们就可以讨论它们是如何构成重子的。包括质子和中子在内，总共有 10 种重子。既然夸克之间可以相互结合，它们之间的作用力是什么？简单猜测一下，应该是我们之前说过的强相互作用力,因为弱力和电磁力跟强力相比都非常弱。夸克之间也有电磁斥力，而能把夸克锁在一起的也只能是强力了。强相互作用力把夸克绑在一起，三个为一组，形成了重子。由于每一种夸克的性质各不相同，因此组合之下形成的 10 种重子性质也各不相同。比如有一种重子，叫 Δ^{++} 粒子，就有两个正电荷，它由三个上夸克组合而成。

有了夸克的概念，我们就可以理解介子如何提供强力了。介子都由一个夸克以及一个反夸克组成。其中，反夸克是夸克的反粒子。当质子和中子接近时，它们内部的夸克相互作用形成介子，通过交换介子产生了强相互作用力。这就是夸克形成重子、介子，以及产生强相互作用力的过程。并且此处的夸克与反夸克结合而成介子，并非一定是同种的夸克和反夸克,可以是一种夸克和另一种夸克的反夸克在一起形成的介子。

但重子的种类远远不止 10 种，介子的种类也远远不止 9 种，只是在当时的条件下只发现了这些。

表13-2　介子列表

夸克组成	电荷数	奇异数	介子名称
$u\bar{u}$	0	0	π^0
$u\bar{d}$	1	0	π^+
$d\bar{u}$	−1	0	π^-
$d\bar{d}$	0	0	η
$u\bar{s}$	1	1	K^+
$d\bar{s}$	0	1	K^0
$s\bar{u}$	−1	−1	K^-
$s\bar{d}$	0	−1	$\bar{K}^0$
$s\bar{s}$	0	0	η'

此处你应当会有一个疑问，为什么介子还可以由同种夸克的正反粒子组合而成？互为正反粒子的夸克在一起不应当湮灭吗，为何还可以形成介子？这里其实涉及了量子力学中的一个概念——束缚态（bound state）。

其实我们对于束缚态并不陌生，原子中的电子就处在束缚态，我们通过求解电子在原子中的薛定谔方程，解出来的就是量子化的能级，当电子处在这些量子化能级的时候就处在束缚态。电子在原子核正电荷提供的电磁吸引力的作用下被束缚在原子之内。同理，一个夸克和它的反夸克，所带电荷是相反的，那我们同样也可以把它们处理成类似于原子核带的正电荷与电子带的负电荷之间的吸引，唯一差别是原子核要比电子重很多，所以在解原子中电子波函数的时候，我们把原子核看成处在中心不动，但是夸克与反夸克则是双方的运动都要考虑，因为它们的质量是相等的。但是类似的处理方式会告诉我们，夸克和它的反夸克之间，由于所带电荷大小相同，符号相反，所以它们也可以形成类似于原子中电子和原子核的束缚态。只不过这种束缚态不稳定，倾向于发生湮灭，所以这也是为什么像 π^0 介子这样的粒子的寿命只是 π^+ 和 π^- 介子的三亿分之一左右，因为 π^+ 和 π^- 介子并非由同种夸克的正反粒子组成，没有湮灭的倾向。

接下来就有了一个问题：为什么最多是三个夸克形成重子，两个正反夸克形成介子？为什么不能是四个、五个夸克组成更重的粒子呢？我们依然沿用之前的经验来回答这个问题。既然多了一个限制，就应该多一个约束条件。

夸克之间的强相互作用：色

为了创造新的约束条件，我们要给夸克增加新的性质。这个新性质叫作色荷。我们规定：每种夸克都可以带一个量子属性——色。类比于电荷，色也叫色荷。

色荷一共有三种，借用了光的三原色的概念，这三种色分别是红、绿、蓝。当然，这里的“红绿蓝”只是三个名称而已，不是真的红色、绿色和蓝色。夸克的大小远小于光波波长，是不会存在真实的颜色的。

好比电荷的作用是提供电磁力，色荷的作用就是提供强力，所以强力，也叫色力（color force）。这里色提供强相互作用力的机制，本质是因为它们交换了一种叫胶子的粒子，我们将在第十四章中讲解。研究色的性质的理论，叫色动力学（chromodynamics）。我们有正电荷和负电荷两种电荷，色荷有三种，就像地球上的生物大多有两种性别——雌性和雄性，但可能某个外星上的生物有三种性别。著名的科幻小说家阿西莫夫的小说《神们自己》（*The Gods of Themselves*），就描绘了一个平行宇宙中的文明拥有三种性别，其中每两种性别交配都可以产生后代，三种性别一起交配就会产生最高级的生物。

有了色的概念以后，我们规定：任何能够在时空中存在的重子必须是白色的。这里的白色类比三原色的概念，红、绿、蓝三色光混在一起就是白色。也就是说，任何一个重子里面的三个夸克，必须分别带红、绿、蓝三色，这样的粒子才能稳定存在。这就是为什么是三个夸克组成一个重子。因为如果是四个夸克，就没有办法凑成白色。介子是由一个夸克和一个反夸克组成的，反夸克的色是反色。如一个红色的夸克，它的反夸克就是反红色。红色和反红色结合在一起互相抵消，最终也是白色。

这也说明了为什么在实验里从来都没有发现独立的夸克，恰恰是因为单独的夸克只有单色，它不是白色，所以无法独立、稳定地存在。实验里从来没有找到过独立的夸克的现象，对应了一个概念——夸克禁闭，也称色禁闭 (colour confinement)。色禁闭现象说的就是，夸克无法独立存在，我们无法通过实验手段分离出独立的夸克，但是也有理论预言，在能量极高的情况下（2 万亿开尔文的高温），夸克有可能被分离出来，当然这还没有被证实。

如果我们真的尝试去分离夸克，譬如我们想把一个介子里的正反夸克分开，那这个分离的过程可以这样认为：正反夸克之间通过胶子连接，就好像有一根弹簧连接着它们，当你试图往外拉，想把“弹簧”拉断从而分离出两个夸克的时候，弹簧不是被你拉断了，而是在断点处会形成一对新的正反夸克粒子对，新的正反夸克粒子对与原来的正反夸克两两配对形成两个新的介子，但就是不会让你得到一个单独夸克。

夸克之间能相互转化：味（flavour）

我们现在知道：色负责提供强力；夸克都带电，所以能提供电磁力；夸克都有质量，因此也能提供引力，只不过这个引力非常弱。除此之外，我们在第十二章提到了一种核反应——β 衰变。β 衰变的原因是弱相互作用力的存在。既然 β 衰变是中子的行为，中子又由夸克组成，那么从夸克层面上看，β 衰变的机制是什么呢？换句话说，弱相互作用力和夸克有什么关系？这就对应了夸克的另一个性质——味。

就盖尔曼的理论来说，夸克的种类有三种，分别是上夸克、下夸克和奇异夸克。这里的“上”“下”“奇异”就是用来区分夸克种类的味。

夸克的味是主导弱相互作用的关键，所以 β 衰变的发生依靠味。在 β 衰变的过程中，中子转变为质子，本质是中子中的一个下夸克的味从下变成了上。这个夸克的味发生了转变，所以才有了 β 衰变。

六种夸克

本来到盖尔曼这里，一切看似很美好。夸克有三种，对应于三种味：上、下、奇异。夸克有色荷，色可以是三种：红、绿、蓝。独立存在的粒子必须是白色的，比如重子，以及由夸克和反夸克组成的介子。但是 1974 年的时候，粒子物理界发生了一件大事，后来被称为 11 月革命。

美国华裔物理学家丁肇中（Samuel C.C. Ting）与美国物理学家里克特（Burton Ricthter）领导的两个实验小组，各自独立地发现了一种非常奇特的介子。这种介子的质量非常之大，甚至是质子的三倍。它的质量完全不像一个介子，是一种前所未见的新介子。

这种介子后来被证明是由一种新的夸克和它自身的反夸克组成的。这种夸克有不同的味，后来被命名为粲夸克（charm）。它有 2/3 的正电荷以及 1/2 的自旋，但质量非常大，甚至比质子的质量还要大。丁肇中把这种介子命名为“J 介子”，里克特则是把它命名为 ψ 介子，所以这种介子叫作 J/ψ 介子，丁肇中与里克特也因为这项发现共同获得了 1976 年的诺贝尔物理学奖。但是粲夸克还不是最后的夸克，随着实验水平的进步，又有两种新的夸克被发现了，它们是质量更大的顶夸克和底夸克。这三种新的夸克，说明可能存在更多新的重子和介子，它们也大多在实验室里被找到了。

至此，我们对基本粒子的理解又进了一步。原子核里的情况我们都清楚了，甚至重子、介子我们都有所了解。总的来说，有 6 种夸克组成了所有的重子和介子，每种夸克都可以拥有三种不同的色。当然，这里还包含了它们的反粒子。算上反夸克，一共有 36 种夸克。重子和介子可以统称为强子（hadron），因为它们都是夸克通过强相互作用力结合在一起而形成的。

但是不要忘了，除了强子以外还有其他种类的粒子。宇宙中并非所有的粒子都由夸克组成，其他比较轻的基本粒子，比如电子，目前看来跟夸克和强力没有直接关系。通过对夸克的学习和了解，我们知道了如何去解释那些质量比较大且参与强相互作用的粒子。但是还有一大批粒子，并不参与强相互作用，它们是另外一批粒子，叫作轻子。

第四节

中微子

讨论完了夸克，我们来看看基本粒子家族中的另外一组成员——轻子。

按照质量的大小，可以将基本粒子由重到轻分为三类，分别是重子、介子和轻子。但是随着粒子物理学的发展，这样的分类就变得不那么合理了，因为重子和介子都是由夸克和反夸克通过强力联系在一起的，根据夸克模型，它们都可以被归类为强子。

实验目前探测到的轻子一共有 6 种，都不参与强相互作用。如果算上它们的反粒子，一共有 12 种，其中包括最常见的电子，以及在第十二章《核物理》中讨论 β 衰变的时候讲过的中微子和反中微子。

电子和中微子确实是非常轻的，但是其他的轻子，比如 τ（tào）粒子，它的质量近乎质子的两倍，所以，再用质量的大小来划分粒子的种类就不那么合适了。既然不能用质量的大小来划分粒子的种类，又应该怎么划分呢？答案是通过作用力。我们知道，夸克同时具有强相互作用力、电磁相互作用力和弱相互作用力，也就是夸克同时具有色、电、味。所以由夸克组成的粒子，原则上都同时具有这三种相互作用。轻子就不一样了，轻子只能参与电磁相互作用和弱相互作用。强子和轻子的主要区别就是强子可以参与强相互作用，轻子不行。

如果轻子只有电子，那么只要研究清楚夸克，粒子物理的研究就差不多了。但中微子的发现，可以说是直接开启了粒子物理的新篇章。

β 衰变中的诡异现象

中微子的发现道路非常曲折，因为它实在是太轻、太小了。中微子的质量只有电子的几百万分之一，实验中一开始根本没有办法直接探测到它，并且中微子的质量具体是多少，我们还不清楚，只知道它的静质量十分接近于 0，但并不是 0。

既然实验上探测不到，我们又是怎么意识到中微子的存在的呢？这要从第十二章说到的 β 衰变开始。最早 β 衰变现象被发现的时候，人们连中子的存在都不知道。我们只知道有这样一种反应：一种粒子 A 经历了一个核反应，可以转化成一种粒子 B，并放出一个电子。根据电荷守恒，B 粒子肯定要比 A 粒子多一个正电荷，这种核反应就是 β 衰变。

但是在研究 β 衰变的时候，出现了一件非常诡异的事情。我们知道，任何反应都要遵循一定的守恒律，比如反应前后的能量和动量必须守恒。但是如果去测量 β 衰变反应前后的能量，会发现有一部分能量凭空消失了。从实验结果上看，一个 A 粒子反应后只放出了一个 B 粒子和一个电子，没有其他的粒子被放出来，但是反应后 B 粒子的能量和电子的能量加起来却比 A 粒子的能量小，这个现象十分奇怪。

能量守恒定律虽然无法用演绎法证明，但是它一直被认为是一条铁律。据说当时著名的物理学家玻尔，已经准备要放弃能量守恒定律了。

中微子是什么?

著名奥地利理论物理学家泡利认为，这种能量消失的现象应该被解释为还有一种新粒子产生。只是这种粒子是电中性的，并且质量非常小，以当时的实验手段，人们根本探测不到它。

泡利一开始把这种粒子命名为“中子”，那时我们现在知道的中子还没有被发现。直到查德威克发现了中子，才把中子的名字给占据了。但这毕竟只是泡利的一个猜想，并没有被证实，玻尔还曾经反对过泡利的这个假说。

后来，著名的意大利裔美国物理学家费米提出了弱相互作用的概念。

他认为是弱相互作用主导了 β 衰变，同时预言了泡利提出的新粒子的存在，并将其命名为中微子。这其实是意大利的命名规则，在一个性质后面加 -ino，表示很小的意思，因此 neutrino 被翻译成中微子。后来我们才知道，β 衰变后产生的中微子其实是一个反中微子。

中微子如何被验证？

即便发展到了费米的理论，长期以来，中微子、反中微子也只是一种假说。它不过是因为科学家们深深相信能量守恒定律的正确性，而不得不加上去的。根据理论预言，中微子非常小，并且不带电，实验中要找到它非常困难。直到 20 世纪 50 年代，两位美国物理学家柯万（Clyde L. Cowan）和莱因斯（Frederick Reines）才用大规模的实验仪器找到它。

要通过实验找到中微子，首先要推测中微子的性质。中微子很小很轻，单个中微子跟实验仪器的反应非常弱。如果要直接找到中微子，必须要有大量中微子集中在一起才行。柯万和莱因斯的实验就利用了核反应堆来产生大量中微子。

核裂变本质上是发生大量的 β 衰变的过程。因为 β 衰变发生的次数足够多，所以核反应释放的能量极大。如果确实如理论预言，β 衰变有反中微子产生，那么核反应堆产生中微子的数量应该是巨大的。

我们在第十二章《核物理》中说过，β 衰变本质上是一个中子在弱力作用下变成一个质子，并释放出一个电子和一个反中微子的过程。如果反中微子真的存在，用它以足够的能量去撞击一个质子，就有可能让 β 衰变的过程逆向进行，生成一个中子和一个正电子。这个用来探测中微子的物理过程，最早由中国物理学家王淦昌提出，王淦昌于 1942 在美国的学术期刊《物理评论》（*Physical Review*）上发表了一篇名为《关于探测中微子的一个建议》的文章，其中便叙述了类似过程。

中微子探测的反应过程：

$$\bar{\nu}_e + p^+ \rightarrow n^0 + e^+$$

柯万和莱因斯实验的目标，就是让大量的反中微子撞击质子，观察是否能产生正电子和中子。首先，核反应堆的 β 辐射产生大量的反中微子解决了中微子源的问题。接下来，需要大量的质子作为被反中微子轰击的对象。很显然，水分子里有大量质子，于是柯万和莱因斯用一大缸纯净的水来提供质子。如果反应成立，实验会产生中子和正电子。正电子是电子的反粒子，两种粒子碰到一块儿会发生湮灭，放出两个方向相反的 γ 光子。

柯万和莱因斯在水缸边放置了一种接收到 γ 射线会发光的特殊溶液来探测实验产生的光子。除此之外，还要探测反应放出的中子。中子的探测用的是一种特殊物质——氯化镉。氯化镉跟中子反应后，里面的镉元素会变成镉的同位素，再释放一个 γ 光子。也就是一个反中微子的反应可以发出三个 γ 光子，前两个反应较快，后一个反应比较慢。正如两位科学家所料，他们确实通过实验探测到了三种 γ 光子，前两个几乎同时出现，后一个的出现隔了几微秒，由此验证了反中微子的存在。这项实验开始于 1951 年，成果发表于 1956 年，柯万于 1974 年英年早逝，享年 54 岁，莱因斯则于 1995 年获得诺贝尔物理学奖。

至此，轻子家族又多了一员——中微子。但是这还远远不是最终答案，中微子的种类可不止一种，并且除了电子以外，还有非常像电子但又不是电子的其他轻子。

第五节

轻子的种类与特性

…•…

到目前为止，人们一共发现了 6 种轻子。电子和中微子是其中 2 种，其他 4 种是怎么发现的呢？这里还要重新提一下在第十二章中讲到的日本物理学家汤川秀树。

μ 粒子

汤川秀树最早提出了介子的概念。他认为质子和中子之间依靠介子的交换提供的强相互作用力才结合在一起，形成稳固的原子核。通过计算，汤川秀树得出介子的质量应该是质子和中子的 1/6 左右。要验证这个理论的正确性，就要通过实验去寻找介子的存在。但是介子在实验室中一直没有被找到，甚至汤川秀树本人都开始怀疑介子的理论是错误的。

最后，介子还是在宇宙射线中被找到了。为什么是宇宙射线？介子在实验室里很难找到的一大原因是它的寿命太短，很容易衰变成其他粒子。但是，宇宙射线里的介子速度接近光速，根据相对论的钟慢效应，快速运动的介子的寿命在地面观察者看来会变长不少，所以可以被探测到。1937 年，有两个团队分别通过对宇宙射线的研究，找到了符合汤川秀树描述的介子。

本来一切似乎都很美好，但在 1946 年，罗马的一项关于宇宙射线的研究呈现出了比较奇怪的结果。我们知道，介子提供强相互作用力，也就是介子应当与原子核有非常激烈的反应，因为原子核存在的本质原因就是强力。但是罗马的实验结果显示：宇宙射线中一些很像介子的粒子，它们与原子核的反应却非常微弱。也就是说，这种很像介子的新粒子不参与强相互作用，很明显，这不是汤川秀树预言的介子。

经过仔细的研究，一种新粒子被发现了，这就是 μ 粒子。这种粒子的质量跟介子很接近，带一个负电荷，也是 1/2 的自旋。除了质量比电子大不少以外，其他的性质基本和电子差不多。

μ 中微子

有了 μ 粒子之后，轻子家族又多了一个成员。μ 粒子可以衰变，比如 μ 粒子可以衰变成一个电子、一个中微子和一个反中微子。

但很快就出现了一个新问题。我们知道，一个粒子和它的反粒子一旦结合就会发生湮灭，放出光子。既然一个 μ 粒子可以衰变，那么反应产生的中微子和反中微子应当可以湮灭成光子。神奇的是，任何实验当中，我们都没有发现一个 μ 粒子可以变成一个电子和两个光子的情况。

这说明，这个反应里产生的中微子和反中微子不属于一个类别，中微子不应该只有一种。于是，科学家们发现了一种新的中微子——μ 中微子，它是伴随着 μ 粒子的中微子。这样一来，轻子家族就有了 4 个成员，分别是电子、中微子、μ 粒子和 μ 中微子。

β 衰变里的中微子，其实是一种更具体的中微子，叫反电子中微子。由于电子中微子是第一个被发现的，所以说到中微子，不特别强调的情况下指的就是电子中微子。电子中微子在粒子的反应中总是伴随着电子出现，μ 中微子总是伴随着 μ 粒子出现。

τ 粒子与 τ 中微子

1971 年，华裔物理学家蔡永赐（Yung-Su Tsai），通过理论预言提出了一种新的轻子——τ 粒子。相应地，τ 粒子也应该有自己的中微子——τ 中微子。τ 粒子和 τ 中微子分别在 1974 年、1997 年相继被找到。

τ 粒子是一种非常重的轻子，它的质量接近质子的两倍。τ 粒子是通过电子和正电子的碰撞反应找到的。正电子是电子的反粒子，它们碰在一起的时候，可能会发生湮灭。如果两个粒子的能量足够强，也有可能产生新的粒子，这种粒子就是正、反 τ 粒子。τ 粒子带一个负电，反 τ 粒子带一个正电。正是因为 τ 粒子的质量足够大，所以必须要能量足够强的电子和正电子才能够把这部分能量转化成正、反 τ 粒子的质量。

至此,6 种轻子已经都找到了,它们跟夸克家族一样都有 6 种:电子、电子中微子、μ 粒子、μ 中微子、τ 粒子和 τ 中微子。

中微子振荡（neutrino oscillation）

6 种轻子中的 3 种中微子（电子中微子、μ 中微子、τ 中微子）非常神奇，它们之间可以相互转换。一种中微子可以在一定时间后变成另外一种中微子，这种现象叫作**中微子振荡**。中微子振荡背后的具体原因目前还在研究过程中，并无公认的定论。

中微子振荡的现象可以追溯到对太阳的研究。太阳内部的核反应，总的过程是四个氢结合成一个氦，当然中间有比较复杂的过程。要验证太阳内部的反应是否真的是上述过程，需要通过实验来完成。其中一大验证的方法，就是研究太阳内部核反应所产生的粒子。我们在地球上对太阳做研究也只能研究太阳光，但是由于太阳内部的反应过程非常多，中心核反应产生的光子要从内部射到表面,这个过程需要长达千年之久。

在这些核反应的过程中，有大量的电子中微子产生。为了方便，我们接下来说到中微子，指的就是电子中微子。中微子非常小，非常轻，质量几乎接近于 0，且中微子不带电，不参与电磁相互作用，所以中微子一旦产生，可以不受阻碍地从太阳内部射出运动到地球表面。中微子的速度非常接近光速，几乎就是以光速运动，所以新产生的中微子射到地球上也只要 8 分多钟。通过计算，我们可以测出每秒钟单位面积有多少中微子可以射到地球表面。这个结果是每秒有一千亿个中微子射到一个指甲盖的面积，数量极其庞大。

如果真的测量从太阳里射出来的中微子数，我们就可以判断太阳内部的核反应过程到底是怎样的,这能帮我们更多地了解太阳内部的情况。最早在 1968 年，美国物理学家戴维斯（Ray Davis）给出了第一个关于太阳中微子的实验结果，但这个结果却让人十分意外。戴维斯探测到的中微子数量仅为理论计算的 1/3 左右，这就是著名的太阳中微子问题。也就是 2/3 的中微子，在传播的过程中不见了。

当时大部分物理学家以为是实验做错了，都没当回事。随着实验的精确度提高，大家开始认真对待这个问题——是真的有那么多中微子不见了。1968 年，意大利物理学家布庞蒂科夫（Bruno Pontecorvo）提出了一个非常简单的理论。他认为中微子存在振荡现象，也就是随着时间的推移，一种中微子会变成另外一种中微子。太阳里射出的中微子，在传递到地球上的过程中，有一部分已经转变成其他中微子（如 μ 中微子和 τ 中微子）了。所以，我们无法探测到像理论里预测的那样多的电子中微子。如果再让它传播一定时间，那么这些中微子又会转回来了，就像一个周而复始旋转的时钟一样。

中微子振荡的理论一开始仅仅是预言，直到 2001 年才被日本的一个大规模实验设施验证。这个实验设施就是著名的超级神冈探测器，简称 Super-K。这个探测器建立在地下 1000 米深的一个废矿井中，之所以建在这个位置，是为了屏蔽除了中微子以外的其他宇宙射线的影响。神冈探测器在 2001 年证实了中微子振荡现象。

切伦科夫辐射

超级神冈中微子探测器探测中微子振荡的方式，是通过中微子与质子反应后产生的切伦科夫辐射实现的。

切伦科夫辐射可以被理解为一种介质中的超光速。我们知道，光在介质里的传播速度要比真空中的传播速度低，譬如说光在玻璃里的传播速度只有真空中光速的 2/3，光在水里的传播速度是真空中传播速度的 3/4。在这样的情况下，电子在水中的运动速度是有可能超过水中的光速的。

我们曾经在“极快篇”讲过，在超声速过程当中，会有新的阻力来源，叫作声障，原因是声源速度突破声速，这时候，由于局部能量密度超高，会产生声爆，声爆是一种高能的机械冲击波。

切伦科夫辐射就是当介质中的电子运动速度超过介质中光速的时候产生的一种辐射，它的原理跟声爆的原理是类似的，电子在运动的时候产生电磁波，电子可以被认为是光源，它的运动速度超过电子在水中激发出的电磁波的速度，就会产生切伦科夫辐射。在核反应堆中，切伦科夫辐射是很常见的，它会发出蓝光。超级神冈探测器就是通过探测中微子和质子反应以后产生的切伦科夫辐射的特性来验证中微子振荡的。

切伦科夫辐射现象是由苏联物理学家切伦科夫（Pavel Cherenkov）提出的，他于 1958 年因该项研究获得了诺贝尔物理学奖。

第六节

粒子物理的实验方法：对撞机

夸克是如何被验证的?

夸克模型刚被提出的时候，最大的问题就是无法做实验去验证。从之前的推论可以看出，夸克模型的提出，完全是为了应对重子数过多的问题凑出来的。在凑数的过程中，我们不得不人为地加上很多在测量中无法直接获得的性质，比如奇异数、轻子数等。

夸克无法被直接探测，是因为独立存在的粒子必须是“白色”的。夸克具有色荷，单个夸克不是白色，因为夸克禁闭的存在，无法直接在实验室中获得它们。但我们可以通过间接的方法来探测夸克，这就要回到最早发现原子核存在时用的方法了。当时，卢瑟福用氦核去轰击金箔，然后研究氦核的散射情况。他发现只有一小部分氦核是反弹的，大部分穿过了，且有一些偏折的角度。因此他推测：原子不是葡萄干蛋糕结构，而是绝大部分质量集中在核心，原子核非常小。

即便无法直接捕捉到夸克，也可以用类似的方法来证明夸克的存在。如果我们能证明质子或中子中确实有三个子单元存在，那么也能推论出夸克理论的正确性。

夸克理论是这样被证明的：用能量极高的电子去轰击质子，根据电子偏转的方向，结果推理出质子当中确实有三个质量集中的团块。如果确认了团块的数量是三，并且在质子和中子之内，比质子和中子更基本，那么其他的电性质、自旋性质大多是必然的导出了。

对撞机的基本原理

夸克理论的证明过程引出了粒子物理实验的一个基本方法——撞。原子核的结构非常稳定，要发生核聚变需要足够高的温度，本质上就是要让原子核的动能极大。如此高的能量能打破原子核原本稳定的结构，迫使它们形成新的原子核。

粒子物理做实验的基本方法，就是把这些微观粒子加速到非常快。快到什么程度？极度接近光速，比如 99.999% 的光速，再让粒子之间发生激烈的碰撞。越接近光速，粒子能量越高，就越有机会撞出新东西。对撞机的作用是把粒子加速到能量极高的状态，所以粒子物理也叫高能物理。

带电粒子和中性粒子的加速原理是完全不一样的。带电粒子的加速比较简单，因为它带电，可以通过电场让它不断加速。但是粒子被加速以后的速度非常快，接近光速后能在很短时间内运动很长的距离。为了观察这些高速粒子，我们不能让它们加速完就飞走了，要让它们在一个有限范围内活动。因此，对撞机主要是环形的（也有直线加速器，比较著名的是美国斯坦福大学的直线加速器），通过电场让带电粒子加速，

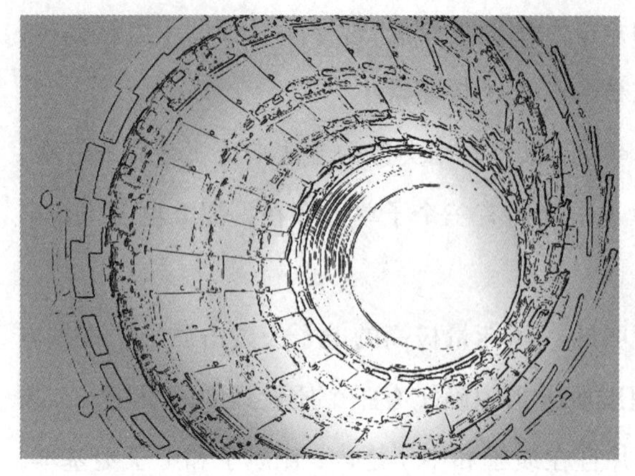

图13-2 LHC的内部管道图

并且让这些粒子在环形的管道中运动。

如何让这些粒子转圈呢？答案是磁场。带电粒子在磁场里会受到洛伦兹力的作用，从而做圆周运动。随着粒子运动的速度越来越快，粒子旋转的离心力就越来越大，这时需要更强的磁场来约束它们。对撞机工作的时候，需要十分强大的电流来提供强磁场，但是普通导线无法支撑过大的电流，所以现代先进的加速器用的都是超导线圈。用液氦把线圈的温度降到零下 270 摄氏度左右，使其变成超导线圈。超导线圈没有电阻（resistance），不会发热，因此可以承载十分强大的电流。

但是强电流也是有限的，为了让粒子尽可能地被加速，达到更高的能量等级，对撞机的环行轨道半径必须大，半径大，离心力就会减小，磁约束的难度就没那么大。现代最先进的对撞机是瑞士日内瓦的大型强子对撞机（LHC），它的周长差不多是 30 千米。

然而中性粒子就不好加速了，所以通常情况下，我们不加速中性粒子，而是让它们作为带电粒子的靶子。如果实在要加速，可以通过激光与它们作用，让激光传递能量给它们。

对撞机可以测什么?

我们应该如何测量被撞开的粒子的性质呢？首先，电性质是好测量的。粒子在电场和磁场中会偏转，通过电场和磁场可以了解粒子的荷质比，也就是电荷量与质量的比。除此之外，还有一个非常重要的指标——横截面（cross section）。

可以想象两个经典小球的碰撞。假设一个桌球撞击另外一个桌球，撞完后，两个球的运动方向都会发生改变。具体改变多少跟什么有关呢？跟两个球具体的碰撞角度以及速度有关，也跟它们的质量有关。

在对撞机中探测碰撞后粒子运动偏转的角度，可以帮助我们获得很多和粒子相关的信息，比如质量。这是因为我们可以调节碰撞时粒子间的相对速度，通过分析不同碰撞情况下的横截面，也就是碰撞后粒子反应的概率在空间角中的分布，便能得到很多关于粒子的信息。

但是现在，粒子物理的研究遇到了很大的阻碍。随着研究尺度越来越小，要让粒子碰撞后还能产生一些效果，需要的能量就越来越高，这意味着对撞机必须越造越大。LHC 的周长长达 30 千米，是世界上最大的对撞机，这台对撞机造了 20 多年，花费在 200 亿欧元以上。

图13-3　桌球碰撞

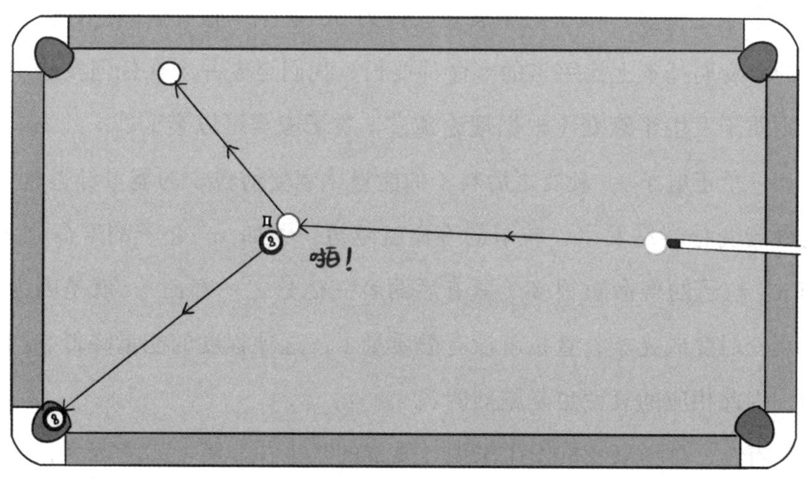

每提升一个对撞能量等级，我们就要花很长的时间以及大笔金钱，投入巨大的人力物力。即便如此，得到的结果还未必令人满意。就是因为这样的现实摆在面前，才导致20世纪80年代以后，粒子物理的研究举步维艰，因为需要的投入太大了。但是如果没有实验数据，理论要进步是很困难的。

我们必须时刻牢记，物理学做研究的方法是：先归纳，后演绎，再验证。实验进步困难，会导致归纳和验证都很困难，因为物理理论是解释现实物质世界的，它不能是空中楼阁。

衰变测试

在前文中，我们多次提到“衰变”概念，譬如 β 衰变，本质上是中子当中的一个下夸克变成了上夸克并释放出一个电子和一个反中微子的过程，中子中的一个下夸克变成了上夸克之后，中子就变成了质子。这种衰变之所以会发生，是因为能量最低原理。

基本粒子都有衰变成能量更低粒子的倾向，因为能量最低原理更有利于粒子处于稳定状态。中子之所以倾向于发生 β 衰变，是因为质子的质量比中子小，根据质能方程，质子蕴含的能量比中子低，所以质子比中子稳定得多。中子的半衰期大约为30分钟，而根据理论计算，质子的半衰期基本上比宇宙的寿命都要长，我们至今并未在任何实验中观测到质子发生半衰变（根据理论预言，质子应当可以衰变成一个 π^0 介子和一个正电子）。衰变之后粒子的能量比衰变前粒子的能量低得越多，这种衰变越容易发生，粒子的寿命就越短，譬如 π^0 介子的寿命比 π^+ 和 π^- 粒子的寿命短很多（只有后两者三亿分之一寿命），就是因为介子衰变后变成光子，直接就没有静质量了，这种程度的能量降低是剧烈的，因此相应的衰变也是剧烈的。

当然，对于衰变的发生来说，质量的减小并非唯一参考因素，有很多看似能够使得粒子质量减小的衰变是无法发生的，是因为这些衰变过程违背一些守恒律，无法发生。

此处有一个值得注意的事实，就是Δ^{++}粒子是由三个上夸克组成的，按理说上夸克的质量比下夸克要小，为什么Δ^{++}粒子的质量反而比两个上夸克和一个下夸克组成的质子，以及一个上夸克和两个下夸克组成的中子的质量还要大呢？这是因为这些强子的质量，并非由夸克的静质量相加得来，而这些夸克通过强相互作用力结合在一起，是有结合能的。这就好像夸克之间有相互连接用的传递强相互作用力的“弹簧”，好比弹簧被压缩和拉伸就会储存弹性势能，夸克之间的这种结合能，体现在了强子的静质量上，也就是强子的静质量等于夸克的静质量加上结合能除以光速的平方，因为$E=mc^2$。很显然，Δ^{++}的结合能是要高于质子和中子当中夸克的结合能的，所以它很容易衰变成质子和中子。

对于衰变过程的研究，也是粒子物理实验的一大手段。我们可以研究粒子的衰变率（decay rate），譬如将一束粒子射出，沿途探测粒子束的成分，看看射出距离与粒子衰变率的关系，从而反推粒子的性质。

至此，我们对基本粒子的探索已经来到了一个比较高信息的层次了。我们知道，不管是重子还是介子，它们本质都是由 6 种夸克以及它们的反夸克组成的。夸克是非常基本的粒子，它们甚至无法独立存在。除此之外，还有 6 种轻子以及它们的反粒子。

除了 6 种粒子以外，还有 4 种相互作用，我们已经提到了强相互作用、电磁相互作用、弱相互作用，再结合“极大篇”讨论过的相互作用，总共 4 种。

粒子和力的关系是什么？有没有更好的办法，把这些粒子统合在一个框架里？毕竟 6 这个数字离我们追求的终极，也就是德谟克利特说的万物唯一的组成单元，还有很长一段距离。这实际上是量子场论要研究的领域。你会发现，所谓粒子不过是量子场这盆肥皂水上的肥皂泡而已。

第十四章
Chapter 14

标准模型
The Standard Model

第一节

粒子之间如何相互作用

粒子物理在一定程度上把所有基本粒子的种类都辨别清楚了。组成重子和介子的基本粒子都是夸克，夸克总共有 36 种（3 色、6 味、正反粒子，3×6×2=36），它们无法独立存在。夸克有色荷、味荷和电荷。其中色荷能够发生强相互作用，味荷发生弱相互作用，电荷用来发生电磁相互作用。它们都有质量，可以发生引力相互作用。味的种类决定了夸克的质量。它们的质量从小到大，分别是上夸克、下夸克、奇异夸克、粲夸克、底夸克、顶夸克。

夸克是可以发生全部四种相互作用的基本粒子。除了夸克以外，轻子也有 6 种，分别是电子、μ 粒子、τ 粒子，电子中微子、μ 中微子、τ 中微子以及它们的反粒子。其中，电子、μ 粒子、τ 粒子带电，这 3 种粒子对应了 3 种不带电的中微子。这 3 种中微子的质量并不精确为 0，但十分接近 0，所以它们参与极其微弱的引力相互作用，除此之外，它们只参与弱相互作用。

夸克模型的遗留问题

如此看来，我们已经在实验室里发现了众多粒子，粒子物理对于粒子种类的研究已经相当成功了。但是，目前人类对它们的理解还不够彻底。还记得在“极重篇”第七章《广义相对论的基本原理》的开篇就提出的两个问题吗？

（1）**万有引力具体是如何作用的？**

它们看似没有作用的媒介，后来我们知道，这种媒介就是时空本身。

（2）**引力的作用是不是超距作用？它的传播是否需要时间？**

根据广义相对论，引力的作用不是超距的。它的传播速度，或者说时空扭曲情况的传播速度，等于光速。

夸克之间的色，是发生强相互作用的关键，味是发生弱相互作用的关键，电是发生电磁相互作用的关键。同样地，我们可以提出这些问题：这三种相互作用的作用机制是什么？它们作用的媒介是什么？它们的传播是否需要时间？

经典物理是怎么解释相互作用的？

经典物理中对相互作用，譬如电磁相互作用和引力相互作用，是用电磁场以及引力场的概念去描述的。可以回顾一下中学里是怎么学的，一个电荷会在它周围建立起电场，这些电场可以用电场线来表示。电场线密度高的地方表示电场强度大，反之则表示电场强度弱。磁场也可以用类似的磁场线来表示。

但仔细一想你就会发现，这种场的表述方式，在微观层面上是不抓本质的。**电场线、引力线的概念其实是人为创造出来的**，我们无法用任何实验来证明有电场线、磁场线的存在。

我们之所以会创造这样的概念，完全是为了方便理解和计算。比如为了了解一个电荷产生的电场，可以用一个检验电荷放在它周围的任何地方，并记录检验电荷在这些地方感受到的力的大小和方向，再根据每个位置受库仑力的大小和方向，人为地加上电场线的概念来描述检验电

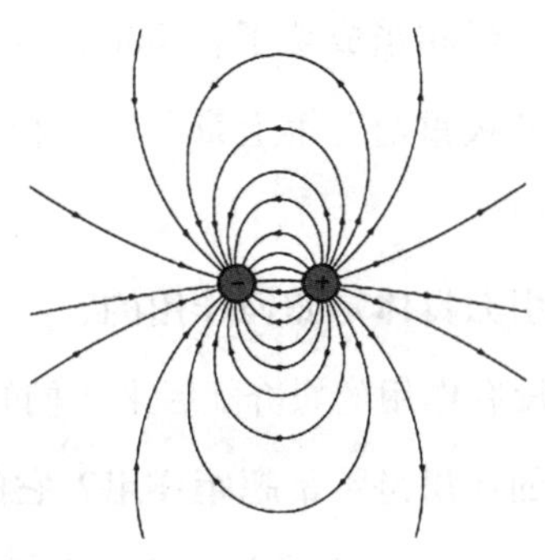

图14-1 一个正电荷与一个负电荷的电场线

荷放在被检验电荷周围时所受库仑力的情况。

经典电磁学认为电磁场是连续的，但由于微观物理世界是量子化的，因此用经典的观点来解释是不抓本质的。基本粒子的相互作用，应当时时伴随着量子力学的规律。比如，不确定性原理永远应该摆在首位，光这一条，你就会发现其实稳定连续的电场在微观的时空尺度上根本不可能存在，因为如果要满足不确定性原理，电荷不可能处在位置和速度都确定的状态。即便我们依然沿用库仑定律描述一个电荷产生的电场，它在微观层面上也不可能产生一个静止、稳定且连续的电场。因此，我们需要重新定义相互作用的本质。连续的经典场表述，在量子系统的层面上，尤其是小到夸克这个尺度就太粗糙了。

什么是力?

粒子物理对于相互作用的定义，其基本思想还是从实验出发，用测量到的物理量对量子系统进行描述。这里能测量到的无非就是基本粒子的各种性质，比如电荷、质量等。也就是说，我们能测量到的无非就是粒子的各种物理性质的集合，这些集合定义了不同种类粒子的存在。

在粒子物理层面，**如果一种相互作用的本质是交换了粒子**（此处还应包含“虚粒子”），**我们就说这种相互作用是一种力**。譬如，电磁力的本质是电荷之间交换了光子。

图14-2 爱因斯坦和普朗克的铅球游戏

举个例子，爱因斯坦和普朗克两个人穿着溜冰鞋站在冰面上，每个人手上都抱着一个铅球，现在他们把铅球都扔给对方，同时接住对方扔给自己的铅球。在这个过程中，他们交换了手中的铅球。可以想象，他们在抛出和接到对方铅球时都会向后退，从宏观上看，他们之间就像产生了排斥力一样，但是他们每个人和铅球作为一个个体，都没有发生变化。

这就是粒子的交换，产生的效果等同于受到了力的作用。

引力到底是不是力?

明确了力的本质是粒子的交换，接下来就要研究目前已有的四种相互作用：色荷产生的强相互作用、味荷产生的弱相互作用、电荷产生的电磁相互作用，以及质量产生的引力相互作用，看看它们之间有没有粒子的交换。如果有，交换的粒子是什么？它们的性质是什么样的？

强相互作用、弱相互作用和电磁相互作用都交换了粒子。强相互作用交换的是胶子，胶子有 8 种，并且每一种胶子都是自己的反粒子。弱相互作用交换的粒子有 3 种，分别叫作 W^+、W^-、和 Z^0 粒子。其中 W^+ 和 W^- 互为反粒子，Z^0 是自己的反粒子。电磁相互作用交换的是光子，光子也可以被认为是自己的反粒子。这些用来交换的粒子，都是玻色子，自旋都是 1。

根据爱因斯坦的广义相对论，引力只表现为时空的扭曲，它并非一种力，但这只是宏观上的解释。要判断引力在微观层面上是否是一种力，要看它是否交换了粒子。有很多理论认为引力如果是一种力，它交换的应该是引力子（graviton），引力子也是玻色子，并且根据引力只体现为吸引，并无排斥的效果，以及量子场论的理论预测，引力子的自旋应当为 2。但引力实在太弱，引力波如此宏观的现象都那么难以探测，更不要说是微观的引力子了。

这里有很多新的概念，比如胶子、W^+、W^- 和 Z^0 玻色子等。我们接下来的任务就是去研究这些用来交换的粒子到底是什么，它们是怎么产生的，它们的性质是什么，这就进入了一个新的领域——量子场论。

第二节

守恒量（conserved quantity）与对称性（symmetry）

现在，我们已经在粒子物理的层面，清楚了 36 种夸克和 12 种轻子，它们之间是有相互作用的。

由于引力太弱，引力强度大约是弱力强度的 $1/10^{29}$，所以此处先不关注引力。力的本质被定义为粒子的交换。我们现在的目标是把 36 种夸克、12 种轻子，以及它们之间用以交换的粒子统一到一套理论框架中。因为物理学的任务是追求终极，既然是终极，就要寻找最基本、最统一的道理。粒子的种类既然有这么多，就预示着一定有更基础的理论去解释它们。

我们把夸克、轻子以及力的定义作为归纳性的起点，在这个基础上进行演绎，用一套理论把它们之间的相互作用解释清楚。这就像研究原子的过程：先清楚了原子的组成结构是电子和原子核，下一步就是研究电子和原子核的关系，以及它们的运动状态。认识了最基本的夸克和轻子，下一步就是将其统合，研究它们的相互作用力，这就需要用到量子场论的知识。

为了理解量子场论，我们要先做一些知识铺垫，那就是守恒量与对称性的关系。

诺特定理（Nöther theorem）

我们在前面已经讲到过很多守恒的概念了，比如能量守恒、动量守恒、角动量守恒、电荷守恒等。在一个变化或者反应的前后，那些不变的量叫作守恒量。

除了守恒量以外，还有一个概念叫对称性。什么是对称性呢？中学里其实都学过类似的概念，比如：将一个正三角形旋转 120°、240°或者 360°，这个三角形都能转回去；将这个三角形沿自己的对称轴进行翻转，也能翻转回去；一个圆围绕它的圆心不管转多少度都还是跟原来一样的一个圆。一个对象在某个操作下，原本的状态不发生改变，我们就说这个对象具有某种操作下的对称性。

对比守恒量和对称性的描述，可以发现它们很像。守恒量是指变化中不变的量，对称性是指操作中不发生变化的性质。总的来说，都是变化了之后不变的东西。

20 世纪初，一位德国的女性数学家诺特（Emmy Nöther）提出了诺特定理，它可以说是划时代的伟大定理。它直接奠定了所有场论的基础，不论是经典场论，还是量子场论。这条定理说的事情十分简单，就是**对称即守恒**。它把守恒律和连续对称性完全等价了，也就是说，任何一条守恒律的背后，都对应着一种连续对称性，反之亦然。（注：所谓连续对称性，就是在对对象做操作的时候，这种操作所带来的变化必须是连续的，譬如移动一个物体，它的位置的变化必须是连续的。因此上述案例中，让一个正三角形做 120°、240° 转动，这样的非连续对称性，并不对应守恒量。）

这样说还是太抽象了，我们来举几个例子。

空间平移对称性：动量守恒

先看动量守恒，动量守恒对应的是空间平移对称性。比如有一个物理系统，这个物理系统里的动量是恒定的，你把它从上海拿到苏州，这个系统的动量是不变的，也就是上海和苏州的空间性质几乎是一样的，所以动量是守恒的。但是，如果把系统移动到太空中就不一定了，因为太空中的引力和地球表面不一样，时空扭曲的程度不一样。

空间平移对称性说的就是在移动的过程中时空的扭曲程度没有发生变化。如果从一个平坦的时空移动到一个扭曲的时空，空间平移对称性被打破，动量守恒定律就失效了。

时间平移对称性：能量守恒

能量守恒定律对应的是时间平移对称性。时间平移对称是指：不管时间怎么流逝，物理定律不变。比如所有物理定律三百年前是这样的，三百年以后也还是这样。然而所有的物理定律都显性地或隐性地跟能量有关联，所以物理定律不随时间变化而变化，本质上对应的是能量守恒定律。这也是诺特定理通过数学推导得出的直接结论。

镜像对称性：宇称守恒

在一个正三角形前放一面镜子，镜子里的正三角形跟镜子外面的正三角形是一样的，这叫镜像对称。镜像对称对应的守恒量，叫宇称（parity）。这个概念跟我们中学里学过的奇函数和偶函数的概念很像。

一个偶函数图像是左右对称的，我们就说它的宇称是 1。一个奇函数，比如 $y=x^3$，它的图像左右不对称，而是刚好相反，就说它的宇称是 -1。

镜像对称性对应的守恒量是宇称。也就是说，如果原本的研究对象（比如量子系统的波函数）宇称是 1，它的镜像图像的宇称一定是 1；如果你的波函数宇称是 -1，再构造一个与它完全成镜像的物理系统，其对应的波函数的宇称也一定是 -1。

广义地来说，宇称守恒说的是，物理定律不分左右，给任何物理过程做一个镜像系统，这个镜像系统里的物理定律应当跟原系统是一样的。

宇称不守恒定律

说到宇称守恒，不得不谈一下由杨振宁和李政道于 1956 年提出的宇称不守恒定律。宇称不守恒定律说的是：在弱相互作用的过程中，宇称是不守恒的。

宇称不守恒定律的提出，最早是因为一个粒子物理学中的难题，叫作"τ-θ 问题"（tau-theta puzzle）。有两种奇怪的介子，当时叫 τ 介子和 θ 介子，这两个介子的所有性质几乎都完全一样，如它们有同样的质量、电荷量、自旋等。唯独它们在发生衰变时，衰变的结果是不一样的，τ 介子会衰变成另外三个介子，而 θ 介子只会衰变成两个介子。

杨振宁和李政道提出，因为在弱相互作用过程当中，宇称是不守恒的，所以这两种粒子其实根本就是同一种粒子，现在我们知道了它叫 K+ 粒子，只不过它以两种衰变方式的其中一种衰变，前后宇称是不守恒的。

如何理解呢？假设现在有一面镜子，根据生活经验可以想象一个波函数照镜子，它会在镜子里看到一个镜像的波函数。根据直觉，镜像的波函数应该跟镜子外的波函数拥有一样的宇称。如果波函数是个偶函数，那么镜子里的波函数也应该是个偶函数；如果波函数是奇函数，那么镜子里的波函数也应该是个奇函数。感觉上这是一个理所当然的结论。

宇称不守恒定律认为，在弱相互作用过程中，宇称不守恒。就好比本来是个偶函数，照了一下镜子就变成奇函数了。再举个例子，有一辆正常的汽车，踩下油门车就会往前走。这时在车边上放一面镜子，镜子里的汽车是镜子外汽车的镜像。根据直觉，踩油门让汽车往前走的时候，镜子里的汽车也应该是往前走的。但是宇称不守恒说的就是踩油门的时候，你的车子确实往前开了，但是镜子里的汽车却是倒着开的。

这是一个非常反常识、反直觉的结论，所以宇称不守恒定律刚被提出的时候，学界的主流声音是表示反对的。泡利甚至说："我不相信上帝是左撇子。"泡利认为这个宇宙里的物理定律是不分左右的，左和右应该是完全对称的。但是，宇称不守恒定律似乎在告诉我们：**这个宇宙里的规律是分左右的。**

宇称不守恒定律很快就被吴健雄用实验证明了。这个实验不好做，但是原理很简单。这个实验研究的是钴 -60 的 β 辐射，因为 β 辐射就是弱相互作用主导的。先让钴 -60 原子在某个特定的磁场里排列，这些钴 -60 原子的自旋指向在磁场作用下是沿着磁场方向排列的。再准备另外一些钴 -60 原子，在另外一个与先前磁场反向的磁场里排列。由于这次的钴 -60 原子的磁场跟刚才的方向相反，所以它们的自旋也是相反的。从旋转的视角来说，两组钴 -60 原子分别是顺时针和逆时针旋转的。对比一下，会发现顺时针和逆时针旋转的钴 -60 原子，刚好形成了互为镜像的两种钴 -60 的排列，这个镜面方向就是磁场的方向。

不信你可以试着看一下，你的手表指针是顺时针旋转的，但是镜子

图14-3　宇称不守恒定律下的β衰变

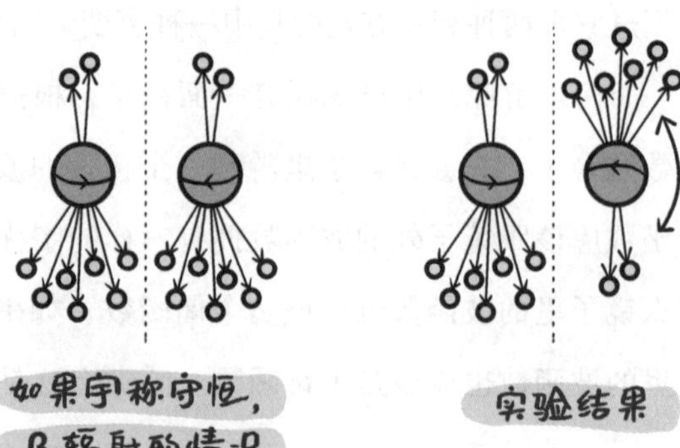

里的手表指针是逆时针旋转的。根据刚才汽车的例子，如果宇称守恒，汽车前进，镜子里的汽车也应该前进。钴 -60 会发生 β 衰变，由于磁场的存在，它的 β 辐射应该平行于磁场方向，也就是跟镜面平行。如果宇称守恒，不管顺时针还是逆时针的钴 -60 的 β 辐射都应该是同一个方向的。但是实验结果却令人惊讶，顺时针和逆时针的钴 -60 的辐射方向居然刚好相反，就好像一辆前进的汽车的镜像居然是后退的，这就充分证明了弱相互作用中的宇称不守恒。

上帝是左撇子：左旋性中微子

中微子的一个神奇特性充分证明了弱相互作用中的宇称不守恒，那就是中微子的螺旋性（helicity）。中微子的螺旋性可以说是让泡利对宇称不守恒定律的那句评论一语成谶，看来上帝还真是个左撇子。

先来说说什么是螺旋性。我们知道，中微子的静质量极小，几乎接近于零，因此在各种反应中产生的中微子的运动速度非常接近光速。我们可以沿着中微子的运动方向建立一个坐标轴，定义中微子的运动方向为 z 轴的正向。中微子是费米子，自旋是 1/2。我们可以尝试测量中微子沿着 z 轴方向的自旋是指向 z 轴正方向还是沿着 z 轴负方向。如果中微子在 z 轴方向上的自旋指向是沿着 z 轴正方向，我们就说这个中微子的螺旋性是右旋（right-handed），相反，如果中微子在 z 轴方向上的自旋指向是沿着 z 轴的负方向，则中微子的螺旋性是左旋（left-handed）。

神奇的是，就目前来说，在实验里探测到的所有中微子都是左旋中微子，所有反中微子都是右旋中微子。中微子不带电，没有色荷，除了引力之外，中微子只参与弱相互作用。生成中微子的反应，都是弱相互作用主导的，如 β 衰变中，中子衰变成质子，并放出一个电子和一个反中微子。也就是弱相互作用中宇称确实不守恒，如果宇称守恒的话，弱相互作用中应该产生等量的左旋中微子和右旋中微子，但是事实是，弱相互作用只偏好左旋中微子。这恰恰说明，宇称不守恒是弱相互作用的一个基本特性，弱相互作用的物理规律是个区分左右的物理规律。

其实中微子的螺旋性也回答了一个问题，就是如何区分中微子和反中微子。在 β 衰变中，我们怎么知道产生的是反中微子而不是中微子？中微子不带电，也没有色荷，中微子和反中微子质量相同，也没有电荷、色荷的区别，如何区分正反？这里的螺旋性就是一个区别，它们必然具备相反的螺旋性。

实验确定中微子的手性其实也很有趣，我们其实无法直接探测中微子的自旋方向，因为它不带电，无法参与电磁相互作用。中微子的手性测量是间接测量。一个 π^+ 介子可以衰变成一个反 μ 粒子和一个 μ 中微子。π^+ 介子的自旋是零，反应前后系统总自旋不变，μ 粒子和反 μ 粒子是带电的，所以我们可以通过测量反 μ 粒子的自旋来推理中微子的自旋方向，从而得出中微子的手性。

正是因为宇称不守恒定律的结论太反常识，且纠正了学界长久以来的错误认知，所以在 1957 年，论文发表一年以后，杨振宁和李政道便获得了诺贝尔物理学奖。

总而言之，诺特定理让对称性对应了守恒量。接下来，我们来看看粒子物理当中那些守恒量到底是怎么来的。为什么电荷是守恒的？它背后对应的是一种对称性——规范对称性。

第三节

规范对称性与规范场（gauge field）

阐明了守恒量与对称性的关系，要如何理解这些基本粒子之间不同的作用力呢？它们交换的粒子之间的关系是什么样的呢？

什么是量子场?

不管这些基本粒子交换的是什么粒子，如何交换，我们先把基本粒子，也就是夸克、轻子当成一个整体来研究，它们都应该满足量子力学。

原子里的电子，它们的运动范围小，且数量不多，可以用薛定谔方程去研究一个电子的运动情况。但是在一般情况下，我们感兴趣的是广义上由多个粒子组成的量子系统的整体性质。先不从粒子交换的物理过程去理解粒子之间的相互作用，可以先把粒子之间的相互作用抽象成一根根弹簧。可以想象，粒子和“弹簧”系统织成了一张大网。

这张大网有弹性，上面还存在波动，有各种运动模式。但与一张普通的弹性网不同，这里所有的粒子都是量子化的，它们都要满足不确定性原理。所以这张网上代表一个粒子的并不是一个点，而是一团波函数。这团由波函数组成的巨大网格，就是量子场。场是一个数学概念，场的定义是**以时空坐标为自变量的函数**。

量子场论是需要融入狭义相对论的，我们知道，根据质能方程 $E=mc^2$，能量与质量可以互相转化，因此薛定谔方程中有一个条件在考虑狭义相对论的情况下就未必成立了，那就是粒子波函数的归一化条件。还记得我们在量子力学的章节中讲到，波函数的分布代表粒子在全时空范围中任何一个位点出现的概率密度，但是如果把整个时空范围的所有概率加起来必然等于 1，因为这个粒子存在，所以在全时空范围内必然能够找到它，这个“必然”就使得它在全时空范围被找到的总概率

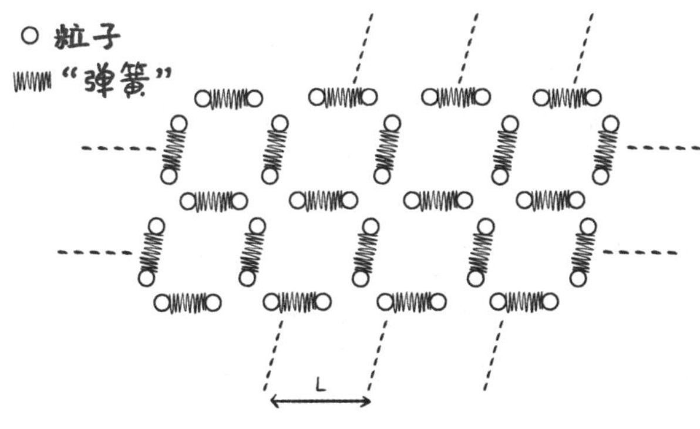

图14-4 量子场的物理图像

是 100%，即 1。但如果考虑了狭义相对论，粒子的质量可能转变为能量，因此归一化条件未必成立，这也导致薛定谔方程不足以描述相对论性粒子的量子规律。量子场论是广泛意义上统一讨论粒子物理的必备工具。

杨－米尔斯场

量子场这张大网里的“弹簧”是什么做的？它的性质是什么？我们现在对量子场还是一无所知，得到的一些归纳性的结论其实就是一系列守恒量。比如，量子化的电磁场必须保证电荷守恒，由诺特定理可以知道，这种守恒必然对应于某种对称性。于是，这里的思路就变成：找出对应于守恒量的对称性，从对称性出发，了解量子场中“弹簧”的性质。

这就要说到著名的规范场论，也叫杨－米尔斯理论。该理论于 1954 年由杨振宁与罗伯特 · 米尔斯（Robert Mills）共同提出。它的基本思路相对比较复杂，需要一定的数学知识才能明白。

这一切还要从波函数说起。先前一直说量子系统的波函数代表了粒子出现的概率。波函数的数学表达式，可以是一个复数。高中的时候，我们学过一个概念——虚数 i，它被定义为 $\sqrt{-1}$，即 $i^2 = -1$。复数就是一个实数加一个虚数，复杂的数的意思。实数代表可测量值，比如测量一个东西的大小、高低、快慢、质量、电量等，这些物理量都是实数，而虚数是一种人造数字，它没有实际意义，至少自然中没有任何可测的物理量可以用虚数表示，我们做实验得到的结果必须是个实数。我们的实验测量在数学公式上的表达，对应的是对波函数这个复数做各种数学操作，并且要保证操作完之后得出的结果是个实数，否则这个结果没有物理意义。

我们说波函数表征了粒子出现概率的大小，这个说法其实没有完全说完，应该是波函数的“模”（modulus）的平方大小，正比于粒子处在某状态的概率的大小。比方波函数是 a+bi，其中 a 和 b 是实数，i

是虚数。这个波函数本身不能代表概率，而它的模$\sqrt{(a^2+b^2)}$是实数，这才是一个有意义的数字。

既然如此，只要最终算出来的 a^2+b^2 不变，那么不管波函数是 a+bi，还是 a+bi 乘以一个模是 1 的复数，都不影响最后概率的大小。在保持最后测量结果不变的情况下，我们可以任意选取波函数的形式，因为最终测量的只能是和波函数的模相关的物理量。在保持模不变的情况下，可以选取无数种波函数的表达式来表达同一个状态。

这里就出现了对称性的特点。我们对波函数做的操作，就是在保证模不变的情况下，可以任意变换它的波函数。每次变换都不会改变对它的测量结果，这就是一种对称性，叫规范对称性。同一个物理状态，可以用无数个波函数去描述它，这里的每个波函数都是一个规范。但也不是所有波函数都可以，必须满足一定的条件。比如，对于描述电荷的波函数来说，条件就是波函数不管怎么变，模不能变。这就好比你给孩子取名字，你可以给他取无数名字，但是为了让别人从名字里看出来它是个中国人，你总归要用汉字给他取名字。这里的无数个名字，就是你孩子的无数个规范。必须用汉字，就是给一个中国孩子起名字的规范对称性。

与前面我们说的对称性（如空间平移对称性、时间平移对称性）不同，规范对称性不是一种时空对称性，它是微观粒子内部的内在对称性。一个量子场必须满足整体的规范对称性，也就是整个量子场的不同时空位置，如果同时发生一个规范的变换，不会影响系统的任何性质，因为最终取的是波函数的模。就好比全中国人都改名，大家全都在原来的名字面前加个“王”字，不会影响大家分清楚谁是谁。

但这明显是不够的，因为量子场的相互作用是局域化（localized）的。两个粒子在 A 地发生相互作用，肯定不会马上影响到几光年以外的粒子的行为，所以，规范对称性不应该是整体、全局的对称性，而应该是局域化的。也就是说，在量子场中，每一个电荷的波函数都应该能自由选取一个规范。一个地方换了规范，并不会影响全局。就好比你给自己的孩子取名字，不用管邻居给他的孩子取什么名字，这叫局域规范对称性。一旦要求量子场的波函数必须满足**局域规范对称性**，神奇的事情就发生了。

如果要满足局域规范对称性，就会发现必须有一个额外的量子场存在，这个场就是规范场。如果只研究电荷，我们会发现，为了满足局域规范对称性，必须存在电磁场。也就是说，电磁场在量子力学的框架内，无非就是电荷波函数的规范场而已。电磁场的存在，是被局域规范对称性牢牢约束的。

原本我们对电磁场的理解是归纳性的，我们用实验发现存在电磁场，但是有了规范场，我们就把归纳法的源头推到了局域规范对称性。局域规范对称性是归纳的第一性原理，为了满足局域规范对称性，必须存在一个规范场，这个规范场在物理性质上就体现为电磁场。也就是说，电磁场成了局域规范对称性演绎的必然导出。

那如何理解电磁相互作用呢？电磁相互作用只是这个规范场的扰动而已。什么是扰动？就是让规范场的能量往上提升一个单位，激发规范场的能量单位提升一个单元，就出现了一个规范玻色子（gauge boson）。

规范场就像一盆肥皂水，你搅动一下，它就会产生泡沫。这些泡沫叫作规范玻色子，它们就是基本粒子之间相互交换的粒子。到这里其实就可以回答这些基本粒子是如何相互作用的了。

这里要换成对称性的语言。色荷、味荷、电荷，这三种荷的本质并非因为测量得出它们是三种不同的荷，只不过它们的波函数对应于三种不同的局域规范对称性，这就要求存在三种不同的规范场。就像一盆肥皂水，这三种荷的作用就是在肥皂水里搅动起三种不同的肥皂泡。这些荷之间交换肥皂泡导致的效果，体现为它们之间的作用力。

这三种对称性是用数学中的群论来描述的，具体的是用群论中的李群（Lie group）进行描述的。它们都有不同的名字，电磁场是 U（1）规范场，弱力场是 SU（2）规范场，强力场是 SU（3）规范场。这三种对称性的数学性质完全不同，其中 SU（2）、SU（3）是真正的杨-米尔斯场。

这三种规范场的“肥皂泡”，到底是什么呢？

U（1）规范场被激发起来的“肥皂泡”就是光子。SU（2）被激发起来三种粒子，分别是 W^+、W^- 和 Z^0 玻色子，其中 W^+ 带正电，W^- 带负电，Z^0 不带电。SU（3）被激发起来的是胶子，胶子本身携带色荷，传递强相互作用力。这些用来交换传递的粒子，都是玻色子，具体地，它们被称为规范玻色子。

根据诺特定理，这几种规范对称性对应的守恒量都可以计算出来。算出来的结果自然而然就有各种各样的守恒量。例如，U（1）规范场用来描述电磁相互作用，它的规范对称性给出了电荷守恒。其他规范场的守恒量相对复杂，但是都很好地解释了为什么会有那么多守恒量。

渐进自由（asymptotic freedom）

杨-米尔斯理论可以说是一个极具美感和根基性的强大理论。我们之前谈过夸克禁闭，是指无法分离出独立的夸克。夸克禁闭作为一种现象，目前虽无确定的理论解释，但依据杨-米尔斯理论的研究所得出的“渐进自由”，却比较好地佐证了夸克禁闭这种现象。

首先我们来看一个简单的问题。我们知道，在经典电磁学中，两个电荷之间的库仑力正比于二者电荷量的乘积，反比于二者距离的平方。现在想象让两个电荷之间的距离开始缩小，库仑力的形式告诉我们，随着二者距离不断趋近于 0，库仑力的大小将趋向于无穷大，这就说明经典电磁学库仑力的数学形式是无法精确描述微观尺度下电磁相互作用规律的，因为两个电荷距离为 0 这个点，是库仑定律这条物理定律的“奇点”，库仑定律在电荷距离趋近于 0 的情况下破溃了，要描述电荷距离极小的情况，必须要对库仑定律进行修正，这说明库仑定律不是最根本的描述电磁相互作用的理论。

以夸克和胶子为研究对象，研究强相互作用的学说叫量子色动力学（quantum chromodynamics），色动力学是用 SU（3）杨 – 米尔斯场对强相互作用进行描述的。如果两个夸克之间的距离极其接近，夸克之间的作用力也趋向于无穷大的话，也就是假如 SU（3）杨 – 米尔斯场也遇到了上述类似于库仑定律的问题，则说明杨 – 米尔斯理论也不够有根基。但在 1973 年，美国物理学家韦尔切克（Frank Wilczek）、格娄斯（David Gross）以及波利策（David Politzer）发现的 SU（3）“渐进自由”现象，恰恰证明了杨 – 米尔斯理论是根基性的理论，因为“渐进自由”现象告诉我们，杨 – 米尔斯理论根本不会遇到类似于库仑定律那样的破溃。

渐进自由的结论其实很简单：当夸克之间很接近的时候，它们的相互作用非常弱，直至夸克之间的距离趋向于 0，它们的相互作用强度也趋向于 0，相反，当夸克之间远离的时候，它们的相互作用变得强烈。这个结论让夸克禁闭显得自然，当夸克之间的距离增大的时候，强相互作用的趋势是阻止它们的距离变得更大。三位提出渐进自由现象的物理学家于 2004 年获得了诺贝尔物理学奖。

渐进自由现象凸显了杨 – 米尔斯理论的根基性与普适性。

从逻辑上应该如何理解杨 – 米尔斯场的思想呢？我们用实验测量出电荷、色荷、味荷的存在，本质上是对其存在的一种归纳性理解。但是规范场论告诉我们：电荷之所以表现得像电荷，色荷之所以表现得像色荷，是因为它们以波函数存在的具体形式，满足了不同的规范对称性。

规范场论把我们对于各种荷以及基本作用力的理解又推进了一层，这几种荷以及它们的相互作用其实是可以用演绎法推出来的。规范场论告诉我们，**力源自对称**。

至此，我们了解了如何用规范场（也就是杨－米尔斯场）理论理解这些基本粒子之间的相互作用，以及它们是如何被统合到同一个理论框架内的。然而杨－米尔斯场理论并非万能，它在解决实际问题的过程中有无法解释的问题，这就引出了上帝粒子的理论。在后面我们将继续讨论如何统合几种基本作用力的问题。直到上帝粒子，也就是希格斯理论以及标准模型的提出，粒子物理才真正在一定程度上达到了统合。

第四节

杨－米尔斯场理论的未解之谜

质量问题

杨－米尔斯场理论用规范对称性、规范场的思想全面解释了基本粒子之间是如何相互作用的，它刷新了我们对于基本粒子的认知。我们通常从粒子具有的性质（如色荷、味荷、电荷）出发认知基本粒子，但是如果不讨论这些荷的相互作用，只讨论它们本身是没有意义的，因为它们只是个名字而已，甚至如果没有这些相互作用的话，我们根本意识不到它们的存在，因为我们感知到它们的存在本质上是我们能与它们发生相互作用，相互作用才是更本质的。

在规范场论之前，我们实际是用了反向的逻辑顺序去认知这些基本粒子。正确的顺序应当是：这些不同的荷的波函数对应于不同的规范对称性，不同的规范对称性揭示了必然存在不同的规范场。这些荷的本质是在不同的规范场中激发起不同的规范玻色子，规范玻色子在色荷、味荷、电荷中相互交换，从而产生力的效果。我们通过对作用力的认知，认知了几种荷的存在并反向定义了色荷、味荷、电荷。

这里面的核心理论，就是杨－米尔斯场，也就是规范场论的思想。

是杨－米尔斯场用局域规范对称性将这一系列的性质联系在了一起。虽然杨－米尔斯场的思想是正确的，但是它在实际应用中遇到了问题。

比如通过三种规范场，我们可以解出三类用以交换的粒子，从而产生三种作用力。杨－米尔斯场精确预言了这三种粒子的性质，但有一件事情单用杨－米尔斯理论解释不了。通过杨－米尔斯场的计算，这三类用以交换的粒子的质量都应当是 0，它们的运行速度都应当是光速。不过，根据实验的测量，虽然光子和胶子质量确实是 0，运动速度为光速，但是 W^+、W^- 和 Z^0 这三种负责弱相互作用的规范玻色子质量不为 0。这跟杨－米尔斯理论的描述是不相符的，也就是杨－米尔斯场理论无法解释弱相互作用的三种规范玻色子的质量是怎么来的。

最小作用量原理（principle of least action）

为了解决这个问题，要先介绍一下量子场论的基本研究方法。它对应一条原理——最小作用量原理。

为了讲明白最小作用量原理，我们还得把时间倒回到牛顿时代。牛顿定律描述了力学系统的运动状态，原则上只要解牛顿方程，多复杂的经典力学系统都可以解出来。但是有比牛顿力学更为具有统合性的方法，那就是拉格朗日（Joseph-Louis Lagrange）和哈密顿（William Rowan Hamilton）的理论力学体系。

首先，对于一个系统，我们可以定义一个量，叫作拉格朗日量（Lagrangian），用字母 L 表示。一个力学系统的拉格朗日量可以简单地理解为它的动能减去它的势能。我们假设系统有一个初始状态，以及一个最终状态，作用量（action）就定义为系统的拉格朗日量在初始状态到最终状态这两个状态之间时空路径的积分。也就是把这条路径上每个点的拉格朗日量加起来，用字母 S 表示。

最小作用量原理可以表述为：一个系统的运动轨迹，就是那条让作用量 S 最小的轨迹。这就是理论力学对于牛顿力学的统合。这套最小作用量原理放在任何系统，哪怕是量子系统也适用（在量子场论中，最小作用量原理表述在费曼的“路径积分”中，本书不对路径积分的思想做单独讲解，建议感兴趣的读者可自行研究）。把量子系统的动能减去势能，在时空维度上做积分，得到作用量 S。再将 S 最小化，就能得到量子系统运行的规律。最小作用量原理像是能量最低原理的推广。

从计算角度来看，要求解量子场的问题，本质上是要找出不同量子场正确的拉格朗日量，但是对于复杂的量子系统，拉格朗日量不是那么好写出来的。除了实验能测量到的一些数值以外，我们不知道有哪些东西还对拉格朗日量有贡献。

杨 - 米尔斯场的研究方法，本质上是让量子场的拉格朗日量满足局域规范对称性。所以，拉格朗日量的形式中，必须包含一个新的规范场，这才推出了不同规范场的存在。规范场里激发起来的就是交换用的规范玻色子，它对应于不同种类的力。但是在杨 - 米尔斯场的拉格朗日量里，并没有规范玻色子质量的踪影。

也就是在杨 - 米尔斯场的拉格朗日量里，并不存在规范玻色子的质量。根据杨 - 米尔斯场的计算，规范玻色子的质量必须为 0。所以在杨 - 米尔斯场方程中，被激发起来的粒子都应该是 0 质量、以光速运动的粒子，这对于强力和电磁力来说是对的。但是对于传播弱力的 W^-、W^+ 和 Z^0 这三种粒子，它们通过实验测量出来是有质量的，这就没法用杨 - 米尔斯场解释了。因为它们的拉格朗日量里，压根儿就没有质量。

自发对称性破缺（spontaneous symmetry breaking）

这个问题的解决是非常曲折的，最初，一个叫南部阳一郎的日本物理学家提出了一个非常神奇的概念，叫作自发对称性破缺。

根据之前说的，这些量子场的拉格朗日量里根本就没有质量。如果有质量，这些拉格朗日量在数学形式上就无法满足局域规范对称性了。杨 - 米尔斯场理论的核心，是因为满足了局域规范对称性，所以存在规范场。规范场的激发，给出了用来交换的粒子。如果杨 - 米尔斯场理论是正确的，这些量子场的拉格朗日量就必须要满足规范对称性。**如果要满足对称性，这些规范玻色子就不能有质量**。如果有质量，就破坏了规范对称性，那么杨 - 米尔斯理论的根基就不稳了。

要么杨 - 米尔斯理论是错误的，要么这些规范玻色子不能有质量。但是实验测出来的弱相互作用的三种玻色子确实是有质量的，也就是说，质量的存在与局域规范对称性从根本上是矛盾的，二者只能选其一。

自发对称性破缺本质上就是去融合这两个看似矛盾的条件，做到有质量的同时不破坏规范对称性的。自发对称性破缺讲的是对称性确实没了，也就是质量其实就体现为对称性的破缺和丢失，并且这个破缺的过程是“自发”的。我们接下来解释什么是“自发”。

系统实际的运行方式是让作用量最小的运行方式。那么，有没有可能系统的拉格朗日量满足规范对称性，但在实际的运行过程中表现为破坏对称性的方式呢？描述系统的拉格朗日量是个方程，这个方程确实是满足规范对称性的。但真实的运行方式是要去解这个方程，如果这个方程的解不满足规范对称性，也就是真实的运动方式不满足规范对称性，这不就与有质量不矛盾了吗？方程对称但解不对称，所以真实的运动方式表现为有质量。而实验去测量的是真实的运动方式，不是方程。

这就好比，一桌人围着圆桌吃饭，每两个人中间都放了一副碗筷。由于是个圆桌，所以每个人左边和右边都各有一副碗筷，这样安排，碗筷的数量和客人的数量是相等的，每个人都可以有一副碗筷。在吃饭前，整个系统是非常对称的。这就像在真实运行前，整个系统的方程是非常对称的。但是开始吃饭的时候，由于有的人是左撇子，有的人是右撇子，就一定会有人去拿左手边的碗筷，有人去拿右手边的碗筷。所以最终的结果，大概率会有人因为左边的和右边的碗筷都被人拿了而拿不到碗筷，于是这个系统在真实运行时变得不对称了。

这就是自发对称性破缺想要阐明的道理。它给出了一个解决杨－米尔斯理论问题的办法，让杨－米尔斯场的方程保持对称性。但是**真实的运行轨迹却破坏了对称性，导致质量的产生**。这里的自发说的就是这种对称性的破坏并非体现在方程里，而是体现在真实的运行方式当中，它不是人为设置的。自发对称性破缺机制以及上帝粒子的提出，切实解决了弱相互作用中规范玻色子存在质量的问题。

第五节

标准模型与上帝粒子

本节继续深入讨论杨－米尔斯理论中遇到的质量问题是怎么解决的。南部阳一郎提出了自发对称性破缺机制所引出的希格斯理论，彻底解决了这个问题。

最小作用量原理

还是要先回顾一下杨－米尔斯理论的方法论。我们要尝试写出这些量子场的拉格朗日量。根据杨－米尔斯理论，这些拉格朗日量应当要满足局域规范对称性。根据局域规范对称性，可以得出存在各种各样的规范场。不同的规范场其实就是不同的荷提供的场，比方，电荷满足的U（1）规范对称性，可以推导出必然存在一个U（1）规范场。这个规范场就是电磁场。根据规范对称性，我们得到了一个比较正确的拉格朗日量。有了拉格朗日量，就可以定义另外一个量，叫作用量。这个作用量就是将在不同时空位点的拉格朗日量做积分加起来。有了作用量，我们就可以去求解系统的真实运动方式。这个真实的运动方式，对应于让作用量最小的那些运动方式。

自发对称性破缺认为这个作用量的方程固然满足规范对称性，但是那个真实的、让作用量最小的运动方式，也就是这个方程的解的对称性是破缺的。

希格斯玻色子（Higgs boson）：质量的成因

有了自发对称性破缺的机制，就能解决质量问题了。在 1964 年，三个小组，六位物理学家，几乎同时提出了解决质量问题的机制——著名的希格斯机制（Higgs mechanism）。

希格斯机制说的是：存在一种弥漫全空间的量子场，叫希格斯场。弱相互作用的规范场会与希格斯场发生相互作用。作用的过程中，有自发对称性破缺机制，破缺以后就导致 W^+、W^-、Z^0 三种玻色子获得了质量。弱相互作用的规范玻色子本身是没有质量的，并且从弱相互作用的本质上来说，它的强度应该当是比电磁力还要强一些，但是由于它们会与希格斯场进行相互作用，这种相互作用会产生一个新的拉格朗日量。这个新的拉格朗日量的解，是会发生自发对称性破缺的，破缺了之后就体现为有质量了，并且由于获得了质量，等效的弱相互作用力就变得极弱了。这个物理过程可以如此定性理解：强力、电磁力交换用的胶子和光子都是静质量为 0、以光速传播的，因此强力和电磁力交换粒子的效率高，导致强力和电磁力的强度强；弱相互作用交换的 W^+、W^- 和 Z^0 玻色子有质量，所以体现为交换效率低，从而导致弱力的强度弱。

质量这个性质，通过希格斯机理有了全新的解释。粒子的质量，其实体现为与希格斯场的相互作用。如果一个粒子不与希格斯场相互作用，则体现为没有质量，运动速度为光速。比如光子没有质量，运动速度就是光速。

粒子只要与希格斯场有相互作用，就体现为有质量。粒子与希格斯场相互作用的效果，其实是希格斯场对于粒子运动的阻碍。这种与希格斯场的相互作用，体现为希格斯场与相应的粒子作用后发生的自发对称性破缺。

希格斯场是一种量子场，它也像一盆肥皂水。希格斯场被激发起来的粒子叫希格斯粒子，也叫上帝粒子。它是万事万物质量的成因，没有质量，就没有引力，没有引力，天体就无法形成，更不会有恒星、行星、地球，甚至生命。正因为希格斯粒子提供了质量，才能让我们的宏观世界存在，这就像西方宗教体系里说的"上帝创造世界"一样，所以希格斯粒子也被称为上帝粒子。

希格斯机制在 1964 年就被提出了，但是到 2012 年才被证实。因为要在实验中探测到希格斯粒子，需要非常高的能量等级。瑞士的大型强子对撞机建成才能做如此高能量等级的实验来证实希格斯粒子的存在。希格斯等物理学家也于 2013 年获得了诺贝尔物理学奖。

标准模型

随着希格斯粒子被证实，20 世纪的粒子物理学基本封顶。希格斯粒子，以及之前所有关于基本粒子的研究，被统合成了一个相对终极的理论，叫作标准模型。研究出标准模型的物理学家主要有三位，分别是温伯格（Steven Weinberg）、格拉肖（Sheldon Lee Glashow）和萨拉姆（Abddus Salam），他们于 1979 年获得诺贝尔物理学奖。

标准模型的核心信息是什么呢？标准模型做的事情，其实是以杨－米尔斯理论为根基，把实验室里能够探测到的所有基本粒子做了一个集中的描述，这个描述是这样的：

第一，标准模型不讨论引力，只讨论强相互作用、弱相互作用和电磁相互作用。

第二，色荷参与强相互作用，味荷参与弱相互作用，电荷参与电磁相互作用。

第三，夸克是参与所有 4 种相互作用的基本粒子，总共有 36 种。36 种夸克对应于 3 种色荷与 6 种味荷，分别是红、绿、蓝三色和上夸克、下夸克、奇异夸克、粲夸克、顶夸克、底夸克。它们都是费米子，都有各自的反粒子。

第四，电子、μ 粒子和 τ 粒子参与除强相互作用以外的其他三种相互作用，电子中微子、μ 中微子和 τ 中微子，这三种中微子则只参与弱相互作用和引力相互作用（也有理论预言中微子也许极其微弱地参与电磁相互作用，但实验上并无此实证）。

第五，三种相互作用是靠不同的荷之间交换规范玻色子实现的。强相互作用是一种力，由色荷之间交换胶子实现。胶子也携带色荷，一共有 8 种。之所以是 8 种，是因为色荷有 3 种，排列组合形成的量子叠加态有 8 种，对应 8 种胶子。弱相互作用也是一种力，由味荷之间交换

图14–5　标准模型中的所有基本粒子

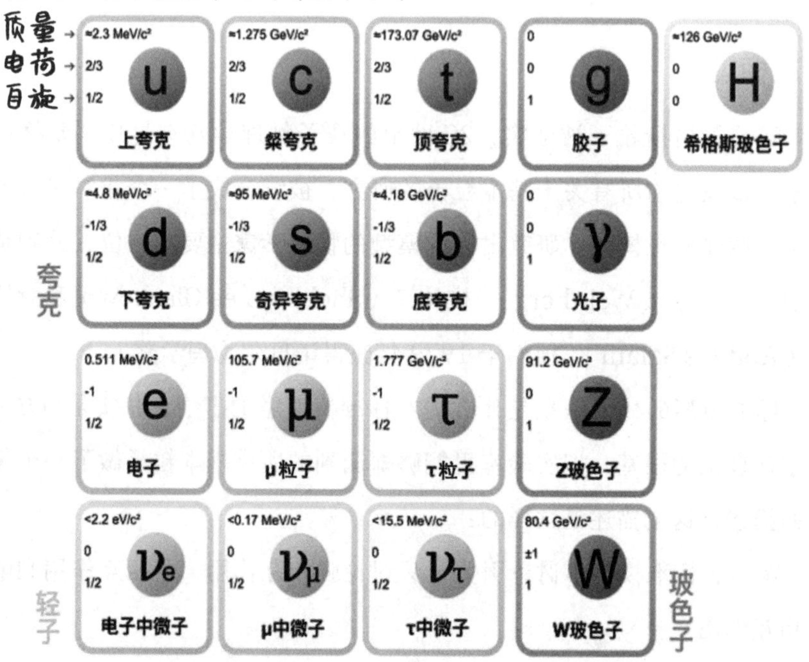

W^+、W^-、Z^0 三种规范玻色子实现。电磁相互作用同样是一种力，由电荷之间交换光子实现。

第六，胶子是因为色荷的波函数满足 SU（3）对称性，因此胶子本质是由 SU（3）规范场激发出来的，胶子没有质量。光子是因为电荷的波函数满足 U（1）对称性，因此光子本质上是由 U（1）规范场也就是电磁场激发出来的，光子也没有质量。W^+、W^-、Z^0 三种规范玻色子是因为味荷满足 SU（2）对称性，因此这三种玻色子是由 SU（2）规范场激发出来的。这三种玻色子有质量，是因为它们与希格斯场相互作用经历了自发对称性破缺。

第七，存在一种弥漫全空间的场，叫希格斯场。希格斯场激发出来的粒子叫希格斯粒子，是一种玻色子，它是质量的成因，其他基本粒子有质量是因为与希格斯场发生了相互作用。

标准模型一共描述了以下 61 种基本粒子。

夸克有 6 种味，分别是上、下、奇、粲、顶、底，并且每种夸克都可以有三种色——红、绿、蓝，于是夸克有 18 种。对应地，夸克都有反夸克，所以夸克和反夸克总数是 36 种。

轻子有 6 种，算上它们的反粒子，总共有 12 种。

胶子有 8 种，它们的反粒子就是自己，W^- 和 W^+ 互为反粒子，Z^0 自己是自己的反粒子，算上光子，光子也是自己的反粒子。规范玻色子一共有 12 种。

再加上希格斯玻色子，总共有 36+12+12+1=61 种基本粒子。

标准模型无法解释的问题

标准模型可以说是 20 世纪粒子物理学极其成功的理论模型，因为它与实验的结果符合得非常好。但是标准模型还有不少没有解决的问题，甚至可以说，标准模型几乎一定是一个暂时性的理论。

标准模型解释了四种相互作用当中的三种，用杨－米尔斯场和希格斯场，描述了三种相互作用，把它们统一在同一个理论框架内。我们知道，强力比电磁力强得多，电磁力又比弱力强得多。标准模型没有解释引力，而引力又比弱力弱得多。为什么这四种相互作用的强度会差那么多？这是标准模型没有从原理上回答的。

标准模型把这几个力的强度当成既定事实。我们知道，引力的强度是用万有引力常数来表征的。万有引力常数 G 非常小，数值上为 6.67×10^{-11}。电磁力的强度，用库仑常数表征，数值上为 9×10^{9}，非常大。在标准模型里，表征强相互作用、弱相互作用和电磁相互作用的作用常数，是三个不同的数值。这三个不同的数值，是依靠实验测量出来的，并非通过标准模型经过演绎法推导出来的。也就是说，标准模型无法解释为什么这几个作用常数差别那么大。真正意义上对于几种力的统一，应当在表达式中只有一些最基本的常数是靠实验测量的，其他的东西都应该由演绎得来。而标准模型当中需要实验测量的参数太多了，有 30 多个。因此，标准模型一定是一个不够基本、不够终极的理论。

除此之外，标准模型依然没有办法解决我们最初的问题：存不存在德谟克利特意义上的原子？标准模型里的基本粒子还有很多：36 种夸克、12 种轻子、12 种规范玻色子、希格斯粒子。也就是说，标准模型还远远不能回答我们最初的问题：什么是终极的、单一的、万事万物的基本构成？

虽然有很多问题无法回答，但在我们目前能够做实验的层面上，标准模型已经是最先进的理论了。再去探索，必须让实验水平跟上。也只是在 2012 年，我们才验证了希格斯粒子。如果要继续去追求终极，恐怕短时间内实验水平是跟不上的，但是科学家在这条道路上还是有非常多的理论性尝试的，它们指向终极的理论。比如大统一理论、超对称理论和弦论，这些理论都是对终极问题的探索。但是目前没有一个理论得到了任何实验证据，且指向终极。还不止这些，正是因为没有实验的论证，才导致可能的理论非常多。对于终极理论的探索，科学家们还有很长一段路要走。

The Hottest

极热篇

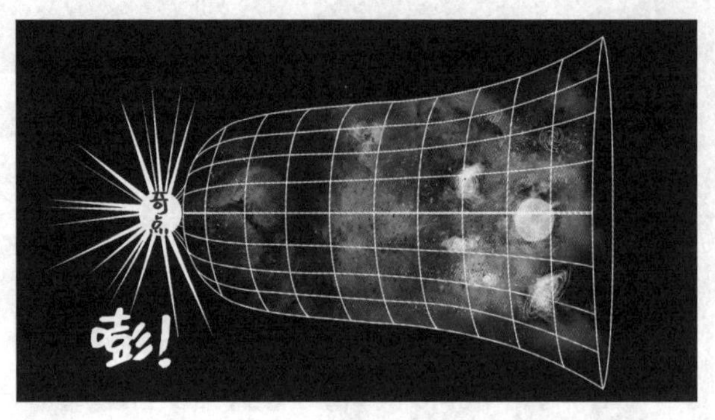

/// 导读 ///

乱中有序的真实世界

说到热，指的自然是温度的高。前四篇，我们所讨论的对象大多是单个对象。比如，“极快篇”中讨论的速度快，大多指的是单个物体运动速度极快；“极大篇”讨论的是单个天体的特性，最多不过是两个天体之间的相互作用规律；“极重篇”中广义相对论讨论的是时空性质，时空作为一个整体也是单独的研究对象，对于黑洞的研究也不过局限于单个天体如何成为黑洞；在“极小篇”中从单个原子的结构开始讨论，直到核物理、粒子物理以及标准模型，我们研究的都是一个或若干个对象的物理状况。

但现实世界中，我们面对的通常是由大量的分子、原子以及更多比原子还小的亚原子粒子（subatomic particles，原子核、质子、中子，这些都被称为亚原子粒子）组成的研究对象。如果把眼界拓宽到现实世界里真实存在的物理系统中，我们要用实验去探测的大多是多粒子系统。比如研究一瓶水、一罐气体，这里面的分子数（number of particles）都是极其巨大的，大到了阿伏伽德罗常数（Avogadro constant），也就是 10^{23} 数量级。大概 20 毫升的氧气中，就含有阿伏伽德罗常数数量级的氧气分子。

多粒子系统这个叫法其实不够清晰，它的另外一层意思是粒子的数量多于一个，所以这个称谓并不能充分表达阿伏伽德罗常数这个数量级。粒子很多的系统用专业术语来表达，叫系综（ensemble）。系综是指那些粒子数大到阿伏伽德罗常数数量级的系统。

内容安排

第十五章，对于一个系综，温度就是必须要面对的首要物理性质。因此在第十五章，我们要先明白什么是温度。

温度是只有面对系综时才真正有效的概念，它体现为正比于大量粒子运动动能的平均值。单个粒子的运动动能并不体现为温度，只有当粒子数足够多的时候，把它们运动的情况做一个统计平均值，才能让温度这个概念有充分的意义。当然，粒子少的时候也不是不能有温度的定义，只是这种情况暂时不在我们的讨论范围内。

有了温度的概念，就可以讨论一个系综可被测量的其他物理性质与温度有什么关系。物质有不同的形态，比如水在温度不同的情况下，有固态、液态和气态。根据生活经验我们知道，水的不同形态与它的温度有关，温度越高越倾向于气态，越低则越倾向于固态。比如，烧水会让水沸腾，放在冰箱冷冻室里则会结冰。

研究系统物理性质与温度关系的学科叫作热力学，这是一门比较古老的学科。热力学的理论中有不少是经验性的，比如，我们可以通过一些生活经验知道：气体的压强与它的温度成正相关，用高压锅烧水，温度越高，锅里的气压就越大。

热力学的发展相对来说比较纷乱，不像前文中提到的相对论、量子力学的发展过程那样清晰。热力学的研究成果很多是在19世纪工业革命的大环境下，对于工程学的研究发展所得出的。因此，热力学中会出现很多过渡性的、经验性的结论，像热力学第二定律（second law of thermodynamics）的表述方式就至少有四种。其中三种是宏观表述，是在研究不同领域问题的过程中被总结出来的。再比如，卡诺表述就是卡诺（Nicolas Carnot）在对热机（heat engine）的研究当中总结出来的，但它与其他两种宏观表述，也就是开尔文（Kelvin）表述和克劳修斯（Clausius）表述完全等价。通过较为复杂的演绎，可以证明它们说的是同一件事情。

直到19世纪末20世纪初，热力学才全面发展成了演绎性的学科，也就是统计力学（statistical mechanics）。统计力学是通过概率论和统计学来研究系综性质的学说，它通过一条最基本的定义——玻尔兹曼关于熵（entropy）的定义，以及一条原理——热力学第二定律，也叫熵增原理，就可以推导出整个统计力学的庞大系统。统计力学至今还是一个非常活跃的学术领域，因为它的变化足够复杂。

了解了系统物理性质与温度的关系，以及在微观解析层面通过统计力学了解了系综的物理规律之后，第十六章我们再来看看把温度从低推到高，物质会有哪些不同形态。从室温开始逐渐把温度升高到上亿摄氏度，你会发现除了常见的固体、液体和气体外，还有等离子态（plasma）这样的特殊物质形态。

当温度达到1亿摄氏度，核反应就变成可能。但是从人工角度，如何才能制造这样的高温呢？除了原子弹爆炸的中心温度，还可以利用激光来达到。

第十七章，温度越高代表系统内粒子运动的方式越混乱，也就是说一个系统会变得越发复杂。随着热力学、统计力学的发展，诞生了一个重要的学科——复杂科学。比如三体问题（three-body problem）、蝴蝶效应（butterfly effect）、混沌系统（chaotic system），这些问题都属于复杂科学的研究范畴。虽然复杂科学严格来说已经可以自成一脉，并不划归在热力学和统计力学的范畴内，但是对复杂系统进行一定的介绍还是非常有必要的。在第十七章，你会发现复杂系统的运行方式才是真正接近我们这个世界的真实运行方式。

第十五章
Chapter 15

热力学与统计力学

Thermodynamics and Statistical Mechanics

第一节

什么是温度

…•…

温度的宏观定义

我们要讨论的“极热”，自然是指温度的高。什么是温度？我们中学里将温度描述为“物体的冷热程度”。

物体的冷热程度是人体的一种知觉，每个人对于冷热的感受不一样。南方人通常比北方人耐热，有些人洗澡喜欢用 40 摄氏度以上的水，有些人则觉得 40 摄氏度以上太烫了。于是我们需要一个客观的、定量的定义来描述温度的高低。

温度是用一些处在恒定状态的物理系统来确定的。冰水混合物的温度被定义为 0 摄氏度，一个大气压下水沸腾时的温度为 100 摄氏度。定下 0 摄氏度和 100 摄氏度以后，把温度计 100 等分，就有了不同的温度的定义。

温度的微观定义

以上用温度计来做定义，测量的是物体的宏观温度性质。宏观物体是由微观粒子组成的，将温度具体分配到每个粒子上，在微观世界它的定义是什么呢？一个粒子的温度如何定义？

不如由一个物理现象出发，猜测一下从微观层面来定义的温度应该是什么样的。我相信你应该有过泡奶粉、泡咖啡或者泡茶的生活经验。要泡开它们都需要热水，如果用冷水是很难化开的。化开得快，本质是分子之间相互渗透的速度快。因为热水温度高，水分子运动速度快，所以化开得快。这就告诉我们，温度的本质跟分子的运动速度快慢有关，分子运动速度快体现为温度高。这样就引出了温度的微观定义，温度的高低，具体数值是多少现在不用在意，因为它无非是一个人为确定的标准而已。我们探究的是温度的本质。

温度的本质是微观粒子的运动，但如果用微观粒子的运动速度来定义温度是不方便的，为什么？因为速度是个矢量，它不光有大小，还有方向，但是温度是一个标量，它只有大小，没有方向。所以，可以把温度定义为正比于微观粒子运动动能的平均值，因为动能跟微观粒子运动速度的平方成正比，是一个只有大小，没有方向的量。

一个宏观物体的温度**正比于组成它的所有粒子动能的平均值**。这里的关键是平均值，也就是说温度是一个宏观概念，单个粒子不存在温度的概念，我们只能描述它的动能。假设现在有一罐氧气，它的温度是恒定的，为 20 摄氏度。这里的 20 摄氏度，就正比于所有氧气分子微观运动动能的平均值。但如果真的去观察每个氧气分子的运动，会发现它们还在碰来碰去，不可能每个分子的运动速度完全一样，所以它们的运动动能不可能完全相等。因此我们只能说，温度是正比于所有微观粒子运动动能的平均值。就像你问一个班级里学生的平均身高是多少，可能这个值是 1.5 米，但是不可能每个学生的身高都是精确的 1.5 米。[此处我们说温度正比于动能的平均值，是因为在这里还存在玻尔兹曼常数 k，$k \approx 1.38 \times 10^{-23}$ J/K（焦耳 / 开尔文，焦耳是能量单位，开尔文是温度单位）。温度 T× 玻尔兹曼常数 k，给出的就是能量的单位。]

因此，讨论微观系统，尤其是单个粒子或较少数量粒子的温度没有意义，我们只需要用动能就可以描述它。**温度是一个统计概念，它用来描述的对象必须是一个系综**，系综是指那些粒子数大到阿伏伽德罗常数数量级的系统。温度是一个用来研究多对象、大体系的物理量。它的研究对象里必须有非常多的个体，多到无法描述单个个体，而只能描述整体的平均性质。这就引出了热力学的适用范围，它研究的是巨大数量个体组成的整体性质，数量多达阿伏伽德罗常数的数量级。

真空中的温度是多少？

有了温度的微观定义，我们就会发现“温度是物体的冷热程度”这个描述是不够准确的，至少是不全面的。把一个温度计扔到一个地方，给出一个读数，这个读数未必是温度的定义。就像我问你真空的温度是多少，此处我们说的真空是理想的、真的空无一物的真空。我们知道，现实的真空是不空的（前文中描述的卡西米尔效应告诉我们真空中的虚粒子对让真空有“真空零点能”）。

理想真空温度是多少呢？科幻电影里经常有太空很冷的场景，生物到太空中会冻住。但是**理想的真空是不存在温度的**，因为没有粒子，没有东西在运动，那为什么感觉上很冷呢？

你拿一个温度计放在太空里，它会显示一个读数，这是因为有散热的效果。太空是空的，一盆热水放在太空里，它的热量会通过热辐射的方式散失掉。这个散热过程带走了能量，所以温度计的读数是低温，体感温度是很冷的。体感温度低只能说明散热效果好，它与温度低之间还是有一定区别的。就好比你光脚踩在瓷砖地面和木板地面上的时候，虽然二者温度肯定是一样的，但是明显感觉瓷砖地面更冷，因为瓷砖地面散热更快，能从你的脚上更快地带走热量。

可见，用物体的冷热程度来定义温度，并非一个抓住本质的定义。

什么是绝对零度?

大家一定听过一个概念，叫作绝对零度，而且绝对零度是达不到的。根据温度正比于粒子微观运动的动能平均值，我们把这个状况推到极限，当粒子完全不动，动能为 0 的时候，就应该对应于绝对零度。

根据热力学第三定律，绝对零度是无法达到的，这是一条原理性质的定律，并没有演绎性的证明。但如果我们把背景拓展到量子力学层面，尽管还不是很清楚，不确定性原理可能可以给出一些侧面的解释。

从不确定性原理的角度看来，因为粒子无法停止运动，它一定有最小限度的运动。不确定性原理说的是，一个符合量子力学规律的微观粒子，它的位置和速度无法同时确定。

如果一个粒子真的能够停止运动，说明它的速度为 0，并且位置不会发生任何改变，那么它的位置和速度就被同时确定了，这就不满足不确定性原理了，因此不可能出现粒子完全停止运动的情况。当然，热力学讨论的粒子还是经典意义的粒子，它描述粒子的基本模型与量子力学是不一样的，所以不应这样简单草率地解释。热力学意义上的绝对零度不可达是一条原理性的结论。

虽然绝对零度达不到，但是我们可以定义一个数值给它。我们把粒子动能为 0 的那条线，定为绝对零度。然后以动能为 0 的点作为基准点，动能每增加一点，就定义增加一度。依此类推，这就是开尔文温度。

开尔文温度是以粒子的微观运动动能定出来的温度体系。所有热力学里的计算，都是依据开尔文温度，也叫热力学温度（thermodynamic temperature）进行的。开尔文温度和我们平时用的摄氏度有一个转换关系。0 摄氏度的冰水混合物里面的水分子还是有动能的，我们计算出 0 摄氏度的水的动能，然后递减温度到绝对零度，就能得出换算关系——开尔文温度 = 摄氏度 +273.15。

我们规定开尔文温度的温度间隔与摄氏度的温度间隔是一样的，也就是 100 开尔文比 99 开尔文高多少平均能量，100 摄氏度也比 99 摄氏度高多少能量。绝对零度如果写成摄氏度，就是零下 273.15 摄氏度。除此之外，还有华氏温度（Farenheit），现在全世界范围内，绝大部分国家都使用摄氏温度，美国使用的是华氏温度，华氏温度与摄氏温度（摄氏度）的换算关系是 F = 9 × C /5+32。所以当一个美国人在抱怨“天气太热，一定有 100 度”的时候，他并不是在夸大其词，因为华氏温度的 100 度大约是 37.8 摄氏度，确实是很热。

第二节

理想气体（ideal gas）

热力学的研究对象

有了温度的定义，我们就可以开始进行热力学的研究了。

首先要明确热力学研究对象的范围。温度正比于一个系统内所有分子运动动能的平均值，所以，我们研究的对象必然是一个多粒子系统。几个粒子这种情况，我们用量子物理处理就可以了。阿伏伽德罗常数数量级的粒子系统，才是热力学的研究对象，因为热力学研究的都是整体的宏观性质，是做过平均值之后的性质。

所以你会发现，粒子极少的时候，我们有量子理论可以研究，粒子多的时候，我们可以用热力学，甚至量子场论研究。

热力学的适用范围

这就引出了热力学研究范围的第二个规定：除了粒子数量极其庞大之外，必须假设我们研究的是已经经过了极长的时间，达到了充分稳定态，不再发生变化的系统，这样的状态叫热力平衡（thermodynamic equilibrium）。像奶粉溶化在水中这样的过程，热力学是不研究的，因为里面的过程太复杂、参数太多，很难描述清楚。

因此，热力学的适用范围，我们已经确定：

（1）是要有阿伏伽德罗常数数量级个粒子的宏观系统；

（2）必须是热力平衡。

理想气体

设定了所研究系统的性质，再来看看我们现实生活中的真实研究对象是什么样的。现实中能接触到的物质基本有三种形态：固态、液态和气态。比如说水，固态是冰，液态是水，气态是水蒸气。

气体的体积在升温、降温的情况下会变化得很明显，而液体和固体的体积与温度的关系则不那么简单。我们通常关注液体的流体性质，是通过流体力学去研究的。对于固体，我们更加关注的是它的晶体结构、材料性质和电学性质。因此，“极热篇”主要讨论的是气体。

要研究气体的什么性质呢？我们现在有了温度的定义，就可以把温度当成一个最主要的参数，那就要看从气体的温度出发，还可以把它的哪些性质关联起来。气体有气压，大气的压强差不多是 100 千帕，1 帕相当于 1 牛的力平均分配在 1 平方米的面积上。除了气压以外，我们也关注特定气体的体积和密度，这些都是气体的物理性质。除此之外，还有气体的化学性质。不同气体混合发生反应，会有反应速率的问题。这属于物理化学的研究范畴。

能够测量到的关于气体的物理量，有气压、体积、密度和温度。要想知道气体这几种性质之间有什么联系，它们的变化规律是什么样的，就需要用一个模型去描述它的行为。此处密度和体积其实是两个相互关联的量，同样质量的气体体积越小，密度就越大。所以，可以把密度换成气体的分子数。这样一来，这几个量就相互独立了。

既然要研究气体，就要构造一个可以用物理学进行定量研究的模型。对气体性质研究进展最为迅猛的时期是在 19 世纪，当时的很多物理学家、化学家都研究了气体的性质。比如我们在“极小篇”开篇讲过的英国化学家道尔顿，他证明了原子的存在。道尔顿对气体的研究贡献卓著，他提出了著名的道尔顿分压定律（Dalton's law of partial pressures）。该定律的大概意思是，把两种气体，比如二氧化碳和氮气，混合在一起以后，混合气体的总气压等于两种气体各自的气压之和。不光是两种气体，多种气体也满足这个定律。

根据一系列的经验定律，对于气体的研究有一个最好用的模型，叫理想气体模型。这个模型说的是：气体的气压 × 它的体积，正比于它的分子数 × 它的温度。这就是描述理想气体的方程式——克拉伯龙方程（Clapeyron equation）。

$$PV = N\mathrm{k}T$$

P：压强　V：体积　N：粒子数　k：玻尔兹曼常数，1.38×10^{-23}J/K
T：温度

所谓理想气体，就是把这些气体分子当成完全独立的个体，假设气体的分子和分子之间没有任何相互作用，并且把气体分子当成完全弹性的小球，它们跟容器壁进行碰撞时完全没有能量损失，是弹性碰撞。

气体中分子间的距离非常大，相比之下分子的直径小到可以忽略。所以，气体分子间的碰撞概率非常小。我们可以假设气体分子之间没有显著的相互作用。这种假设虽然不能完全描述实际情况（实际情况是分子和分子之间不可能完全没有相互作用，它们也会相互碰撞和相互吸引），但之所以能做这个假设，是因为它是气体，气体分子之间的平均距离非常大，所以它们之间相互作用的影响很小，因此，即便忽略了这种相互作用，也不会对结果有重大的影响。

而液体和固体肯定是不能做这样的假设的。液体有一个现象，叫表面张力（surface tension）。比方说，一杯水完全倒满，哪怕水的表面比杯子表面高一点点，它也不会溢出来，靠的就是水的表面张力，它表现为水的黏性，这就是水分子之间的作用力，因此对于液体不能忽略分子之间的作用力。对于固体就更加不能了，固体之所以为固体，就是因为分子间作用力占据主导，分子的自由运动无法打破固体的固定结构。

理想气体模型的有效性

我们可以根据生活经验，或者物理直觉，来检验一下克拉伯龙方程。假设现在有一罐气体，罐子的大小是不变的。假设罐体密封很好，不会有气体进出，根据生活经验，给这罐气体加热，内部压强肯定会增大。在克拉伯龙方程里，V 不变，T 升高，则 P 肯定增大，所以理想气体方程能描述这个现象。

假设温度一直不变，可以把罐子放在恒定温度的水里以保持恒温，然后缓慢往罐子里充气。这里必须强调缓慢，因为热力学研究的是稳定态的系统。缓慢充气可以保持作用过程中温度一直恒定，气充得越多，压强也越大。所以在体积恒定的情况下，气压和分子数成正相关。克拉伯龙方程里，T 不变，N 增大，则 P 也增大。

如果这个罐子是可以压缩的，我们想办法把这个罐子的体积压小，其实就是让气体的体积减小，压缩以后，气压会随之增大。也就是说，在温度恒定、粒子数恒定的情况下，体积越小，气压越大。在克拉伯龙方程里，对应的就是 T 不变，N 不变，V 减小，则 P 必须增大。

这样，我们就验证了克拉伯龙方程至少在几个物理性质之间定性的关系上是一致的。理想气体满足的克拉伯龙方程，是可以充分描述理想气体的行为的，它跟我们实际的气体也相差不大。

第三节

如何从微观上理解气体

压强的本质

理想气体的行为是由克拉伯龙方程把几个气体的宏观性质联系起来进行描述的。但是本质上，这些都是由理想气体中微观粒子的性质综合得来的。所以，我们要从微观粒子的性质出发来解释宏观性质。只有从微观性质出发推导出来的宏观性质，才能说是演绎的结论，才能从本质上理解气体的行为。

首先我们来讨论一下，气体压强的本质是什么？一个罐子里装着气体，气体有扩散的趋势，但是被罐子束缚住了，所以感觉罐子的内壁上会有气压。

那么从微观层面看，气压是什么呢？我们说有温度，是因为微观粒子在做无规则运动。罐子的内壁不断有粒子在撞击它，这种快速且频率非常高的撞击在宏观看来就变成了一个持续的力，这种撞击力的感受就是气压，气压的本质就是微观粒子存在运动。这个压强如此稳定，恰恰是因为我们研究的是稳定态的理想气体。

那么气压怎么算呢？在“极快篇”第三章，我们曾经计算过空气阻力正比于速度的平方。这里的计算完全相同，只不过在计算压强的时候，空气分子碰撞容器壁的速度是各个方向都有的，不像风阻将空气的流速视为一个方向。我们要做的是取一个平均值，因为对于稳定气体，我们关心的都是平均值，所以我们要得到的是空气分子撞击罐子内壁的力的平均值，也就是单个分子撞击容器壁的力正比于它速度的平方。

速度的平方又正比于什么呢？当然是它的动能，因为动能就是质量乘以速度的平方再除以 2。压强就是正比于单位时间内所有分子撞击容器壁单位面积的动能的平均值。分子动能的平均值又是什么？这不就是我们前面说的正比于气体的温度吗？经过一系列推理，单位面积压力，也就是压强，正比于温度。分子数量越多，压强越大，因为撞击的次数多，所以压强正比于气体分子数。由此，我们就大致验证了理想气体方程的形式。

范德瓦耳斯力（van der waals force）

在实际情况当中，理想气体真的完全准确吗？未必。理想气体的模型有个基本假设，就是气体分子之间没有相互作用。因为气体分子之间的距离很大，所以分子之间碰撞的概率不大，但是不大并不等于不存在。分子靠近之后，除了碰撞，还有其他相互作用力。比如，我们把碳和氧混合在一起，温度高一点儿，它们就会发生反应形成二氧化碳。也就是说气体分子之间不可能没有相互作用，否则化学反应也不可能发生。分子和分子之间除了碰撞以外，肯定还有其他的相互作用。

这就引出了一个概念——范德瓦耳斯力。每个分子由原子组成，原子里又有电子和原子核。两个原子靠近，它们各自的电子之间有电磁相互作用，也会互相感受到对方原子核的作用。因此分子间肯定有电磁相互作用，只不过分子、原子的结构导致这种相互作用的总效果比较复杂。

范德瓦耳斯力是由一个叫范德瓦耳斯的荷兰科学家于 19 世纪后半叶提出的。他认为在分子层面上，普遍存在复杂的相互作用规律。当然，这种力只是电磁力在比较复杂的电荷分布情况下给出的一个集中的总效果。因此它的形式比较复杂，在不同距离上规律不一样，有吸引的表现，也有排斥的表现。这就是我们中学学过，但是老师没有详细解释的分子间作用力。比如，壁虎可以在墙壁和天花板上爬，靠的就是脚趾和墙壁分子之间的范德瓦耳斯力。

范德瓦耳斯力也可以解释不同的化学键的性质差异为什么那么大。当然，本质上它们都是量子力学层面电子波函数的不同表现形式。

如果我们考虑范德瓦耳斯力，理想气体的描述就不准确了，尤其在气体密度很大的情况下，理想气体模型就会越发不准确。

但其实如果考虑了范德瓦耳斯力，它的效果也不过是对理想气体方程的形式有一点修正而已。因为我们分析气压的那部分，从原理上来说依然是适用的，它依然是气体分子撞击容器壁的过程，因此我们可以想象，范德瓦耳斯力的引入，无非是让理想气体的方程式有一定的修正而已。

修正的物理量是什么呢？很明显分子数是不会变的，温度是我们的一个参数，也不用变。在同样分子数、温度恒定的情况下，气体由于存在范德瓦耳斯力的吸引，它的体积会倾向于缩小。体积缩小的情况下，压强应当会增大一些。因此，范德瓦耳斯气体方程跟克拉伯龙方程比，只是有一些修正。但是在体积特别大，气体密度特别小的情况下，范德瓦耳斯方程的修正是可以被忽略的。

$$(P+\frac{a}{V^2})(V-b)=NkT$$

a和b是两个需要测量的修正数值，它们与系统中的粒子数N有关。

至此可以说，我们对于恒温、稳态的气体的研究已经比较全面了。它的气压、体积、分子数和温度之间的联系已经非常明白。但它只是气体的静态性质，真实世界的气体都是流动的，都处在动态，哪怕不是动态，也并非温度都一样的稳态。微观气体分子的运动也是多变的，所以我们要尝试对动态的宏观气体以及微观的气体分子规律进行进一步研究。

第四节

用统计学理解热力学系统

掷骰子

我们已经理解了气体的稳定态有什么样的性质。总的来说，可以用理想气体方程式来描述它的宏观性质，当然，更加精确的模型是范德瓦耳斯气体模型，它在理想气体的基础上，对于压强和气体体积做了一些修正。

但是，宏观也是由微观构成的。在气体的稳定态下，微观粒子的状态是稳定的吗？来看一个生活中的例子。

假设你去掷骰子，会得到从 1 至 6 其中一个结果。那么掷 10 个骰子全部得到 1 的概率是多少呢？（1/6）^{10}，一个很小的数字。如果是 100 个呢？1000 个呢？全部都是一样点数的概率就更小了。

随着骰子的数量增多，最终的结果会呈现什么样的规律呢？掷的骰子数量越多，比如掷 10 万、100 万个，最终的结果一定是出现 1—6 这 6 个结果的数量基本相同。

大数定律（law of large numbers）

掷骰子是一个随机过程，获得 1—6 这 6 个结果的概率都是 1/6。这里就要介绍大数定律：当一个随机过程的样本数量越大，最终得到的结果就越接近这个随机过程的概率分布。比如你掷 6 次骰子，最后点数分别是 1—6 点，6 个结果的概率是非常小的。但如果你继续掷，掷 60 次、600 次、6000 次，掷的次数越多，样本数量越大，最终的结果就应该越接近概率的分布。掷骰子的概率分布就是每个结果对应 1/6 的概率。

再来看看气体，气体的温度正比于它所有粒子运动动能的平均值。如果单看一个气体粒子，可以说它在做无规则运动。对于处在恒温的一个体系内的气体分子，绝不可能每个分子都精确地以同一个动能在运动，但是它们的平均值却是确定的。这说明虽然单个粒子的运动可能毫无规律，但是总体来看一定是有规律的。

在“极小篇”中我们说过，之所以用概率波来描述粒子的运动状态，是因为单个粒子的运动杂乱无章，但在整体上呈现为一个概率的分布。气体也应该一样，虽然目前还没有引入量子力学的规律，它们从个体上看没有什么规律，但是整体上，一罐恒温气体中的气体分子所具有的运动动能应当满足一个概率分布。我们可以说某个动能范围内分子的数量占总分子数量的百分比是多少，这就是气体的动能或者说速度分布函数。

根据大数定律，宏观气体中的分子数量极其巨大。它的分布函数应该是相当稳定的，如果真的测量每个分子的运动动能，得出的实际情况应当与这个分布函数相吻合。正是因为宏观事物中微观粒子的数量极其庞大，所以我们可以非常放心地使用分布函数来描述它们的性质。

我们虽然无法具体描述单个粒子的行为，但可以知道它们行为的分布。如果气体所有分子的动能有一个分布状态，它应该是什么样的呢？这个分布状态又是依据什么原则来确定的呢？

热力学第二定律

此处，我们就引出了一条热力学当中最核心的定律——热力学第二定律。这条定律可以说是目前物理学中最核心的铁律之一。

热力学第二定律最主要的表述方式有两种，分别是从宏观层面和微观层面来描述的。宏观层面的表述叫克劳修斯表述。克劳修斯是 19 世纪的一位物理学家。克劳修斯表述是这样的：热量无法自发地从低温物体流向高温物体而不产生其他影响。第二种表述是微观表述，也叫玻尔兹曼表述，说的是一个封闭系统的熵永远不会自发减小。所以，热力学第二定律也叫熵增定律。

第一种表述很好理解，你拿一个热的东西和冷的东西接触，热量一定会自发地从热的东西流向冷的东西，直到二者温度相同，热量才会停止流动。这又对应了热力学第零定律：两个温度不同的物体进行热量交换，最终的结果一定是两个物体的温度相等。除非是空调这种非自发的情况，你会发现空调外面的压缩机会散发出很多热量，也就是空调制冷需要外部输入能量才能做到，它并不是一个自发过程。

第二种表述提到了一个概念，叫作熵，它是表征一个系统混乱程度的物理量。

总的来说，一个稳态的热力学系统，它的熵一定处于可能的最大的状态。有了这条热力学系统的第一性原理，我们就能够求出宏观系统里微观粒子动能的分布规律了。这些微观粒子的速度分布，必须要满足一个条件，它一定是所有可能的分布中让系统总体的熵最大的一种。

到底什么是熵，如何定量地衡量一个系统的混乱程度呢？

第五节

熵增定律

什么是熵？

熵是一个用来描述物理系统混乱程度的物理量，一个系统越混乱，

图15-1　玻尔兹曼的墓志铭：S=k log$W$

它的熵就越高。一个没有能量的输入和输出，处在封闭状态的系统，它的熵在自发演化的过程中永远不会主动减小，这就是熵增定律。

就像房间如果不打扫，就会越来越乱，这里的打扫就相当于给房间输入能量，打扫房间的能量需要通过吃饭来补充。但是这里房间的混乱与否，完全取决于个人的主观感受。

物理学是如何定义一个系统是否混乱呢？19 世纪末著名的奥地利物理学家玻尔兹曼提出，熵最根本的定义与微观态数有关，其微观定义表达式是 S=k log$W$（k 是玻尔兹曼常数，W 是微观态数）。

什么是微观态数呢？它是指一个系统可能存在的状态的个数。举个例子，现在有一高一矮两个玻璃杯，我给你一颗绿豆，绿豆必须在杯子里。那么这两个杯子和一颗绿豆组成的系统，有几种可能的状态？答案是两种，绿豆必须在其中一个杯子里。如果多一个不同的杯子呢？那样就会有三种状态。如果再多一颗绿豆呢？答案是六种，两颗绿豆在同一个杯子里，这就有了三种情况，也可以将绿豆分别放在两个不同杯子里，也就是有一个空杯子，也有三种情况。

这里我们假设两颗绿豆完全一样，所以不存在两颗绿豆发生交换，会产生两个不同状态的情况。随着杯子和绿豆的数量增多，这个系统可能存在的状态会越来越多。有多少种摆绿豆的方法，就对应多少种系统的微观态数。微观态数的对数 × 玻尔兹曼常数，就是熵的微观定义。

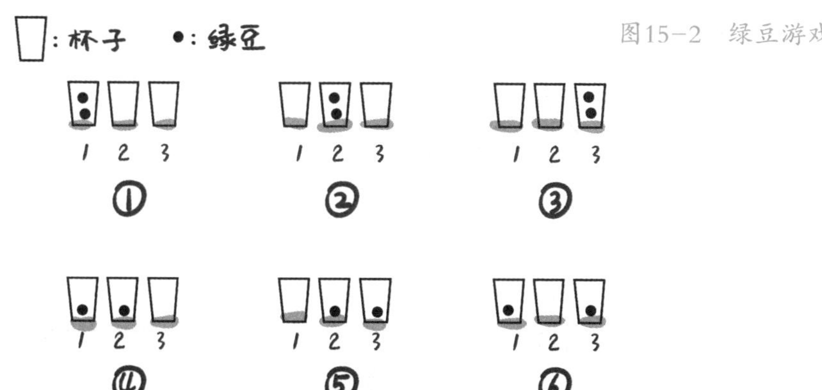

图15-2　绿豆游戏

那我们可以看看，如果一个系统只有一种状态，那么熵是多少？答案是0，klog1=0。

类比玻璃杯和绿豆的例子，对于一个系统的气体来说会怎么样呢？把气体分子可能处在不同的能量状态的数量，类比于上面例子里杯子的数量，气体分子可以达到的能量状态越多，就好比杯子越多。把气体分子比作绿豆，气体分子数量越多，就好比绿豆的数量越多。

分子动能的分布

有了熵的定义，就可以讲什么是熵增定律了。熵增定律说的是，一**个封闭系统的熵无法自发减小**，随着时间的推移，一个系统达到的最稳定的状态，一定是这个系统可能存在的熵的最大的状态。这就是熵增定律，也叫热力学第二定律。

有了熵增定律，就能回答上一节的核心问题了：处在稳定态的气体分子的运动速度大小的分布是什么样的？答案是麦克斯韦速率分布（它的形态与常见的正态分布较为相像）。麦克斯韦速率分布是两边小，中间大的分布函数。速度大小刚好在气体分子平均速度（对应平均动能）附近的分子数是最多的，速度特别小和特别大的粒子数都比较少。

图15-3　不同温度下，粒子速度的分布图

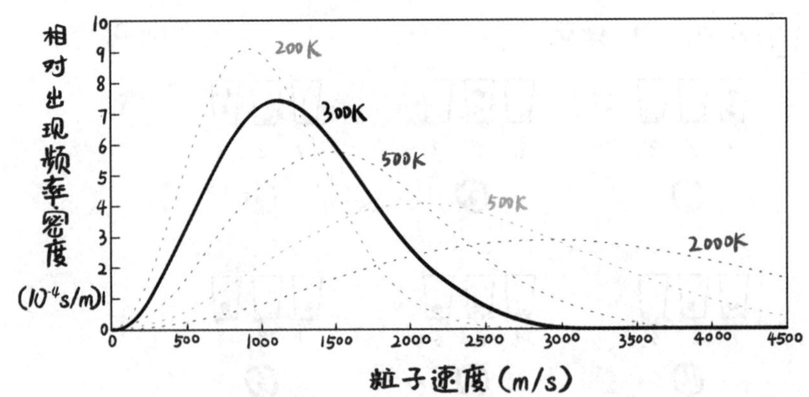

为什么是这样的分布函数？因为在这种分布方式下，气体总体的熵才是最大的。这就是通过熵增定律推导出来的微观层面气体分子的速度分布的最重要的规律。

熵增定律的普适性

这只是通过熵增定律得出的气体分子运动动能的分布。但原则上，通过熵增定律可以得出任何稳态统计学系统的能量分布，并不局限于气体、液体、固体，它们都满足熵增定律。它是普适的定律，在一切条件下都成立，科学家至今没有发现过违反热力学第二定律的现象。

对于任何一个热力学系统，都可以通过写出它的微观态数，算出它的熵，从而得出让熵最大化的办法。这里就对应了玻尔兹曼分布，即一个系统内微观的部分可能有各种能量状态，与平均能量差得越多的能量状态，在整个系统里的占比就越低。一个能量状态在整个系统里的占比，跟整体系统的温度以及这种特定能量状态的能量大小有关。

有了这个分布，我们就可以计算系统里的各种物理性质。一个系统里可以有各种各样的物理参数，比如给一块材料加一个磁场，那么这个磁场就会跟材料里的原子发生关联，这种关联会影响到整个材料的能量。最终这块材料所表现出来的整体磁性，就是把里面所有可能出现的磁性所对应的能量按照玻尔兹曼分布求和，再取平均值得到的结果。

至此，我们对热力学的基本思想，以及统计力学里的基本原理做了介绍。热力学和统计力学研究的是同一种物理学系统，只不过它们的方法论不同。热力学是从现象出发，通过热力学系统的宏观性质预言它的行为；统计力学则是从微观出发，先定义诸如熵这一类的物理量，再从微观构造宏观，比如气体的能量分布函数。二者实际上是相互融合的，我们也可以认为热力学是统计力学的前身。因此，热力学作为一门独立学科，它在现代物理学中的地位几乎已经被统计力学取代了。

第十六章 高温的世界

Chapter 16

Different forms of matter within different temperature

第一节

物质形态的改变：相变（phase transition）

…●…

总的来说，热力学和统计力学研究的都是微观粒子数量极其庞大的系统。热力学是对宏观的经验性结论进行研究，而统计力学则是从微观粒子的特性出发，由微观得出宏观规律，因此统计力学是研究得更加彻底的。到了 20 世纪，热力学这个学科作为理论物理学的前沿研究基本结束，被统计力学所统合。

统计力学里的第一性原理是熵增定律，说的是一个封闭系统的熵不会自发减小，它的混乱程度只会越来越大，直到达到最终的稳态，对应的是该封闭系统熵最大的状态。

这一章，我们来看看物质在不同温度下会以什么样的物质形态存在。

物质的三种常见形态

现实生活中的物质形态变化，我们是很熟悉的。水降温会凝结成冰，在一个大气压下，升温到 100 摄氏度会沸腾成为水蒸气，当然，就算不加热，水也会蒸发成为水蒸气。大量水分子，在温度变化的情况下会有不同的物质形态。

一种物质通常有三种状态：固态、液态和气态。之所以会形成这三种状态，主要是因为温度的不同。温度的本质是因为粒子做微观运动，温度越高说明粒子的微观运动越剧烈。

如果粒子不做微观运动，基本上所有的物质都是固体，因为物质的分子、原子之间是有相互作用的，范德瓦耳斯力在大部分物质分子中呈现吸引性。固体当中分子、原子的作用比较强，分子、原子之间的相对位置比较固定。因此，温度只体现为微观粒子在固定位置周围的振动，就好像分子之间有“弹簧”，温度只能让“弹簧”伸缩，但不会断裂。比如氯化钠（也就是盐）是一种晶体，它们的晶体结构是靠钠离子带一个正电荷，氯离子带一个负电荷相互吸引形成了离子键。然而微观粒子在运动，运动得越剧烈，微观粒子就越容易摆脱粒子间的相互吸引力的束缚，所以随着温度的升高，固体有可能成为液体和气体。

液体分子和分子之间的相互作用很明显，但是并没有强到让分子之间的相对位置固定的程度，液体中分子、原子可以自由活动。这很显然是温度高到了可以打破分子之间的“弹簧”，但是还不够让分子彻底摆脱对方。气体则是温度高到让分子的动能强到几乎可以摆脱对方的地步。

传统意义的相变

我们关注物质形态变化的规律。我们在中学学过，冰融化成水，水蒸发变成水蒸气，这些现象都叫相变。固态、液态、气态叫物质不同相（phase），不同相指的是分子间的相互作用关系发生了显著变化。

但是这个定义，就最前沿的物理学看来是不准确的。如果要用一种精确的物理语言定义物质的不同形态，必须要做到定义清晰、没有歧义。也就是说，如果要定义一种相，那么它不应该局限于只针对某种特定的物质，而是只要处在这个形态的一类物质都可以用这种相的特性描述，同一种相的不同物质的分子排列结构应该是类似的。

如果只是按照固体、液体、气体来划分物质不同的相，就会出现一

图16-1 钻石和石墨的碳原子排布结构

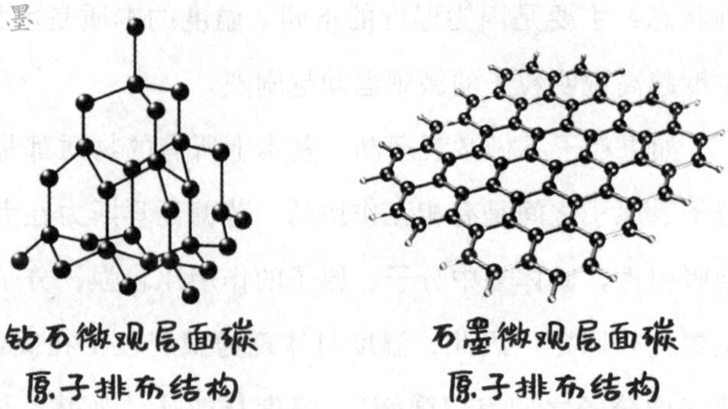

钻石微观层面碳原子排布结构

石墨微观层面碳原子排布结构

个相对应若干种不同分子连接形态的情况。比如，冰和玻璃看似都是透明的固体，但是它们分子间的相互关系截然不同。再比如，钻石和石墨都是固体，并且都是碳，但因为碳原子的排布方式截然不同，导致两者性质差异极大。也不是所有液体和气体当中微观粒子的关系都是类似的，比如超流体（superfluid），从宏观上看是液体，但其实性质跟水、液氮这样的普通液体是截然不同的。

晶体的熔化

固体的熔化分为晶体的熔化和非晶体的熔化两种，冰是晶体，玻璃是非晶体。晶体的熔化和非晶体的熔化的最大区别，就是晶体在还没有全部熔化时温度是恒定的。只有当所有晶体都熔化完以后，温度才会继续升高，但是非晶体在熔化的过程中也在逐渐升温。为什么？因为晶体有内部结构。如果研究冰的微观结构，就会发现水分子是以规则的几何形状进行排布，它们以特定的方式被规则地连接在一起。玻璃虽然也是固体，但是玻璃分子在微观上是随机、杂乱地聚集在一起的。

晶体就是那些分子在微观上做规律排列的固体。晶体的分子之间会形成分子键，因此当晶体升温熔化时，热量的作用，先是用来去打断这些晶体分子之间的分子键，等全部的分子键都被打断，成为液体以后，

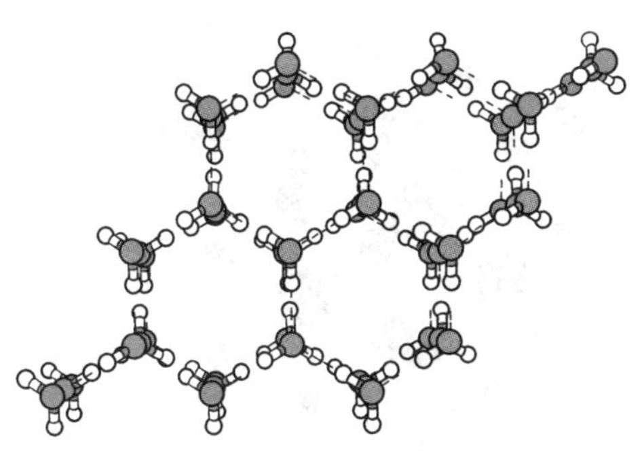

图16-2　冰晶体中水分子的排列结构

才开始整体升温。

但是非晶体就没有这个问题，热量可以用来给分子直接升温，因为它没有分子键的结构需要破坏。这也是冰的密度比水小的原因，因为冰有内部结构，水分子像搭积木一样把冰的体积撑大了。我们之所以把冰水混合物的温度定为 0 摄氏度，正是因为晶体在熔化过程中是恒温的，冰水混合物可以被看成冰融化到一半的状态。

冰和玻璃从宏观上看虽然都是固体，但是它们的微观规律并不相同，所以不能笼统地被划归为固体这一单一的相。

相变的本质

从上文可知，物质不同的相应当用微观规律去划分。到了 20 世纪中叶，苏联物理学家朗道（Lev Landau）给出了一种划分不同相的方法，那就是依据物质形态的对称性去划分，一种对称性对应于一种相。

什么是对称性？之前在“极小篇”第十四章中说过，当你对一个对象做一个操作后，它并不发生改变，我们就说这个对象具有在这种操作下的对称性。那么如何定义物质形态的对称性呢？跟它的内部结构有关。非晶体拥有的对称性是空间平移对称性。比如，你在玻璃里面找一个点，然后从这个点出发，移动任意距离到一个新的点，这个新的点的性质跟刚才的点完全一样，因为它们都是随机运动的玻璃分子。

图16-3　氯化钠中钠原子与氯原子的排列结构

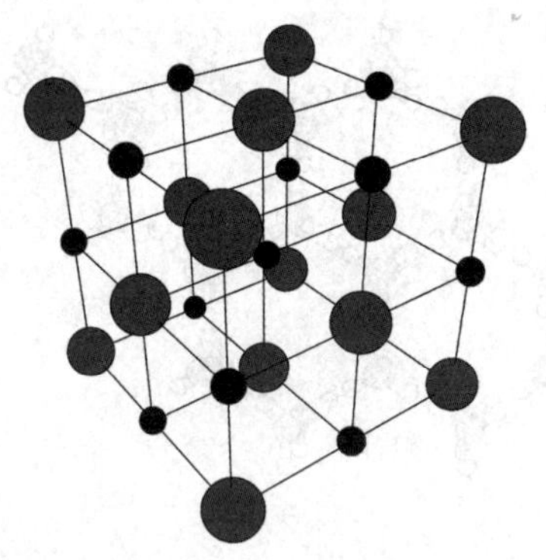

但是对于氯化钠晶体就不一样了，从一个钠原子出发移动特定距离，碰到的可能是一个氯原子，再移动一个距离，碰到的可能又是一个钠原子。也就是说，随便在氯化钠晶体里面选取一个点开始移动，不是移动任意距离都可以回到跟刚才状态一样的点，一定要选择特定的移动方式才行，这就是一种周期平移对称性。

不同类型的晶体，对应于不同类型的空间对称性。因此，可以用不同的对称性来划分不同物质的相。通过这种划分方法，科学家发现了230种不同的空间对称性，也就是230种不同的微观晶体结构。通过这种方法，物质的相可以被研究得很通透。

有了对称性，我们就可以把物质升温的相变研究得非常透彻了。从固态出发，升温最终变成气态，中间可以经过液态，也可以不经过液态，具体由物质固态时的性质决定。如果晶体态中原子间的束缚非常强烈，比如钻石，这种晶体加热之后倾向于直接升华。如果要让它们产生相变，一定要让原子获得足够强的能量，一旦束缚被打破，这些分子的动能已经非常大了，会直接形成气态。

但是这样的描述，真的包括了所有可能的物质形态吗？还有两个极端情况没有讨论。一是温度极高，气态再往上会有什么形态？二是温度极低，晶体结构再往下，会有什么奇特性质？

第二节

物质的第四形态：等离子态

…●…

火到底是什么？

首先我们来回答一个问题：火到底是什么？火是所有人都很熟悉的，但是估计没有多少人知道火到底是什么。其实火不是一种具体的物质，而是一个过程。火是一个化学反应（主要是氧化反应）发生的过程中所产生的光和热。

燃烧的氧化反应发生过程中，伴随着原子的电子结构发生改变，由于温度高，原子会获得更多的微观剧烈运动的动能，这种动能会让电子变得很活跃，从而从原子中逃脱，形成离子的形态。这就对应了物质的第四种形态——等离子态。

等离子态是指当温度升高到一定程度，电子变得极其活跃，原子核的电磁束缚无法再绑住电子，电子从原子里逃逸，进入游离的状态。

等离子体的特性

除了导电以外，等离子体还与磁场有相互作用。因为电荷一旦运动起来，就会受到磁场的洛伦兹力，并且运动的电荷会形成电流，也会产生磁场，所以等离子态对物质的磁性会产生影响。一般的物质，温度达到 6000 摄氏度左右就可以成为等离子体。比如太阳表面的温度在 6000 摄氏度以上，所以太阳当中的物质大多处在等离子态。

除了高温，通过外加强电场一样可以获得等离子体。可以考虑把一个原子放在电场中的情况，由于原子核和电子的电荷相反，所以当置身于电场中的时候，原子核受到的电场的作用力，一定与电子受到的相反，所以把原子放在电场里会有被向两个不同方向拖拽的趋势，当电场强到一定程度，原子会被撕裂，电子被电场从原子里拔出来，这就是电离的过程，也叫击穿（breakdown），闪电的原理就是如此。

空气原本是绝缘的，闪电的本质是云层积累的电荷导致云层和地面产生了强大的电压，这个电压会建立起一个强大的电场，达到击穿的程度，使空气被电离，由绝缘变成导电，从而形成闪电。闪电是一次大规模的放电过程。

等离子体在日常生活中的应用不少，比如老式的日光灯和霓虹灯，本质上就是通过制造瞬时高电压，把灯管里的绝缘气体击穿成为等离子体，再利用等离子体的特性发光。

核聚变

如果在等离子体的基础上继续升温，就有可能发生核反应，也就是在第十二章介绍过的核聚变。核反应过程的思路，与分析等离子体是类似的。等离子体的形成本质上是高温或者强电场破坏了原有的中性原子结构。等温度继续升高到一定程度，就要开始破坏原子核的结构了。

核聚变就是一种原子核结构被破坏的反应。当然，高温不是核聚变的本质，它只是一种实现核聚变的手段。核聚变是通过高温，把原子核的运动速度变得极快，使原子核之间的强烈碰撞破坏原有的原子核，从而形成新的结构。

到了核聚变这个层面，温度再升高产生的主要区别就是可以启动不同类型的核反应。比如，氢核反应的要求比较低，在太阳内部有 1500 万摄氏度就可以开启。这是因为太阳内部压力大、密度高，所以 1500 万摄氏度就够了。但是在正常情况下，要 1 亿摄氏度。氢聚变成氦，氦要继续聚变，就需要更高的温度。即便在恒星高压强的环境下大约也要 1 亿摄氏度，氦结合成碳和氧，再往下就更加困难。

至此，我们已经梳理了随着温度由室温到极高，物质的各种形态。但是我们要怎样获得高温呢？我们学习过天体的质量可以产生高温，原子弹爆炸可以产生高温。但是如果想要获得人造可控高温，应该怎么办呢？用燃烧的方式获得的高温是有限的，几万摄氏度基本到顶了。如果想要获得千万摄氏度、上亿摄氏度这样的高温，不用核反应，有什么办法可以做到呢？答案是激光。

第三节

人造高温的极限：激光

要想获得高温，尤其是局部高温，激光是最有效的方式。激光的原理，最早是由爱因斯坦提出的。爱因斯坦通过对量子力学的研究，提出了产生激光的可能性，但是等到 50 年之后，也就是 20 世纪 60 年代，激光才被真正发明出来。

光的干涉现象

为了理解激光的原理，首先要复习一下“极快篇”“极小篇”中都提到过的一个物理现象——波的干涉。

波的干涉，就是当多于一束波传递到同一个位置的时候，它们的振幅之间发生相互关联的作用。这种干涉效果，在两束频率相同的波之间最为明显。

当两束光的波峰同时抵达某处，这里的振幅就是波峰振幅的叠加，变成之前的两倍。由于两束波的频率相同，在今后的时间里，两束波的步调完全一致，也就是说，这个地方的振幅永远都是单束波的两倍。波的能量正比于其振幅的平方，所以当振幅变为原来的两倍时，能量就变成了原来的四倍，这就是相长干涉的情况。如果两束波到达时刚好差半个波长，也就是波谷碰到波峰，这个时候这里的振动就直接为零，两束波就相互抵消了。

光是电磁波，所以当两束光发生干涉现象的时候，如果是差整数倍的波长，则显得极其明亮，反之则十分暗淡。此处要注意，两束光波叠加，振幅变为原来的两倍，能量变为四倍。但根据能量守恒，不会出现总能量是原来四倍的情况，此处应当是亮处与暗处综合考虑，局部的亮度变得极高，这种能量的极高应当被理解为局部能量密度的极高，然而总能量依然是守恒的。

什么是激光?

可以想象，如果不是两束光，而是 N 束光一同发生干涉现象，振幅就会是原来的 N 倍，功率会变成原来的 N^2 倍。10 束光进行相长干涉，功率会是没有干涉时的 100 倍。这就得到了激光（Light Amplification by Stimulated Emission Radiation），中文翻译过来叫受激辐射。

如果我们通过一种方式，使得大量的光子以完全一致的频率、步调射出，这就得到了一束激光，它的功率非常高。宏观的光子数量就不只是 10 个光子那么简单了，它是阿伏伽德罗常数数量级的数字的平方，功率高得令人难以置信。如果把这些激光聚焦在非常窄的范围内，将获得极高的能量密度，就会产生极高的温度。

如何制造激光?

如何制造这种大规模数量的同步调光子呢？答案是激光。可以考虑一个原子里电子的运动情况。我们知道，热辐射的本质是原子中处在高能量态的电子不稳定，根据能量最低原理和能量守恒，它需要掉落到能量比较低的能级，并有一个能量等于两个能级差的光子会被放出。

让我们考虑这样一个过程：这个被放出的光子，如果遇到了周围另外一个也处在高能级的电子，这个电子的能量状态跟放出这个光子的原子放出光子前的能量状态一样，那么在这个入射光子的扰动下，这个电子也会放出一个光子。这是因为电子在高能级的时候是不稳定的，就好比一个小球放在坡顶，它可以停留在那里，但是只要有外界的扰动，它就会从山坡上滚下来。高能级电子的情况跟这个小球完全类似，如果没有光子扰动它，它的趋势也是要往低能级走，但是光子一旦对它进行扰动，这种往低能级跳跃的情况就会立刻发生。

电子被扰动后放出的光子的步调和刚才入射的光子完全一致，这样一来就有了两个步调和频率完全一致的光子，它们是双胞胎光子。这两个双胞胎光子也会去扰动其他电子，依此类推，变成三胞胎四胞胎……N 胞胎。这样就获得了大量的同步调光子，这就是激光的雏形。

问题是，我们如何保证有那么多高能级的原子可以被激发呢？这就需要提升大量原子的能量。在保证这些原子是同一种类原子的情况下，只要使它们升温，原子的能量就会提升上去。当温度不太高时，还是处在低能级的原子个数比较多，也就是单位时间内被激发到高能级的原子的数量不如由高能级掉下来的原子数量多。因此，无法存在足够多的高能级的原子以产生受激辐射。

但当升温到一定程度，处在高能级的原子数量比处在低能级的原子数量多的时候，就会出现大规模的辐射现象。这是因为这个时候已经有太多的高能级原子，这会让受激辐射更占据主导，有点像高能级原子的"雪崩效应"。这里还要解释得细一些，激光发生的条件，是处在高能级的原子数量要比处在低能级的原子数量多。

为什么呢？如果大部分原子还是处在低能级，高能级的原子放出的光子，主要还是被低能级的原子吸收，无法形成稳定的激光输出。但是

图16-4　激光系统谐振腔

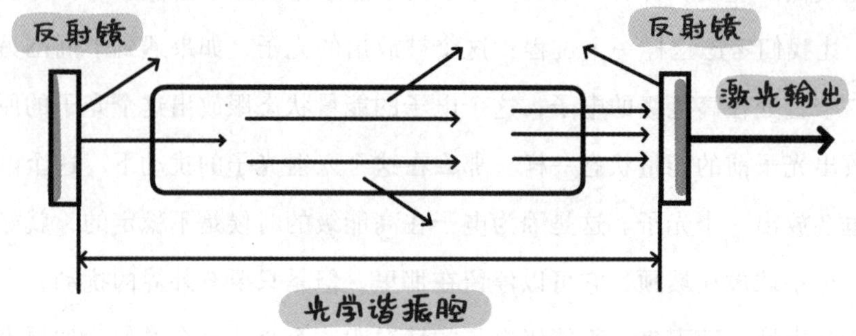

如果高能级的原子比低能级的多，受激辐射放出的光子，不能全部被低能级原子吸收，那么剩余不被吸收的光子就成了激光的来源。

受激辐射发生后，这堆原子中会产生射向各个方向的激光。但从应用的角度来说，我们希望激光更加聚焦。因此，还要用一个特殊装置来获得单向聚焦的激光。

这个装置的结构比较简单，像是一个圆柱形的桶，桶内是发生受激辐射的原子，桶的两个底边是被调节得非常平行的镜子。可想而知，只有那些垂直于镜面方向射出的光才能在腔体里稳定回弹，否则就会射到圆柱体的外面去了。

我们可以通过调节圆柱形的长度来控制射出激光的波长。原理很简单，光要在两面镜子之间形成稳定的振动，镜子间的距离必须是光波波长的整数倍。因为镜面是金属材质，金属当中不能存在电场，因此，光波的振幅在镜面处必须为 0。

要使两端都为 0，两面镜子的距离必须为半波长的整数倍。但是又因为回弹出来的光不能与入射的光抵消，所以就排除了半波长奇数倍的情况。为了保证光波在腔体里的回弹能进行，还要增强光波的强度，则腔体长度必须是波长的整数倍。由此，射出来的激光单色性极好，也就是说，它的频率是非常统一的。只有当频率极其一致的时候，才能形成

图16-5　激光在谐振腔中形成驻波

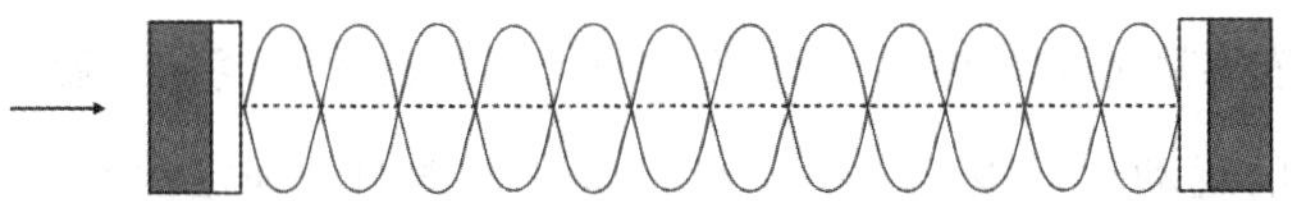

振动步调完全一致的激光。

激光的用途非常多，比如激光切割、激光手术刀，包括可控核聚变的点火都是依靠激光。这是因为激光的高功率可以在短时间内把一个小区域内的温度加热到极高，上亿摄氏度也能做到。激光除了能够在短时间内提供极高的温度以外，还能制冷。制冷的机制要复杂一些。

第四节

激光制冷（laser cooling）

激光除了可以提供超高的温度外，还能制冷。只不过激光制冷的原理，用的不是激光的高功率，而是激光的高精确度。关于制冷的知识，理应放到“极冷篇”讲解，但是激光制冷作为一门单独的技术，甚至是物理学中比较独立的学术方向，还是放在激光的知识中讲解比较有连贯性。

我们日常生活中的光，几乎不可能只有单一频率，都是夹杂着各种频率的混合光，它们都有比较宽的频谱。比如太阳光的频谱就非常宽，红橙黄绿青蓝紫，但是激光选择器导致它的单色性非常好，也就是说，激光光束中的光子的频率都十分集中，误差非常小。我们可以通过激光去人为选择光子的能量，做到精确控制。

激光制冷的本质和过程

激光制冷是依靠激光频率的单一性做到的。冷，就是温度低，温度低就是微观粒子的运动动能极小。由于存在量子力学的不确定性原理，我们无法得到绝对零度的微观粒子，但是可以通过实验手段把温度降到极低，十分接近绝对零度。

激光制冷的本质，就是把原子的运动速度降到极慢。还是考虑一个原子的情况，当一个原子中的电子处在能量比较高的状态时，原子是不稳定的，它倾向于掉落到能量比较低的状态。在掉落的过程中，由于能量守恒，它会释放出一个光子，这个光子除了有能量以外，还有动量。原子和光子作为一个整体，总体动量在放出光子前后是守恒的。也就是说，在放出光子以后，原子的运动速度会发生改变。光子放出时，对原子产生反作用力，让原子减速，这就是激光制冷的基本过程。

具体的操作是这样的：用激光发出一个光子，调节激光的频率使得发出光子的能量刚好要比原子能级之间的能量差低一点儿。用这个光子打在原子上，就会有以下几种不同的情况。

第一种情况，原子的运动和激光同向。根据多普勒效应，相对于原子来说，光源是在远离它的。因此，它接收到的光子的频率比原本激光的频率还要低。也就是对于原子来说，这个光子的能量比之前要小，甚至比不上原子内部能级的能量差。这种情况下，光子无法把原子里的电子激发到更高的能级。所以，对于原子来说，不会与之发生相互作用。

第二种情况，原子的运动方向和激光方向相反。根据多普勒效应，原子接收到的光的频率比原频率略高，如果原子的运动速度还比较快，我们知道激光原频率是比原子能级差要小一点点，如果原子接收到光子的能量高过原子能级差，原子内的电子就会被激发到高能级，我们就说这个原子吸收了这个光子。

由于光子不稳定，所以要被释放出去。光子的释放也有两种情况：

第一种情况，光子释放的方向偏向于原子运动方向这边。原子由于

图16-6 激光制冷装置

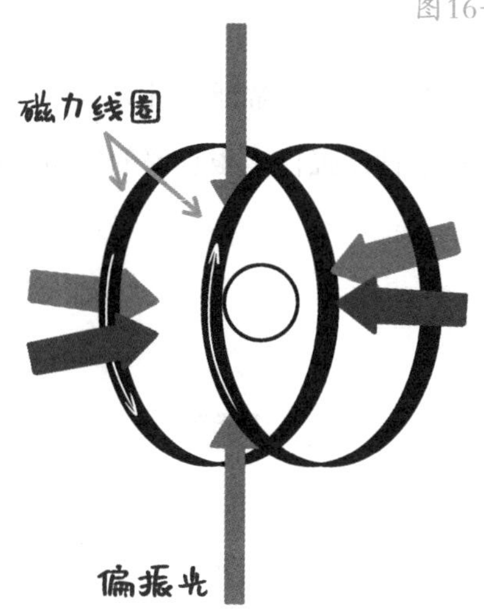

射出了一个跟自己同向运动的光子，因此获得了减速，这就产生了制冷的效果。

第二种情况是，光子射出的方向跟原子运动方向相反，原子反而被加速，再重复上一轮的过程。这个被加速的原子一定会吸收一个激光光子，然后释放光子，原子最终一定会因能量逐渐降低而达到稳定态。根据上一章玻尔兹曼的分布规律，我们知道，能量越高的原子在系统里存在的比例越小，所以，原子射出光子反而被加速的比例也会越来越小。从总体上，就达成了制冷的效果。

在实际操作过程中，是用六束激光分别从上、下、左、右、前、后六个方向全面地约束制冷的原子的运动。最终原子的运动动能会被激光的频率限制。原则上，激光光子能量比原子能级差的能量低，低的程度越小，原子就能被降到更低的温度。换句话说，激光的单色性越好，就能把原子降到越低的温度。

激光制冷，彻底催生了物理学中一个新的研究领域，叫冷原子物理。目前它能把原子的温度降低到 1 nK，也就是只比绝对零度高出一度的十亿分之一。

冷原子的应用

冷原子在凝聚态物理中是非常新，且具有活力的研究领域。冷原子为研究不同材料的量子性质提供了很重要的实验手段，对量子计算机的研究也大有帮助。

第五节

暴胀宇宙理论（cosmic inflation theory）*

原子弹爆炸的核心温度可以到 1 亿开尔文，太阳的中心温度大约在 1000 万开尔文，氦闪的中心温度能到 1.5 亿开尔文。人类在实验室当中能够制造出来的温度大约是 4 万亿摄氏度，这是由美国的布鲁克海文国家实验室在实验仪器中制造出来的，他们在试图模拟宇宙大爆炸之初的温度环境。4 万亿写成科学记数法是 4×10^{12}。

然而如此高的温度离宇宙大爆炸之初的温度还差得很远。宇宙大爆炸之初的温度，根据计算可以达到 10^{27} 开尔文。在如此高的温度下，我们现在的物理学定律大多是无法适用的。极致的高温代表早期宇宙的物质都是高度相对论性的，并且由于早期宇宙体积小，物质的密度极大，所以早期宇宙当中的引力是极强的，是不能够被忽略的。在这样的物理环境下，必须要使用全新的物理学理论去描述。

宇宙学对于这个时期的宇宙有一个专门的理论，叫作暴胀宇宙理论。暴胀宇宙理论可以说是把宇宙大爆炸理论描述得更加精确了。宇宙大爆炸理论是说，宇宙是由一个致密的奇点爆炸得来，但是这只是一个定性的描述，暴胀宇宙理论则定量地描绘了宇宙具体是怎么爆炸的。

暴胀宇宙理论认为，宇宙在最初的极短的时间，差不多 10^{-32} 秒内经历了极速的膨胀，体积直接膨胀了 10^{30} 倍，在这段时间内时空膨胀的速

图16-7 暴胀宇宙理论

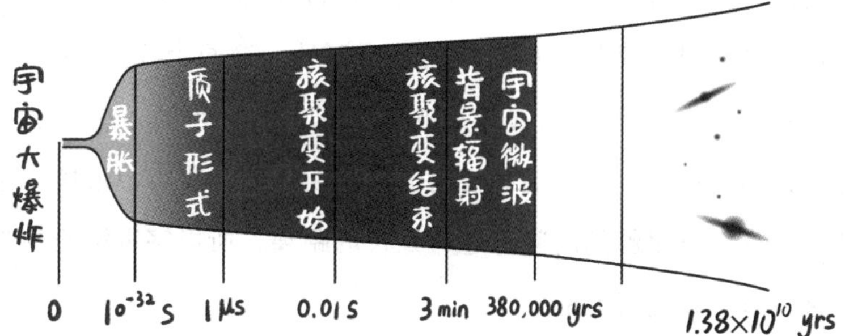

度远远超过光速。在暴胀结束后宇宙的膨胀规律才跟我们今天观察到的宇宙膨胀规律类似，暴胀结束后宇宙的膨胀速度要比暴胀的过程慢得多了。所以，根据暴胀宇宙理论，宇宙的膨胀并非线性的。

既然在宇宙大爆炸之初，现有的物理学定律都不适用的话，那么温度的定义在这个环境下就未必有效了，因此我们要重新审视温度的定义。在暴胀宇宙理论里，宇宙处在暴胀时期，是没有温度的概念的，只有当宇宙结束了暴胀之后，我们传统的对于温度的定义才开始有效，是前文提到的 10^{27} 开尔文。

暴胀宇宙理论可以用来解释很多之前无法解释的问题，如宇宙学三大问题。

视界线问题（horizon problem）

宇宙微波背景辐射的存在可以说是充分地佐证了宇宙大爆炸理论的正确性。宇宙微波背景辐射是 138 亿光年以外的宇宙深处传来的微波辐射，按照多普勒红移倒推回去，就会发现宇宙在 138 亿年前确实是十分炙热的。但是宇宙微波背景辐射存在一个难以解释的问题，那就是宇宙微波背景辐射的温度，基本上可以说全宇宙极其一致，宇宙深处不同方向的温度差异非常小。

我们必须要明确，宇宙深处不同方向的位置之间的距离是极其遥远的，它们之间不可能有任何信息的交流，譬如说地球上北极方向对应的宇宙深处和地球上南极方向对应的宇宙深处，这两个位置之间的距离，差不多有 270 亿光年，也就是宇宙存在的 138 亿年间，这两个位置不可能有任何的接触，不可能有任何信息交换，因为宇宙中最快的速度是光速，光都没有足够的时间跨越这么长的距离，所以宇宙深处各个位置应当是没有交流的可能的。

我们知道温度不同的物体接触在一起最终温度会相同，那为什么宇宙深处明明没有可能相互接触，但是温度却一致呢？暴胀宇宙理论很好地回答了这个问题，因为暴胀阶段的宇宙膨胀速度是远远超过光速的，宇宙的边缘是在 10^{-32} 秒这样短的时间内扩大了 10^{30} 倍，所以这些区域本身是接触的，只不过它们相互远离的速度远超光速，所以才会使得宇宙微波背景辐射的温度各个方向几乎一致。

磁单极子问题（magnetic monopole problem）

根据很多先进的理论，譬如说弦论和大统一理论（the grand unified theory），磁单极子（magnetic monopole）应该是存在的。所谓磁单极子，就是单纯的 S 极或 N 极的磁荷。电荷分正电荷和负电荷，而且它们可以是单独存在的，但是我们目前能获得的磁场都是依靠电流产生的，永磁体都是南极和北极共存的。一根磁铁有南北极，切成两段，每一段都分别拥有南北极。磁单极子虽然被各种各样的理论预言，但是我们从未真正发现过磁单极子。

暴胀宇宙理论也部分解释了为什么我们尚未探测到磁单极子，根据宇宙暴胀理论的计算，即便磁单极子存在，也因为在极速暴胀的过程中，密度被快速稀释，以至于磁单极子在当前宇宙中的密度低得无法被探测到。

宇宙平坦性问题（flatness problem）

我们知道，质量的作用是扭曲时空，那么全宇宙里有那么多的物质，包括各种各样的天体和射线电磁波，甚至还有理论预言存在的暗物质，这些物质都以质量和能量的形式存在，它们从总体上会让宇宙有一个总体的曲率（curvature），但同时宇宙又在膨胀。可以想象，宇宙中如果质量能量特别多的话，宇宙整体的趋势应该是收缩的，尽管我们现在的可观测宇宙是在膨胀的，但是最终宇宙应该收缩，收缩回宇宙大爆炸的那一点。这种情况下，我们说宇宙是封闭的，它的时空结构就好像一个球。

第二种情况，宇宙里的物质不够多，膨胀的趋势是占据主导地位的，那么宇宙最终的状况应该是膨胀得越来越快。这种情况我们说宇宙是开放的。它的时空结构就好像一个马鞍。

第三种情况，就是宇宙里的物质恰到好处，宇宙处在均匀的膨胀状态，这种情况我们就说宇宙是平的（flat），基本是没有什么曲率的，它的时空结构就像是个平面一样。

根据我们现在的观测和计算，我们发现宇宙在大尺度范围内的时空曲率基本上是0，宇宙基本是平的。如果宇宙在大爆炸的时候没有经历暴胀，则根据宇宙现在的膨胀规律进行推算，我们会发现宇宙在开始的时候必然是比现在更加平的。这就与基本假设相违背，宇宙刚开始的时

图16–8　宇宙的终极猜想

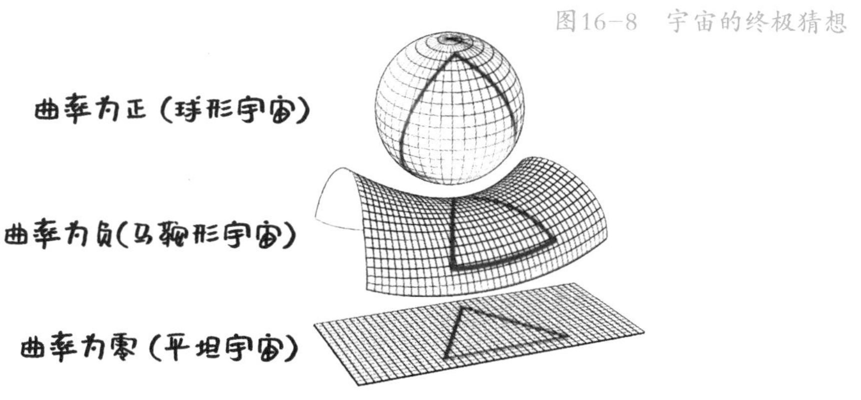

候体积非常小，能量密度极高，这种情况下的时空无论如何也不可能是比现在还要平坦的。但是如果使用暴胀宇宙理论的话，经过计算就会发现，不论宇宙刚开始是多么不平坦，到后来的发展趋势也必然是越发平坦的。

至此，我们已经了解了不同温度情况下的物质形态，以及如何获得极高的温度。结合第十五章，我们对热力学和统计力学都有了比较全面的了解。但是我们还是没有抛弃一个大前提，我们讨论的大多是稳态系统的物理性质，也就是说，我们研究的都是等了足够长时间，系统已经不会再发生变化的稳定态，这是一种静态。所有的物理过程，比如加温、加压，我们都会假设这个参数变化的过程是极其缓慢的，以保证在参数变化的过程中整个系统时时刻刻处在稳定态。

但是要知道，现实世界中大部分的真实系统都是非稳态系统，加热是非稳态的，比如烧水时水的沸腾极其剧烈，比如发动机的工作也是非稳态的，并且是十分迅速的过程。非稳态的研究比稳态的要复杂得多，就目前来说，还是一个开放领域。有相当多古老的非稳态系统的问题，至今都没有被解决。

复杂系统
Complex System

第一节

三体问题

世界是流变的，现实世界中物理系统的状态往往都是非稳态的。比如不同天气交替变化，气象系统就是非稳态的；涉及运动的情况，生活中的各种交通工具设计时都要考虑与流动的空气间的相互作用。空气的流动大多是非稳态的，我们必须要研究非稳态系统的规律，才能更好地解释世界。

因为变化太多，非稳态系统通常很乱，乱其实就是熵值高。随着温度的变化，熵值会发生变化，所以，我们就将极乱的情况归到“极热篇”中一起讨论。研究极乱情况的科学领域，叫作复杂科学。

三体问题

先来看复杂系统最早的问题之一，也就是著名的**三体问题**。三体问题因为著名的科幻小说《三体》而变得广为人知。最早研究三体问题的是 19 世纪的法国大数学家庞加莱（Jules Henri Poincaré）。

三体问题的设置极其简单，当时人们已经清楚了天体之间的作用是万有引力。假设有三个质量相当的天体，天体之间两两存在万有引力。三体问题就是在已知天体相互作用规律的情况下，如何解出三个天体的运行轨迹。当然，如果拓展到四体、五体，这个问题的难度会更高。

这里要明确，所谓三体问题并非局限于三个天体之间两两以万有引力的形式相互作用，如果是其他更加复杂的相互作用形式，譬如说我们用广义相对论方程来描述三个天体的运动，都同样是复杂的。三体问题所聚焦的问题，其实是个数学问题。

什么是解析解（analytical solution）？

庞加莱很快发现，要把三体问题中天体运动所满足的方程式写出来非常容易，但这个方程完全没有办法用解析的方式求解。

三体问题方程式：

$$m_1\ddot{\vec{r}}_1 = \frac{Gm_1m_2}{r_{12}^3}\vec{r}_{12} + \frac{Gm_1m_3}{r_{13}^3}\vec{r}_{13}$$

$$m_2\ddot{\vec{r}}_2 = -\frac{Gm_1m_2}{r_{12}^3}\vec{r}_{12} + \frac{Gm_2m_3}{r_{23}^3}\vec{r}_{23}$$

$$m_3\ddot{\vec{r}}_3 = -\frac{Gm_1m_3}{r_{13}^3}\vec{r}_{13} - \frac{Gm_2m_3}{r_{23}^3}\vec{r}_{23}$$

有解析解，就是指一个方程的解可以用函数形式清晰地表达出来。比如，一个一元二次方程的求根公式就是它的解析解。没有解析解的意思，就是一个方程不存在求根公式。比如一元二次、三次、四次方程都有求根公式，到五次方程及以上，就没有求根公式了。

什么是数值解（numerical solution）？

如何理解什么叫作没有解析解？譬如超越方程（transcendental equation）就没有解析解。x^2+sin$x$=0，就是一个超越方程。这种方程的特点是它的解在数轴上的分布非常散乱，没有办法用已知的函数统一表达。我们确实可以用计算机一个个试出来它的解大概有哪些，但这些解并不能对应于一个具体、已知函数的规律。

没有解析解代表一个方程过于复杂，导致没有已知规律可以描述它。对于这种方程，我们能够追求的最多就是数值解，也就是我们只能给出这些解在数值上等于多少。

通过三体问题中物体的运动方程，写出三个物体的坐标，如 x、y、z。其中，x 的受力情况与 x、y、z 三个位置都有关，另外两个物体的受力情况也是如此。每个自变量都是另外两个自变量的函数，这三个方程是高度纠缠在一起的。

这种高度纠缠在一起的方程式非常复杂，虽然单个方程的形式看上去都很简单。一个三元方程组的标准解法是代入法，将三个方程联立，消掉两个未知数，最后剩下一个未知数。但是由于方程组相互纠缠，导致最后消掉未知数的方程形式特别复杂，因此没有解析解。

对于三体问题，我们似乎只能谋求数值解，用计算机代入数值去试出答案。

复杂系统对误差的敏感性

遗憾的是，从原理上我们也无法解出三体问题的数值解。这是因为三体问题对初始条件和误差过于敏感，导致方程解出来与正确答案相去甚远。如何理解呢？这就要说到数值解的基本方法。

对于一个只能谋求数值解的方程，求数值解时的基本方法，就是先猜，再比对，再修正，然后循环往复，直至逼近答案。比如面对一个方程，我们的办法是先猜一个数值解，然后看一下它能否使方程成立，当然，大概率是无法成立的；下一步，就是看看猜的这个数值距离让等式成立差多少。如果差数字 2，我们就再猜下一个数字。将下一个猜的数字代入方程后，发现距离等式成立变为差 3，就说明第二个数值猜的方向错了。这时可以换一个方向猜，猜完再代入，如果发现偏差缩小，就继续往刚才的方向上猜。每次猜完之后，都要代入方程去看差值是变大还是缩小。这样的过程循环往复，总能找出正确答案。

但是对于三体问题却做不到，为什么呢？正是因为对初始条件的敏感度。当我们去猜数值的时候，只要猜错就会产生误差。你以为可以猜第二个数值，但是当你去猜第二个数值、第三个数值……不断代入的过程中，会发现将每次猜的数值代入方程得出的误差值根本不能给你应该怎么去猜数值提供方向。也就是上面先猜后代入的过程给出的数值结果太敏感、太跳跃了。可能第一次猜了一个数值，误差是 2，第二次猜了一个数值，误差是 1，你觉得这个方向对了便继续往这个方向猜，但将第三个数值代入时,误差又变成 20 了,完全失去了做数值计算的方向,使数值解法根本无法得出正确答案。这就叫对初始条件和误差的敏感度,初始条件在这里就应该理解为误差。

可以想象一下，三个天体在时间等于 0 时被释放，在万有引力作用下开始运动。初始条件是我们清楚三个天体被释放时的具体位置，也知道它们被释放时的速度。初始条件敏感是指开始运动的位置和速度，只要稍稍有一点儿偏差，哪怕是极小的偏差，最终也会导致完全不同且毫无规律的运动轨迹。

做数值计算时的敏感性，会导致我们根本无法用猜数值的办法逼近正确答案。如果用计算机程序去模拟三体运动，你会发现它的运动规律是杂乱无章的。哪怕初始条件设定的一样，计算机模拟的运动轨迹也将与真实世界的三体运动完全不同，因为计算机的模拟总是有误差的。

三体问题的特殊解

这样一来，三体问题是不是完全无解了呢？三体问题其实在一些特殊情况下有特殊解。比如，我们把三个完全相同的天体组成一个正三角形，让它们围绕着三角形的中心以一定速度旋转，只要旋转的速度合适，确实可以形成一种三个天体匀速旋转的运动模式，或者三个天体连成一条直线，围绕中间的天体以一定角度旋转的运动模式。这些都是特殊三体系统的特殊运动模式。

再比如，三体中有两个天体特别轻，一个天体特别重。这种情况下稳定的运动模式则是两个小天体绕着一个大天体旋转。这也是为什么在太阳系这样稳定的恒星系中，恒星的质量要远大于其他天体的质量，这样才能让恒星的引力成为主导，让其他的天体围绕它旋转，否则太阳系不可能是稳定的。如果八大行星跟太阳的质量相当，那么太阳系的运动将极其混乱。

小说《三体》中所描绘的三体人所在的星系，就是因为有三个太阳，导致它们的天体运动极其不稳定，所以三体星没有稳定的气候，导致三体人不得不出去征服其他星球。

当然，三体问题只代表了一个大学科中的一个典型问题。三体问题尚且不可解，可见这个学科是非常庞大复杂的，这就是复杂科学。

第二节

湍流问题（turbulence problem）

三体问题其实只是复杂科学中最典型的问题之一，现实生活中的复杂科学问题比比皆是，甚至可以说复杂系统比简单系统多得多。

流体动力学（fluid dynamics）

有一门古老的学科叫流体动力学，它研究的是气体、液体在流动状态下的物理学规律。流体力学的应用非常广泛，比如航空航天，本质上就是在深入钻研空气的流动；造船技术则是研究水的流动。空气、水在流动中的运动规律，在微观层面上是可以用牛顿定律描述的，但不可能每个分子都可以用牛顿定律去描述。尽管它的运动从原理上来说我们很早就清楚，但里面一些悬而未决的问题却已困扰科学家几百年了。

流体力学的研究方法

流体力学的标准研究方法，是用流速去描述流体中每个位置的运动情况。我们并不追踪每个流体分子的运动，而是把流体当作一个整体进行研究，关注流体会通过的区域内，每个具体位置的流体流速是什么样的。在流体流动过程中，虽然每个位置流过的流体分子一直在换，但这里我们不关心每个具体的分子，只关心分子的“流”，也就是区域内每个位置流体的流速。

我们在“极快篇”的第三章《人类提速之路》中提到过伯努利定理，即流速越快，压强越小，伯努利方程给出了流速与压强的关系。只要了解了每个位置流体的流速，就能够了解每个区域内的压强。也就是说，置身于流体中的物体的受力情况，可以根据流体的流速计算出来。

NS 方程

结合伯努利定理和牛顿定律，原则上，只要解出流体的速度分布的方程——Navier-Stokes 方程（英文缩写为 NS 方程），流体的行为就能被彻底理解。

$$\rho\frac{D\mathbf{u}}{Dt}=-\nabla p+\nabla\cdot\boldsymbol{\tau}+\rho\mathbf{g}$$

但到目前为止，NS 方程也没有被彻底解决，只有一些特殊情况下的 NS 方程是有解析解的。在大部分情况下，NS 方程甚至连数值解都没有。为什么呢？这其实跟三体问题类似，因为 NS 方程里有一个黏性阻力项，数学上体现为自变量的平方项，这在数学上叫非线性（nonlinear）。但凡速度有点偏差，就会被这些非线性的项无限制放大。也就是一个非常微小的扰动，就会导致最终的结果南辕北辙。

著名的法国数学家达朗贝尔（Jean le Rond d'Alembert），曾经通过研究流体力学得出了著名的达朗贝尔佯谬（D'Alembert's paradox）。达朗贝尔佯谬是说，如果流体是不可压缩且无黏性阻力（viscosity）的话，则流体对于置身其中的物体的拖拽力为零，这意味着一艘船在水中行驶的话将不会受到任何阻力，简直就跟超流体一样，这是与事实完全不相符的，因此研究流体必须要把流体的黏性阻力，甚至密度随压力的变化考虑进去。

NS 方程是数学界的“七大千禧问题”之一。美国的克雷数学研究所（Clay Mathematics Institute，英文缩写为 CMI）在 2000 年列举了七个数学问题，并对每个问题悬赏 100 万美元，称这七个问题是千年难题，NS 方程的解就在其中。这就引出了流体力学当中一个至今都无法彻底解决的物理现象——湍流。

什么是湍流?

湍流，也叫乱流，湍流的现象很常见。比如坐飞机时导致飞机颠簸的气流，就是湍流。国外航班的广播里直接说的就是“turbulence”。

什么是湍流呢？其实翻译为乱流更为贴切。湍流就是一种毫无规律的空气流动。由于毫无规律、变化剧烈，所以坐飞机时感受到的是颠簸。湍流，就是 NS 方程非线性的体现。

历史上很多前沿的物理学家和数学家都尝试去解过湍流问题，可见其难度之高。比如海森堡的博士论文就企图解湍流的问题，可他解了几

图17-1 湍流的形态

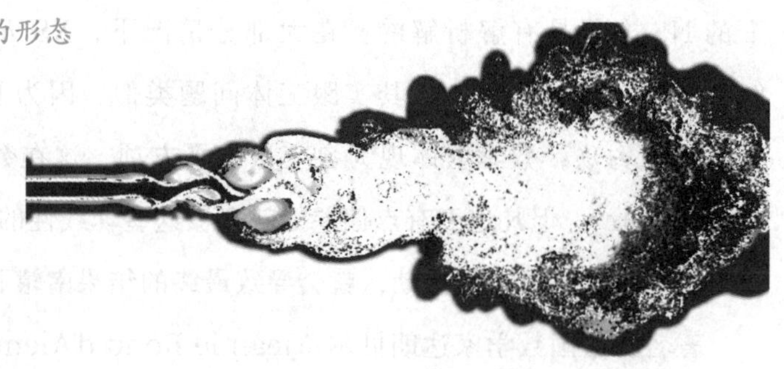

年发现完全无法解出来，只给出了一些特殊情况，可见湍流问题有多难。

湍流中是有一些相对来说比较稳定的特殊情况，比如空气和水会以转圈的形式开始运动，形成流体的涡旋。但是这都只是 NS 方程的特殊解，并非全貌。

雷诺数（Reynolds number）

湍流问题目前还无法精确求解，也就是说无法解出湍流情况下，一块区域内每一个位置的流速按什么规律变化。即便无法精确求解，也可以考虑其他情况。比如，可以解释湍流为什么会形成，以及在什么情况下会形成。

于是就有了一个概念，叫雷诺数。首先，一般的流体之间有黏性阻力，也就是流体之间有相互作用。如果描述流体的模型中没有黏性阻力，就不会出现湍流。

在没有黏性阻力的情况下，流体的行为是非常顺滑的。也就是说，一个区域内各个位置流体速度虽然不同，但不同流速流体之间的相互作用只体现在流体的压强上，而压强的方向垂直于流体流速方向，所以并不会影响流体的速度。但是一旦有黏性阻力，流体的运动就会受到黏性阻力的影响。所以，NS 方程的一般形式里都是有黏性阻力的，这也更符合实际的流体情况，达朗贝尔佯谬告诉我们，实际流体必须考虑黏性阻力。

结合一下生活经验，如果你坐过快船，可以观察一下，当船在刚开始启动速度还比较低的情况下，在水里激起的水波是比较规律的，但是船的速度起来之后，它的周围就会有比较大的浪花。这些浪花就是一种湍流行为。

雷诺数描述的就是这个现象，雷诺数就是流体被喷出时的动能与流体受到的黏性阻力的比值。这个数字大到一定数值，就会出现湍流。这个过程从物理上可以这样理解：因为黏性阻力跟速度成正比，能量跟速度的平方成正比。当速度很慢的时候，速度的平方没有速度的一次方大，所以黏性阻力占主导地位，能够限制流体的运动。随着速度越来越快，速度的平方就会越大，整个流体会对扰动相当敏感，系统就会迅速进入混乱、不可预测状态。进入混乱状态以后，具体的行为就变得无法描述了。

雷诺数看似粗浅，对于流体系统来说却是一个重要的进步。要知道湍流的产生对于飞行器来说，是一个重大的阻力来源。如果有办法改变飞行器的形状以及飞行模式，让飞行器在尽量高的速度下才超越雷诺数的上限，这对于飞行器的提速将有重大帮助。

湍流的问题，只是一类复杂系统的问题。这样的问题还有很多，它们可以被归为同一种类型的系统，叫作混沌系统。

第三节

混沌系统与蝴蝶效应

蝴蝶效应

我相信你一定听说过**蝴蝶效应**，它是由一名叫洛伦兹（Edward Lorentz）的气象学家提出的。这个洛伦兹跟我们电磁学里的那个洛伦

图17-2　蝴蝶效应

兹力的洛伦兹不是一个人，洛伦兹只是一个很普遍的姓氏。蝴蝶效应的原话是："一只南美洲亚马孙河流域热带雨林中的蝴蝶，偶尔扇动几下翅膀，两周后可能在美国得克萨斯引起一场海啸。"

蝴蝶效应并不是说这只蝴蝶扇了翅膀直接导致了得克萨斯的海啸。天气系统是一个极其复杂的系统，初始条件的不同会导致完全不同的结果，这才是蝴蝶效应的真实意思。

确定性系统的非确定性

这类问题引出的系统，叫作混沌系统。这类系统对初始条件极其敏感，它表现出一种巨大的随机性。注意，此处的随机性跟我们在"极小篇"里提到的量子力学的不确定性原理所对应的真随机性不是一回事。量子力学里的随机性对应的系统本来就是不确定的系统，但是混沌系统是完全确定的系统（deterministic system），比如天气系统。我们可以认为天气系统里每个空气分子的运动形态，都可以被确定。

但由于系统对于初始条件、误差以及扰动的敏感性，会导致这个系统在实际操作中变得完全无法预测。这里的无法预测应当被理解为在目前的数学体系框架下的无法预测，但系统的规律是确定的。每一个粒子的运动规律，都唯一被牛顿定律牢牢固定（此处不考虑粒子的量子属性）。

任何单个粒子与其他粒子的相互作用，发生碰撞前后的规律都是确定的。但整个系统特别敏感，导致从方法论上无法解出它的变化规律。

混沌系统是一个完全确定的系统，但是初始条件的极小偏差，并不意味着结果的偏差也是极小的。

从数学上描述混沌系统的方程式通常有一个特点，叫作非线性，也就是在方程式里，会出现速度的平方项、位置的平方项这样的数学表达。如果存在一个误差，由于有平方项，这个误差就会在计算的过程中呈指数规律增大，最终会被放大到极其远离正确答案的路径上去。

系统方程的非线性，是导致系统混沌性的一个根源。

混沌系统的研究方法

从数学上看，当面对这样的混沌系统时，我们似乎是无能为力了。这种情况在研究量子力学时也碰到过，由于不确定性原理，我们发现已经无法用原子中电子的具体轨道来描述电子的运动了。于是人们发明了概率波来描述粒子的运动，抛弃追求电子轨迹的执念，寻找一种新的描述语言来解决问题。科学家们甚至总结出了不确定性原理，它从原理上告诉我们，电子不存在轨迹，因为位置和速度无法同时被确定。同样，面对混沌系统，我们是不是也应该抛弃计算系统随时间变化的具体规律，转而去寻找一些混沌系统的其他规律呢？

答案是肯定的。对于混沌系统，我们可以去寻找它们的特殊解和稳定解。

先来说说什么是特殊解。我们在三体问题里就提到过一些特殊解。三个质量相同的天体，分别占据正三角形的三个点，以一定速度围绕中心转动，这种解必然是存在的，这就是个特殊解；三个天体连成一条直线围绕中心天体旋转，也是一个特殊解；如果两个天体质量很小，一个天体质量很大，两个天体一近一远围绕大天体运动，就好像太阳系的行星绕太阳运动一样，这种解也肯定是存在的。这三个解，都是三体问题的特殊解。

在混沌系统中，系统随时间的变化规律杂乱无章，特殊解对应的是在杂乱无章的运动中，有规律的那些解。它们通常是周期性、有特征的。

但是特殊解未必都是稳定解，还是拿三体问题的三种特殊解来看，三个天体连成直线一起运转这个解明显不稳定。为什么？因为只要有一个天体稍微偏离一点点，这个运动形态就破溃了，譬如让中间的天体往另一个天体偏一点儿，我们知道引力是越近越强，一旦中心天体往另一个偏，它就会越发往那个天体偏，系统不会自发地回到初始状态，这叫作对于扰动的反馈不稳定。

但是两个小天体围绕一个大天体转这种情况是稳定解。我们在“极大篇”里已经讲过，天体的运动轨迹是做进动的椭圆，即便对于小的天体来说它的轨道有一些偏离，但它依然可以保持围绕大天体运动的整体趋势。这种运动模式不会破溃，所以是一个稳定解。

有了对稳定解的认知，我们可以尝试更换对混沌系统进行研究的目标，不再着眼于去找出它具体随时间变化的运动规律，而是去寻找它所有的稳定解。混沌系统的运动规律就是在稳定解之间切换，稳定解也并非百分百稳定，每一个稳定解都有一个稳定的限度，扰动在一个范围内可以回到原本的状态，但扰动若是过大就不行了。因此，稳定解的稳定性也是必须讨论的。

就像庞大无比的天气系统，显然就是个混沌系统。天气系统虽然变幻莫测，但它总是在几种特定的天气当中切换：晴天、阴天、雨天、雷暴、雪天、台风天等。这些天气情况，就是天气系统的局部稳定解，它们是天气系统的运动模式。

如此一来，我们研究混沌系统的目标就发生了变化：找出特殊解、稳定解，再去研究不同稳定解需要什么程度的扰动才会被破坏，被破坏以后会往什么方向发展，再去找到新的稳定解。

混沌系统与量子力学系统的区别

这里可以拿混沌系统和量子力学系统做一个类比。

量子力学系统也没有确定轨迹，但是可以通过波函数解出那些量子化、能量确定的稳定态。一个广义的量子态是若干个稳定态的叠加，这是哥本哈根诠释。测量的过程是一个叠加态的波函数坍缩到其中一个稳定态。与之类似，混沌系统也可以在不同稳定态之间切换。不相信哥本哈根诠释的人也许会认为，量子力学系统从本质上来说，也是一种微观的混沌系统。

这里触及了一个颇具哲学性的问题：什么是真随机？我们知道混沌系统从测量的角度来说，也是随机的。即便你知道整个混沌系统的规律是决定性的，但只要观察者所有的感知方式都无法预测这个系统，这个系统是否就可以被称为是真随机呢？如果真的如此，那么混沌系统的确定性加上高复杂度和高敏感度所达到的随机，与量子力学的真随机，在本质上是一样的，因为作为观察者，我们其实不能触及本质，只能依据我们的测量进行判断。但是量子纠缠的存在告诉我们，量子力学的随机如哥本哈根诠释所说，不光在测量上是随机的，在原理上也是个真随机系统。这是十分值得思考的。

第四节

耗散结构（dissipative structure）

混沌系统（或者说复杂系统）的存在非常重要，它是世界多样性的来源。根据熵增定律，宇宙作为一个系统，应当越发混乱。这就是热寂说（heat death of the universe）的核心内容，热寂说认为宇宙最终会达到熵最大的状态，没有任何秩序。

热寂说

根据热力学第二定律，也就是熵增定律，热寂说认为宇宙最终一定会发展成一团混乱，变得毫无规律。所有的物质都会混为一团，不会有星系、天体，更不会有地球这样富含生命的星球，因为各种天体，比如恒星、行星、地球的形成，生命诞生的本质都是秩序性的体现。然而熵增定律说的是，一个封闭系统最终一定会丧失秩序。这是因为秩序的熵是低的，要熵达到最高，必须尽可能消除秩序。

热寂说认为，宇宙最终会丧失一切秩序，变成"一锅汤"。但是我们的世界的存在，是一种反热寂说的现象。生命就是一种最高的秩序。

耗散结构

熵增定律有一个前提，就是对于一个封闭系统来说，熵永远不会自发减小。什么是封闭系统？封闭系统就是一个与外界没有能量交换的系统。

熵增定律在封闭系统中才成立。我们在"极大篇"中已经说到过，就目前人类对于宇宙的认知来说，宇宙是在不断膨胀的，为了加速膨胀还需要存在暗能量，也就是说宇宙还在不断被输入能量。这样看来，宇宙未必是个封闭系统。

为什么非封闭系统有可能逃脱热寂呢？这里就出现了非平衡态热力学中的一个概念——耗散结构。耗散结构是比利时的一位叫普里戈金（Ilya Prigogine）的理论物理学家兼化学家提出的概念。总的来说，就是在没有达到稳态的情况下，向一个不与外界隔绝的系统输入能量，它的熵有可能自发减小并呈现新的秩序。

新秩序形成的条件

你可以做这样一个实验：拿一个平底锅，锅里放薄薄的一层水，然后开始烧水，最好火要猛，上面再开个抽油烟机吸热。你会发现沸腾时的水面，可能会出现一种新的形状。一般情况下，沸腾的水面虽然会有很多水泡，但是这些泡泡是毫无规律的。但在水很薄，水的上下温差很大的情况下，水沸腾时的水泡会组成六边形的蜂窝状结构。

也就是说，当给水面输入足够能量，并且水处在沸腾的非稳定态时，水面形成了新的秩序，这种秩序自然是熵更小。这就是耗散结构的一个体现。总结这个实验，必须是水的上下温差达到一定的差值才会出现新的秩序，也就是输入能量的效率要足够高，并且系统要处在非平衡态。

为什么会出现这种逆熵的情况？为什么按理来说应当混乱的系统会出现这样的新秩序呢？关键在于混沌系统、复杂系统的非线性行为。复杂系统的性质多变，难以预测，因此也给新的秩序出现提供了可能性。

正是因为这种复杂性，地球上才能诞生生命。要知道生命系统异常复杂，生命延续的本质，都是要摄取能量，消耗能量以抵抗系统本身的熵增。恰恰是因为世界上存在非线性，存在混沌系统，存在足够高的复杂度，才能呈现出如此多变、如此多样的秩序性。

图17−3　沸腾的水面

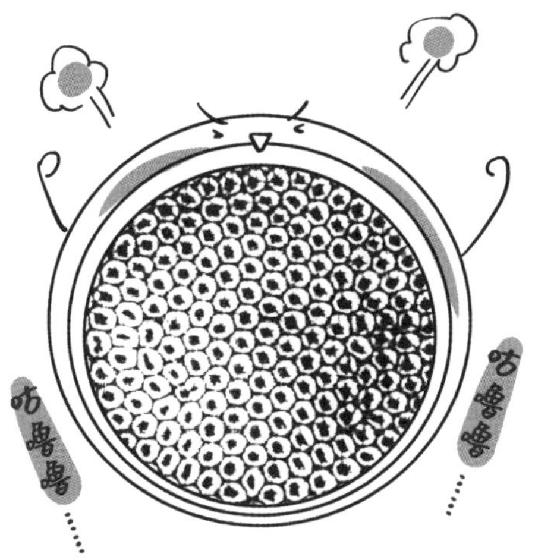

至此，我们对于“极热篇”的知识讲完了。热力学、统计力学、复杂科学，可以说是经历了几百年依然非常蓬勃的学科。这些学科与其他学科的交叉性非常强，生物学、化学、生理学和医学走到理论化的程度，都与热力学、统计力学、复杂科学有着强烈的交叠。比如近年蓬勃发展的生物物理学，就是用物理（主要是统计力学）理论去解释生物中的一些基本现象，例如基因选择，DNA 的形成、转录，这里面物理学的道理其实很深刻。

研究现实世界，复杂科学和统计力学是最重要的理论武器之一，因为现实世界是复杂的，是大规模的。也正是因为在理论的底层有统计力学和复杂科学作为支撑，我们的世界才会形成今天的丰富多彩和千变万化。

The Coldest

极冷篇

/// 导读 ///

冷即秩序

“极冷篇”是与“极热篇”相对的一篇。极冷，指的是温度极低。“极热篇”讨论从室温开始，温度逐渐升高的情况下，物质的各种形态，主要是气体、等离子体，甚至极端到了宇宙大爆炸初期的“暴胀宇宙”。“极冷篇”讨论的则是从室温开始温度逐渐降低，一直低到接近绝对零度，物质的形态会是什么样的。

内容安排

第十八章，在较低温度下，我们感兴趣的物质形态大多数是固体。因此，第十八章将以比较粗放的视角来研究固体，通过对固体做各种各样的宏观的实验测试，从而得出它各方面的性质。

比如，我们可以通过施加外力来研究固体的力学性质，这样就有了强度、硬度等物质属性。例如，钻石的硬度和强度都极高，就是在力学测试下得出的结论。除此之外，可以通过给固体加电场来看固体里是否会有电流，比如给固体接一块电池，就能部分得出固体的电学属性。还可以给固体进行加热、放热，观察固体的导热性如何。我们都有这样的生活经验：瓷做的汤勺要比金属做的汤勺更方便喝热汤，因为金属做的汤勺容易烫手、烫嘴。这实际上就是因为金属的导热性要比瓷的导热性好。

因此，第十八章讨论的是固体作为材料的各种属性，有力学性质、热学性质、电学性质以及磁学性质。这些其实可以被归类为材料科学的研究范畴。材料物理的研究方式相对来说更宏观，要深刻理解固体材料为什么会表现出各种属性，还需要从微观层面上进行研究。

第十九章，我们把研究的视角从宏观测试转移到了微观研究，用量子力学的视角来看待不同固体的属性。宏观的固体是由微观的原子组成的，我们会发现微观层面上原子的结合排列方式，以及不同种类原子的个体量子特性，最终都会体现在固体材料的宏观属性上。因此，第十九章讲解的内容，在物理学范畴内被划归为固体物理。固体物理是从原子的量子性质出发，研究材料的微观特性，从而解释为什么不同材料会有不同的宏观性质。

第二十章，我们会进入一个全新的物理学领域——凝聚态物理（condensed matter physics），看看当温度比较低，物质聚合的情况下会有什么样的奇特物理性质。我们在“极热篇”认识了等离子体后，已经有了对物质四态的基本认知：固态、液态、气态和等离子体。但在温度极低（接近绝对零度）的情况下，并非所有物质都会以固体形态存在。氦气在低温下依然保持液态，但是这种液态并非简单的液态，而是有可能会形成超流（内部摩擦力为零的流体），这种形态往往对应于物质的第五形态——玻色－爱因斯坦凝聚（Bose-Einstein condensation）。它完全是由温度低的情况下，粒子的量子特性占据主导所导致的。

当然，这三章之间的学科界限并不是泾渭分明的，材料学、固体物理、凝聚态物理之间的交集非常广，甚至固体物理可以被划归为凝聚态物理的基础，它们的研究对象类似，只是研究的尺度、关注的具体对象有差异而已。

极低温度下，物质内分子、原子热运动的剧烈程度急剧降低，量子力学的不确定性会变得极其明显。在这种情况下，物质形态会变得极其丰富，除了超流体、超导体以外，我们还会介绍一种全新的物质形态——量子霍尔效应（quantum Hall effect）。

量子霍尔效应说的是：在低温环境下，给一块金属板加超强的外部磁场，这块金属板的电阻会变得与这块金属板的具体形状毫无关系，而只与外部磁场的大小和金属板内部的电流大小有关。量子霍尔效应的发现，可以说是开启了一个全新的物理学领域——拓扑材料（topological material）。这个领域目前是物理学最前沿的研究领域，自出现至今不过短短 30 年时间。

凝聚态物理、拓扑材料的研究不仅非常前沿，在实际应用领域也大有可为。量子计算（quantum computation）最近颇受关注，而拓扑材料就是最有希望用于制造量子计算机的材料之一。因此在第二十章的末尾，我们也将介绍量子计算大致是怎么一回事。它为什么标志着人类计算机技术，甚至整个人类科技文明的重大飞跃？

我们在“极冷篇”研究的对象，依然是如热力学、统计力学研究的多粒子系统，区别是在低温环境下，这些多粒子系统会呈现出极高的秩序性，产生丰富的物质形态。

第十八章
Chapter 18

材料物理
Material Physics

第一节

材料的力学属性

物质的常见形态有三种：固态、液态、气态。其中，气态在“极热篇”已经通过理想气体模型等物理学模型讨论过了；对于液态，我们更加关心的是它的流体力学特性；物质的固态则是“极冷篇”要关注的对象，我们将从宏观到微观一层层地讨论下去。

固体的性质各异，物质种类上就有金属、准金属、非金属等许多固体物质，微观结构上也有晶体、非晶体之分。本章先讨论固体较为宏观的性质，分别是力学性质、热学性质、电学性质和磁学性质。

应力和应变

之前在“极快篇”第二章简单提过应力、应变，在这里，我们先聚焦在材料众多性质中最宏观的力学性质上。假设现在有一块固体，我们可以通过各种手段对它的属性进行测试，其中最宏观、最容易操作的就是它的力学属性。

假设有一块金属，我们可以尝试去拉伸、压缩、扭曲它，给它施加不同大小以及方向的力和力矩，则金属会在不同情况下发生不同方式的形变。那这块金属在外力作用下的形变规律是什么样的？再极端一些，

图18-1 对圆柱体施加应力

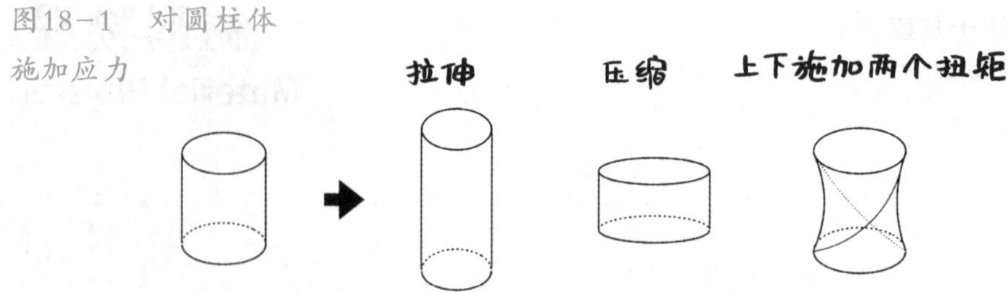

我们要用多大的力或者力矩，才能把这块金属拉断、压坏、扭断？

假设现在有一块圆柱形金属，我们可以在两端施加两个圆柱体轴向的力去拉伸它，也可以反过来压缩它，这两个力垂直于两个圆柱的底面。拉伸的力会让圆柱体变长，压缩的力则会让它变短。如果施加垂直于轴向的力，则会让圆柱体变歪。如果上下施加两个方向相反的扭矩，圆柱体会被扭曲。

应力，就是在固体某处单位面积上施加的力，它是一个矢量，既有大小，也有方向。除了应力之外，还有应变。应变，被定义为物体形变之后的长度减去原长度的差值与原长度的比，应变其实就是物体形变的百分比。

张量

有了应变和应力的定义，我们最关心的是它们之间的关系，也就是施加一定大小和方向的力之后，固体的形状会发生什么变化。比如我们都很熟悉的弹簧，在对其施加一定的拉力或者压力后，它都会发生形变，拉伸会变长，压缩就会变短。我们关心的是弹簧的长度如何随着施加压力或拉力大小的变化而变化，这里就有了著名的胡克定律（Hooke's law）。

胡克定律说的是，弹簧变化的长度正比于弹簧受到的力。用公式表示就是 $F=-kx$，其中，F 是外力，x 是弹簧的形变，k 是弹性系数，这里的负号表示弹簧的弹力方向永远与位移的方向相反，也就是弹簧弹力的趋势永远阻止位移变大。比如，拉伸弹簧时，弹簧的拉力趋势会阻止拉伸；如果压缩弹簧，弹簧的弹力趋势则会阻止压缩。

但是对于一块固体，应力和应变的关系就没有那么简单了。微观层面上，我们可以把固体想象成是由分子或原子相互聚集、连接组成的，分子和分子、原子和原子之间相当于用很多弹簧连在一起。固体里的弹簧是三维的弹簧，因为各个方向都有作用力的产生。但是满足胡克定律的弹簧是一维的，它的形式很简单，因为我们只考虑它向一个方向压缩或者拉伸变形。对于一个固体，每个分子、原子都与多个相邻的分子或者原子相连，每一个连接都可以当成一个弹簧，这里的情况是极其复杂的。

这里就出现了一个类似于胡克定律中弹性系数 k 的量。胡克定律中的 k 只不过是一个数字，但是固体的弹性系数是一个张量，它的数学形式不是一个数值，而是一个矩阵，有好多个数值。

什么意思呢？我们来看一下几种简单的情况。

从两端拉伸一个圆柱形的固体，它除了变长以外，还会变细。可以建一个直角坐标系来描述这种行为，假设圆柱体中轴的方向与坐标系 z 轴的方向平行，圆柱体的横截面则在坐标系的 x、y 方向上。也就是说，施加了 z 方向的应力之后，除了有 z 方向对应的应变以外，圆柱体还有 x 和 y 方向上的应变。同样地，如果在 z 方向上压缩，圆柱体除了在 z 方向上变短以外，在 xy 平面方向上会变粗。其他的应力也一样，比如扭动圆柱体，圆柱体会变长，腰部会变细。

也就是说，给固体施加一个方向的力，**相应的变化不光是一个方向的，而是三个方向都可能有**。这种情况下就不能用一个单一的弹性系数来描述应力和应变的关系了，而是一个应力对应于所有方向的应变。这个弹性系数至少有九个分量，分别对应的是三个不同方向的力，每个方向的力都会引起三个方向上的形变，即 3 × 3=9。

上面讨论的是力的方向，但是不要忘了，力有三要素：大小、方向和作用点。对固体来说，力作用在哪里也很重要。把固体中的一个小方块作为研究对象抽象出来看，这个力可以作用在小方块的三个方向上，可以是上下面、左右面或者前后面。三个不同方向的力可以作用在三个不同方向的面上，这样应力就有了九种可能性。

应变也是一个道理，它可以是三个不同面，每个面都有三个不同方向的形变，这样的话，形变也有最多九个量。所以，一共有九个应力对应九个形变，也就是任意一个应力有可能对九种形变方式都存在作用，这样一来，固体应该最多有 9×9=81 个弹性系数，它对应于九个应力中的每一个，都会对全部九个应变产生作用。

$$\begin{bmatrix}\varepsilon_{11}\\ \varepsilon_{22}\\ \varepsilon_{33}\\ 2\varepsilon_{23}\\ 2\varepsilon_{13}\\ 2\varepsilon_{12}\end{bmatrix}=\begin{bmatrix}\varepsilon_{11}\\ \varepsilon_{22}\\ \varepsilon_{33}\\ \gamma_{23}\\ \gamma_{13}\\ \gamma_{12}\end{bmatrix}=\frac{1}{E}\begin{bmatrix}1 & -\nu & -\nu & 0 & 0 & 0\\ -\nu & 1 & -\nu & 0 & 0 & 0\\ -\nu & -\nu & 1 & 0 & 0 & 0\\ 0 & 0 & 0 & 2+2\nu & 0 & 0\\ 0 & 0 & 0 & 0 & 2+2\nu & 0\\ 0 & 0 & 0 & 0 & 0 & 2+2\nu\end{bmatrix}\begin{bmatrix}\sigma_{11}\\ \sigma_{22}\\ \sigma_{33}\\ \sigma_{23}\\ \sigma_{13}\\ \sigma_{12}\end{bmatrix}$$

图18-2　应力与应变的关系（各项同性材料性质的弹性方程，由于材料的对称性，通常只会用到6×6的弹性系数张量，ε 和 γ 都表示应变，σ 都表示应力，E是材料的杨氏模量，ν 是材料的切向模量）

对于有规则内部结构的固体，这 81 个系数，不会是 81 个独立的数值，一个方向的应力并不一定会导致所有方向的应变。比如上下拉伸一块匀质的橡皮圆柱体，它只会变长、变细，但不会发生扭动。因此，拉力对应于扭动形变的系数，应该是 0，这样 81 个系数会大大减少，甚至大部分系数是 0。

这个以 9×9 矩阵表现的弹性系数，就是一块固体的弹性系数张量。但是实际情况下，我们不会用到 9×9 的弹性系数张量，通常由于材料的对称性，6×6 的弹性系数张量就足够了。应力和应变也因为有一定对称性，并不需要九个相互独立的应力和应变，而是六个相互独立的应力和应变足矣。

这也是为什么力学虽然古老，但是机械工程、固体力学到今天依然蓬勃发展，一个重要原因就是这里面的计算太复杂，情况太多变。

振动模式（vibration mode）

有了张量的定义，就可以充分研究固体的性质了。其中，固体的振动模式是我们非常感兴趣的。一个弹簧上面连着一个小球，把弹簧拉开再放手，小球就会开始振动且频率固定，这个振动频率就叫弹簧小球系统的振动模式。

固体也一样，有了固体的弹性张量，我们就可以计算固体有哪些振动模式。这就对应了各式各样的机械波在固体里是如何传播的。这种研究方式非常有用，在各个领域都可以说是一种基本思想。比如研究地球的结构，尽管人类无法下到地幔、地核，但可以把地球抽象成为一个弹性体，通过分析地震波的传播情况，可以得出地球的地核是一个固体金属球的结论。

强度与硬度

我们刚才讨论的都是固体的弹性形变（elastic deformation），那什么叫弹性形变呢？就是指这个应力的作用范围并不大，放开应力之后，固体还能恢复到原来的形状。但是这种弹性形变有一个极限，如果应力过大，导致形变过大，超过极限后，固体就无法恢复到原来的形状了，这种情况叫塑性形变（plastic deformation），这就完全属于固体另一个范畴的力学性质了。比如，固体有强度的定义，当施加超过固体能承受强度极限的应力，固体就会断裂。硬度的定义和强度有些类似，只是强度是整体性质，硬度是局部性质，固体材料能够承受的最大的局部压力就表明了它的硬度。

第二节

材料的热学属性

…●…

当我们面对固体的时候，最容易想到的就是材料的力学属性，从实验测试操作的难易程度来说，力学属性的测试也是最直接的。比力学属性稍微复杂一些的是固体的热学属性，也就是固体跟温度的关系是什么样的。

总的来说，我们关心的固体热学属性有三个：比热（heat capacity）、热膨胀系数（coefficient of thermal expansion）以及热传导性（heat conductivity）。

比热

比热（也叫比热容）的概念我们初中的时候就学习过，它是指让单位质量的物质上升单位温度所需要的能量。水的比热是比较大的，让 1 千克水上升 1 摄氏度，需要 4200 焦耳的能量，但是让 1 千克铁上升 1 摄氏度，大概只要水的 1/10 能量就够了。

到底是什么导致了不同物质的比热不一样呢？

首先要明确固体温度升高的本质是什么。温度正比于微观粒子动能的平均值。任何固体中的微观粒子就是指组成它的分子、原子。温度的上升无非就是这些分子、原子的运动速度的增加。除此之外，很多材料（尤其是金属）中有大量自由电子，温度上升，也包含了电子的自由运动变得更剧烈的物理过程。

固体中原子和分子的位置相对固定，所以对于固体，温度的升高代表它的分子和原子在固定位置周围做振动的剧烈程度增加。

不同固体的比热不一样，输入的能量在分子、原子的动能和势能中如何分配？一份能量输入后，比热大的物体分配给分子之间作用势能的部分较多，那么根据能量守恒，它分配给分子动能的部分就较少。

拿陶瓷和金属做一个简单的比较，陶瓷的比热比金属更大，本质是陶瓷分子之间的作用比金属更强。上一节我们说过，这些固体的分子之间就像有“弹簧”连接一样。通过宏观性质可以知道，陶瓷的“弹簧”显然比金属的“弹簧”更紧，陶瓷比金属硬，陶瓷是脆的，而金属相对较软，容易变形。既然陶瓷材料的分子之间的绑定更紧，那么紧的“弹簧”对于同样幅度的振动，它所储备的弹性势能更大。所以，对于硬度大的材料，一份能量输入，肯定会更多地分配给分子间的势能，少量分给动能，而固体的温度只表现为这种分子的动能。所以同一份能量输入，较硬材料升温的程度肯定较小。

除此之外，像金属这样的材料，由于内部有大量的自由电子（自由电子的势能接近于0，否则不会那么自由，如果给自由电子输入一份能量，几乎都会用来转化为电子的动能），所以它的升温效果明显，所以比热较小。

比热并非一成不变，不同温度情况下，分子、原子之间连接的“弹簧”的弹性系数会发生变化，同样，比热也会随温度，甚至固体所处环境的外部压强而变化。

热膨胀系数

除了比热，固体的热膨胀系数也是我们关心的物理量，它用来定量描述热胀冷缩现象，并告诉我们不同的固体在加热的情况下，具体会膨胀多少。

热膨胀系数为什么这么重要呢？因为在实际的工程中，材料的热胀冷缩是必须要考虑的。比如，传统火车轨道的每一段钢轨并非完全严丝合缝地拼接，而是要留出一段距离，就是考虑到不同季节钢轨的热胀冷缩；家里地板的铺设，在每块木板之间留有一定的缝隙，也是考虑到木头的热胀冷缩。

乍一看，热胀冷缩现象的发生是因为温度的升高，分子和原子振动更加剧烈，振动幅度更大，导致物质的总体效果呈现为体积更大。但这种判断是错误的，固体会热胀冷缩的根本原因，不是分子之间的振动更加剧烈，而是分子势能的非对称性。

分子之间存在范德瓦耳斯力，这是一种非对称的力，靠得近的时候表现为排斥，离得远的时候表现为吸引，这种特性跟弹簧一样，它总有把你拽回或者推回它平衡位置的趋势。但是弹簧的拉伸和压缩所提供的弹性力是对称的，也就是说，压缩和拉伸 1 厘米，感受到力的方向虽然不同，但大小一样。可以想象弹簧上连着一个分子，加热分子让它振动起来，由于弹力是对称的，拉伸和压缩的难度相同，所以分子在拉伸和压缩下的振幅相同，平均下来分子振动的整体平均幅度没有变化，平均的平衡位置不发生变化。

从图 18-3 中可以看出，范德瓦耳斯力这根“弹簧”是非对称的，**在压缩和拉伸长度相同的情况下，获得的压缩推力比拉伸拉力要大**。换句话说，就是比起压缩，拉伸范德瓦耳斯力这根“弹簧”更容易，也就是升温的时候，同样一份分子振动动能，拉伸的距离更多，压缩的距离更少，平均下来分子振动的平均振幅不在原来的平衡位置，而是偏向于

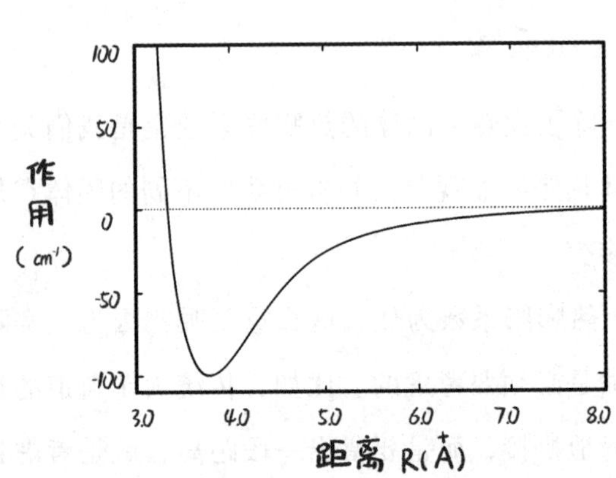

图18-3　范德瓦耳斯力：在平衡位置附近的弹力和拉力并非对称

拉伸的那一侧，这才是物体热胀冷缩的根本原因。换句话说，如果分子势能完全对称，则不会存在热胀冷缩的现象，不同温度下体积不变。

我们可以用热膨胀系数来描述热胀冷缩的现象，提升单位温度，体积增加的百分比就是热膨胀系数。

热传导性

除此之外，我们还关注热传导属性。根据生活经验，金属传热比陶瓷传热更快，所以烧水要用铁壶，泡茶要用瓷壶，就是因为金属的导热性比陶瓷的导热性好。

导热性由什么决定呢？这其实跟比热高度相关。通常，比热小的固体的导热性比比热大的固体好。因为比热小的固体，大部分的能量摄入被转化成了分子、原子的动能，而导热的本质就是分子间动能的传递。

固体中热传导的过程通常分为两部分：一部分是固体的分子和原子振动的传导，对于晶体，则是晶格的振动；另一部分是由自由电子携带动能的传导。导热性好说明热量的传递效率高。

热应力（thermal stress）

了解了固体的比热、热膨胀系数和导热性之后，在实际应用中，我们还会关心固体的热应力，也就是指当固体受热之后产生局部的热胀冷缩效果，这种局部的热胀冷缩未必是均匀的，从而导致局部的形变产生局部的应力。

在工程结构中，不同固体以一定的方式连接，比如汽车发动机中气缸、活塞等部件会在温度变化极其剧烈的环境下工作，它们的空间位置是有固定关系的。但随着温度的变化，部件之间的作用力也会相应发生变化，要保证工程结构继续运转，热应力就是需要充分考虑的因素。

现实工程问题中，物体的受热变化有可能会非常不均匀，比如一个部件的不同位置受热是不一样的，这会在它内部形成热应力。此外，部件还会有忽热忽冷的情况，我们都知道，一个冷的玻璃杯如果突然倒入开水会碎裂，这就是热应力的表现。材料热应力研究在工程中是极其重要的。

第三节

材料的电学属性

…●…

了解了固体材料的力学性质和热学性质之后，我们还能直接测试材料的电学属性。

导体（conductor）和绝缘体（insulator）

定义绝缘体或导体，取决于这种材料是否导电。比如金属一定是导电的，且不同金属导电性强弱不同。铜的导电性最好，铝次之，银再次之。陶瓷是不导电的，塑料也不导电。

导电性的本质是什么呢?

先来讨论什么叫导电。所谓导电，就是固体材料中可以形成电流。电流就是带电粒子的定向运动。要想让一个线圈里产生电流，就要接电池使线圈的两端产生电压。电压的本质是在导线里建立一个电场让带电粒子感受到库仑力。在库仑力的推动下，带电粒子就开始了定向运动，这种定向运动就是电流。

导体和绝缘体最大的区别就是导体中存在大量的自由电子，这些电子几乎不受原子核的束缚，可以在导体内部自由运动，温度越高，电子

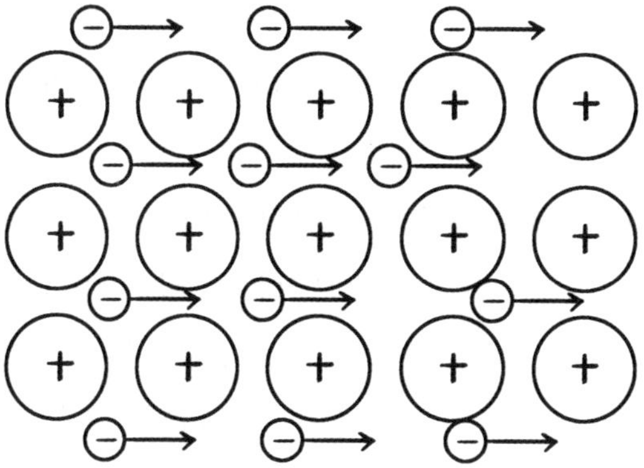

图18-4 导体中电子的定向移动

运动的速度越快。这些运动是无规律的，各个方向都有，所以宏观上没有形成整体的定向运动，不体现为电流。

但是加了一个电场以后，这些电子就在保持原有无规律运动的情况下，又加上了一个整体运动的趋势，这种整体的定向运动就形成了电流。**材料的导电性与导热性的强弱几乎是正相关，**导电性强的物质导热性通常也很强，因为导电性强的物质拥有大量自由电子，自由电子的定向运动体现为电流，无规则运动则体现为热量。

绝缘体中没有太多自由电子，绝缘体中，电子大多被束缚在原子核周围，即便加了电场，它们还是无法发生定向运动，因此体现为绝缘。我们在“极热篇”的第十六章曾经说过一种现象叫击穿，在电场足够强大的情况下有可能把绝缘体击穿为导体，比如闪电，就是将空气击穿。

为什么金属中会有很多自由电子，但是绝缘体中就没有什么自由电子呢？这跟不同物质的原子结构有关。我们在“极小篇”曾经讨论过，原子内部的电子是依据薛定谔方程、能量最低原理，以及泡利不相容原理从内到外分层排布的。最外层的电子离原子核远，对于外层电子来说，内层电子的负电荷等效地抵消了一部分原子核的正电荷，所以最外层电子感受到的电磁力比较弱，容易成为自由电子。

原子最外层电子排布的不同，导致了绝缘体和导体在导电性上的差异。原子里电子的排布是根据能量的高低分层的，每一级能量对应于一层电子。根据泡利不相容原理，电子是费米子，每一层能放的电子数有限，具体能放多少取决于每一层的薛定谔方程能解出来多少个能量相同的轨道。

导体和绝缘体的最大区别，就是导体的原子最外层的电子数是少于半数填满的（less than half-filled）。比如，钠原子的最外层只有 1 个电子，但它的原子最外层最多可以放 8 个电子；同样是最外层可以放 8 个电子的氧，其原子最外层有 6 个电子，是多于半数填满的 (more than half-filled)。金属之所以呈现为金属，恰恰是因为它的原子最外层电子数少于半数填满。氧这样的绝缘物质，其原子最外层电子是多于半数填满的。

原子最外层电子的排布，决定了是否存在自由电子。为什么半数填满如此关键？不如我们来考虑一下原子最外层电子是否自由的问题。对于少于半数填满的电子，要自由运动是非常方便的，因为隔壁的其他原子的最外层轨道非常空，它可以随便去。就像一座公寓里，每家每户都是 200 平方米，每户就住了一个人，想必这些户主串门是非常容易的，因为每个人家里空间都很大，并且自己家人少，比较寂寞，串串门想必

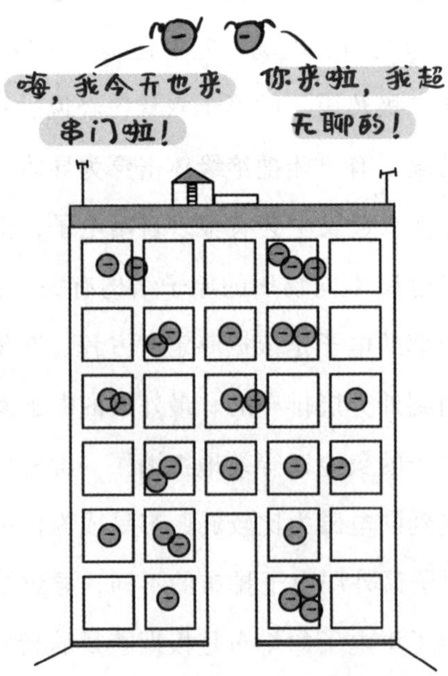

图18-5　原子最外层电子可以自由“串门”

是比较开心的。

但是，对于多于半数填满的绝缘体来说就不是这样了。比如，氧原子的 6 个最外层电子出去运动的倾向是一样的，都要出去的话，隔壁的原子是装不下的，因为空间本来就很拥挤了。这就好像一座公寓，每户也就 30 平方米，且每户住了 6 个人，这种情况下，串门对大家来说都不方便，所以干脆还是别动了。

这就是导体和绝缘体为什么导电性差别很大，导体的原子最外层电子数少，且其他原子最外层的空间多，所以它的电子移动很方便，绝缘体则相反。

半导体（semiconductor）

肯定有一种临界情况，就是原子最外层电子刚好一半被填满，这就得到了半导体，它的导电性介于绝缘体和导体之间。比如硅（silicon），就是一种最理想的半导体材料，它的原子最外层电子数是 4 个，并且最外层最多能装 8 个电子，这 4 个电子是否能去到周围原子的最外层，是相对中立的，所以硅的导电性适中。这种适中的导电性适合用来做成电子电路的逻辑门（logic gate），因此电子电路，尤其是光刻电路，目前都是在硅板上光刻制成。

电阻

衡量材料导电性强弱的物理量，叫电导（conductance）。电导反过来，就是电阻。电阻越大，导电性越差。在被击穿之前，绝缘体的电阻基本可以被认为是无穷大。跟金属有电阻的原理不太一样，绝缘体电阻大的本质是电子被原子束缚住，无法形成电子的定向流动。

但是导体电阻的机制不同。电流在定向运动的过程中，会与原子发生碰撞，由于原子的位置相对固定，且质量是电子质量的几千到几万倍不等，所以原子的存在对于电子来说就像一堵墙。即便原子之间的距离很大，电子与原子的碰撞仍然不可避免，这表现为对电子定向运动的一种阻碍效果。因此导体的电阻大，本质上是因为这种阻碍效果强烈。因为这种碰撞耗散了电子的运动动能，根据能量守恒，最后体现为电子和原子的无规则运动，导致材料温度升高。早年的白炽灯的原理，就是利用电阻产生的热能，提升灯丝的温度，然后通过热辐射的现象发光。

各向异性（anisotropy）

不同导体的电阻大小各不相同，有很多因素影响电阻的大小，例如原子的大小、质量、间距等。晶体还具有各向异性的电阻，因为晶体内部有微观周期性几何结构，电子往不同方向运动，碰撞规律不同，导致了晶体电阻的各向异性。

目前我们只是从宏观上来讨论材料的导电性问题，下一章我们将从量子力学的角度重新审视这个问题。

第四节

材料的磁属性

19 世纪英国伟大物理学家麦克斯韦总结出了一切经典电磁现象都满足的麦克斯韦方程组，方程组里深刻揭示了电与磁的关系，电与磁永远相互伴随，变化的电场会产生磁场，变化的磁场也会产生电场。既然讨论了材料的电学性质，势必要讨论材料的磁属性。

不同材料对于磁场的反应不同，比如磁铁只能吸引铁（iron）、钴

（cobalt）、镍（nickel），其他金属，如金（gold）、银（silver）、铜（copper）是不会受到磁铁的明显吸引的。再比如有一些材料容易磁化，也就是在磁场里放久了也具有了磁性，有些材料则不容易被磁化。

材料的磁属性，由材料原子中的电子排布规律决定。

什么是材料的磁性?

首先来看看什么性质会让物质呈现跟磁场相关的属性，我们在“极大篇”和“极小篇”都讨论过基本粒子的一种特性，叫自旋。自旋是基本粒子的固有属性，我们可以把这些微观粒子想象成一个个小磁铁，原子中有电子，电子就像一个个小磁铁。不难想象，如果固体材料的性质跟磁有关，那就应该与原子中电子的自旋有关。

每个电子都像是一块小磁铁，但是材料中电子的自旋指向是杂乱的，大多数不是磁铁的材料不会呈现磁性。但是把不同的材料放在磁场中，它们会对磁场有不同的反应，这些不同的反应就是不同材料的磁属性。为什么不同材料会呈现不同的磁属性呢？可以考虑这么一个过程，给你一大把小磁铁，对它们进行排布，排布的方式决定了不同的磁属性。

我们按照原子中电子分层结构来排布电子，依据电子排布方式的不同，不同类型的原子就能获得不同的磁属性。

抗磁性（diamagnetism）

比较常见的磁属性是抗磁性，也就是这种材料如果放在磁场里，材料里的磁场强度会被削弱，这对应的是一种最普遍的电子排布方式。根据薛定谔方程，原子里的电子轨道，是按照能量高低分层的，每层有若干个不同轨道。根据泡利不相容原理，每个轨道可以放两个自旋方向相反的电子，就好比两个反向排列的小磁铁。根据生活经验，我们知道两

图18-6　在磁场中电子运动受到的洛伦兹力

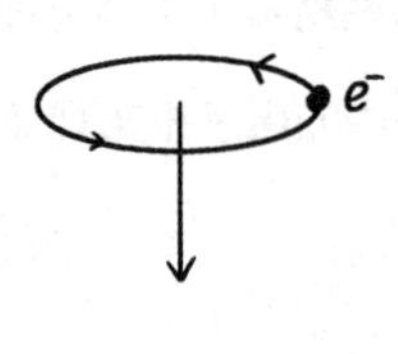

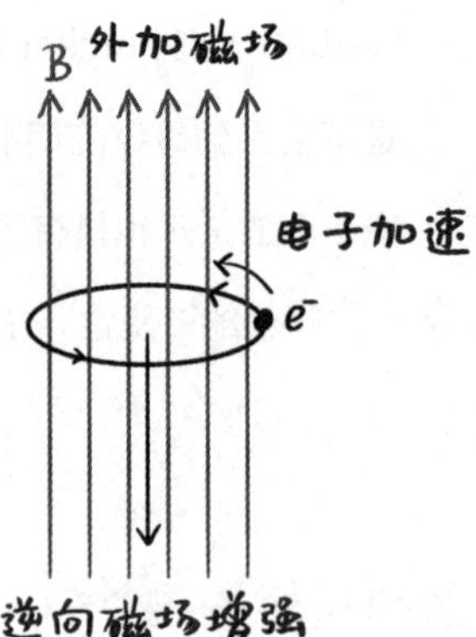

个磁铁是倾向于反向排列的，同向磁铁的 N 级和 S 级之间会互相排斥。

抗磁性的产生，就是因为一种原子里的电子排布，刚好都是成对出现，每个轨道里都有两个电子，自旋方向相反。这时作用一个磁场在上面，就会削弱磁场。为什么？首先，因为所有轨道都有两个自旋方向相反的电子，所以它们的磁性对外来说是相互抵消的，因此它们不产生净磁场。

但是，这些电子同时还在围绕原子核运动，就好像一股环形电流，它也会产生一个磁场。加上磁场以后，运动的带电粒子会在磁场中受到洛伦兹力的作用，从而改变电子的运动速度。也就是说，原子中的电子运动所产生的环形电流会让原子整体产生一个磁场，环形电流在外磁场的作用下，所产生的磁场与外磁场刚好相反，由此就抵消了一些外部磁场，体现为抗磁性。

顺磁性（paramagnetism）

除了抗磁性，还有顺磁性。顾名思义，就是外加一个磁场，顺磁性材料中的磁场反而要比外加的磁场更强。顺磁性也是由原子内电子排布的特殊规律导致的，比方说一种原子的最外层有 5 个轨道，并且它也有 5 个最外层电子，这个时候这 5 个电子倾向于每个都占据一个单独的轨道，这种规律叫洪德定则（Hund's rule）。

为什么会这样呢？为什么不是每两个电子占据一个轨道，剩下的电子占据一个单独的轨道，然后另外两个轨道空着呢？因为两个电子占据一个轨道，反平行的两个电子，磁的相互作用能量更低。但是5个电子单独排列难道不会增加磁相互作用的能量吗？

这里其实是两种能量的博弈，是磁相互作用能和电相互作用能的博弈。

我们知道，一个稳定系统一定是能量尽量要低。5个电子分开排列，虽然看似磁相互作用能量升高了，但是当5个电子分散在5个轨道当中的时候，对于每个电子来说，原子核的正电荷由于电子的分散会被更少地屏蔽，这样的话每个电子能感受到更多来自原子核的正电荷，与此同时它们离原子核的距离更近，从而降低了电势能。

当5个小磁铁都分占一个轨道时，再加上外磁场，它们都倾向于向一个方向排列，这样5个小磁铁的磁性一致，再加上外磁场，综合起来使材料内部的磁场增强，这就是顺磁体。比如，铝（aluminium）和钛（titanium）就是顺磁体。

铁磁性（ferromagnetism）

像铁这样的物质，如果放在磁铁附近一段时间，就会具备磁性。但是其他材料似乎没有这样的性质，普通的顺磁性材料，把磁场撤掉，材料的磁性也会消失。

因为任何材料都有温度，有温度就代表原子、分子做无规则运动，一旦撤掉磁场，原子的无规则运动就会占据主导地位。因此对于顺磁性材料，如果撤掉磁场，磁性就会随之消失。但是铁却不是这样，虽然铁原子做无规则运动，但是加上了磁场后，即便撤掉，最外层电子同向排列会使得电子电势能降低的程度极高，这就导致铁磁体非常喜欢电子同向排列的状态，因为这可以大大减小它的电势能，总能量也因此降低。

居里温度（Curie temperature）

这就不得不提到一个概念——居里温度，它是法国物理学家居里（Pierre Curie）通过实验发现的一个现象。根据前面的分析，我们发现，材料是否表现出铁磁性，其实是两股力量博弈的结果——到底是热运动想要变乱的趋势更强烈，还是展现出铁磁性时能够获得更低能量的趋势更强烈。

很明显，温度越高，热运动想要变乱的趋势就越强烈，这个温度的临界点就是居里温度，也叫居里点。即便是铁，在加热到一定温度，达到居里点之后，铁磁性也会消失，变成顺磁性。顺磁性和铁磁性的一个本质区别，就是它们所处的温度是在这种材料的居里点以上还是以下。顺磁性物质可以被认为是一种居里温度比较低的物质，室温就已经超过它的居里温度了，铁磁性则相反。

反铁磁性（antiferromagnetism）

抗磁、顺磁、铁磁是三种最为主要的材料磁属性，往下还能根据电子分布规律，划分不同的具体的磁属性。不同种类原子轨道排布的规律都是有差别的，比如反铁磁性，尽管材料当中的电子倾向于规律排列，但它们排列的特点是反平行间隔排列。如果是一个方格结构，第一行是上下上下，第二行是下上下上，也就是说每个电子周围的几个电子跟它

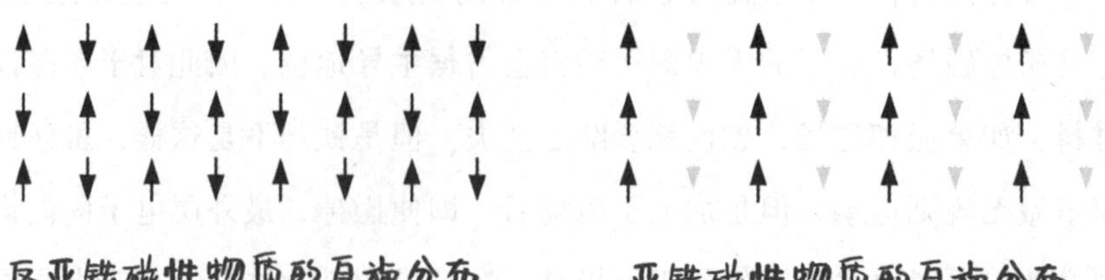

图18-7　反亚铁磁性物质和亚铁磁性物质的自旋分布

都是反平行排列。

如果按照排列规律继续细分，还有亚铁磁性和反亚铁磁性，都与材料的原子排布及内部结构息息相关。

完全抗磁性（super-diamagnetism）

除此之外，超导体具有完全抗磁性，也就是说，磁场完全无法进入处在超导状态的材料，材料内的磁场为 0，这叫完全抗磁性。这就是材料的磁属性，总的来说分三种，但是它们最终都可以统一被自旋阵列模型描述。

至此，我们对于材料的各种性质做了比较全面的讨论，但是这种讨论还是比较浅显以及宏观的，最多不过是分析了电子在原子中的排布方式，但是这样的物理学图景太过定性。

真实情况下，材料的微观性质应当运用量子力学的视角进行分析。在真实的固体，尤其是晶体中，电子并非只围绕一个原子的原子核运动，而是呈周期性排列。这种情况下，我们应当研究的是，面对一个周期性排列的原子核系统，电子应当如何运动？它满足的薛定谔方程应该是什么样的？这其实已经进入了固体物理的领域进行探讨，材料的光学性质用固体物理的思想来讨论更加清楚。

第十九章
Chapter 19

固体物理
Solid State Physics

第一节

能带结构（energy band structure）

…•…

既然材料的性质本质上是由原子的微观属性结合而成，那么用量子力学才能进行最贴近本质的分析。

固体内部的原子布局

要研究材料的量子性质，就需要对研究对象做量子场景的描述。我们在“极小篇”已经对原子的量子场景做了比较清楚的分析，原子的中心是原子核,周围是围绕原子核运动的电子。由于原子核远远重于电子，是电子质量的几千倍，甚至几万倍，所以我们将原子核当成不动的，它处在原子中心，只是贡献了一个来自中心的电势能给电子。要想描述电子的运动，用薛定谔方程来描述电子的概率波即可。这是单个原子的量子力学图景，是相对简单的。但是对于固体，情况要复杂得多。

固体中众多原子排列在一块儿，对于一个电子，它感受到的是众多原子提供的电势能。我们可以用薛定谔方程去描述它的波函数，但这时电子受到的影响要复杂得多。

简单算一下，固体中的原子核与电子之间有三组相互作用。首先，原子核之间有电磁相互作用，电子和电子之间也有相互作用，每个电子还会感受到所有原子核的电磁力。三组作用交叠在一起，是一个极其复杂的系统，必须做一定近似来简化模型。

首先，可以忽略原子核之间的相互作用。原子核的位置相对固定，相比之下，电子的运动则自由得多，比如金属里有很多自由运动的电子，相对于电子来说原子核几乎不动，虽然不同原子的原子核之间有相互作用，导致二者的位置发生变化，让周围的电子获得不同的电势能，但是这种变化相对于活跃的电子来说不显著，它只会少量影响电子的运动。

其次，可以忽略电子和电子之间的相互作用。我们知道原子之间的距离很大，电子在固体里的运动实际上非常自由，这里可以借用“极热篇”中分析理想气体的模型时说到的，电子之间即便有相互作用，其影响也是微弱的，不会定性地影响电子的行为。当然，这个假设只在特定情况下成立，确实有不少材料［比如莫特绝缘体（Mott insulator）］中电子间的相互作用非常强烈，不能被忽略。但是这里为了方便分析，就先不去研究莫特绝缘体这样的材料，而是着眼于一般的材料。如果考虑电子和电子之间的相互作用，其实对应于物理学中一个重要的研究课题——强关联系统，这里的强关联指的就是电子和电子之间的相互作用强到不能忽略。

如此一来，就只需要考虑单一电子与所有原子核之间的电磁相互作用。我们对晶体中的电子运动尤其感兴趣，晶体内部的原子呈规律的几何形状排列。比如氯化钠的内部结构就是六面体，基本是个正方体，每个钠原子被 6 个氯原子包围，每个氯原子又被 6 个钠原子包围。晶体结构满足了我们的第一个近似假设，即原子的原子核可以被视为静止，目前只需关心晶体内的电子如何运动。

这样一来，我们对于晶体的初步量子物理图景就比较清楚了，就是一堆原子组成了一个三维的阵列，这个阵列具有规则的几何形状，然后考虑一个带负电的电子会在这个阵列当中如何运动，它的波函数满足整个阵列的薛定谔方程。

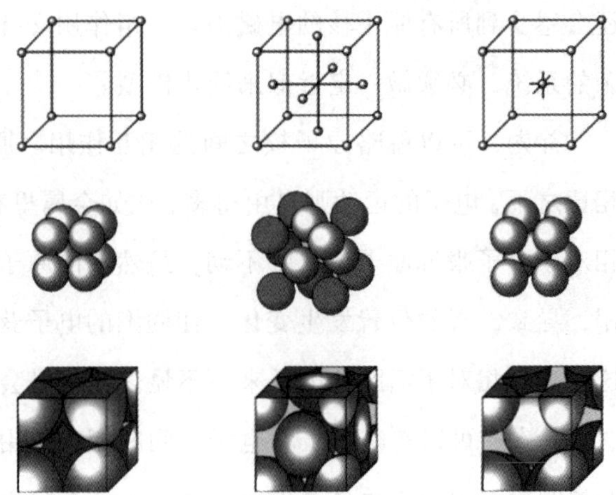

图19-1　三种不同类型的晶体结构

按理来说，只要去解这个阵列的薛定谔方程，就能够明白晶体中电子的波函数的规律，但在“硬解”方程之前，可以先做一番物理直觉上的分析。

单个原子内部是量子化的电子，电子的能量是量子化的，这些能量等级是离散、不连续的，每个能量等级之间有一个间隔。

多原子的能级

单原子中电子受到一个原子核的影响，就出现了能量量子化的特点。这时再多来一个原子核，比如让电子围绕两个分开一定距离的原子核运动，能量的量子化会消失吗？

直觉上应该是不会的，对于电子来说，无非是原子核的正电荷的分布发生了一些定量的变化，这种能量分级的量子特性理应不会消失。那么，三个原子核怎么样？四个？ N 个？形成阵列？这种能量量子化的特点会消失吗？直觉上应该不会消失，但是一定会对电子的能级的具体形态产生影响。

图19-2 电子在晶体中的波函数形态，总体呈正弦波形态，局部偏离正弦波

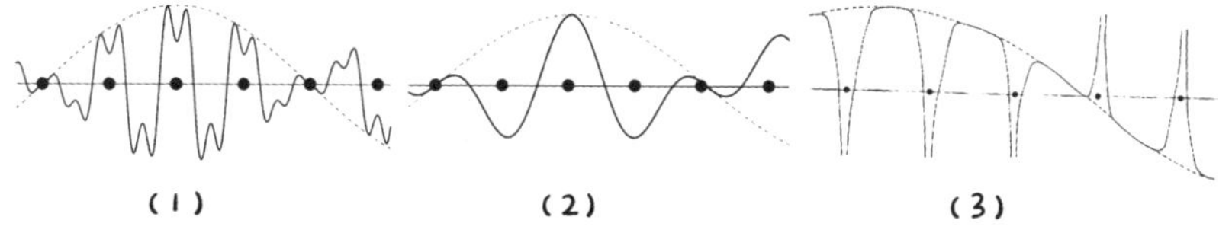

布洛赫定理（Bloch theorem）

物理直觉我们有了，也就是晶体中电子的能量应该是量子化的，能级之间有间隔，但是间隔的大小以及电子的波函数的形态，会受原子核阵列的定量影响。有了这个猜想，再看如果真的解一个阵列中电子的薛定谔方程会怎么样。这就引出了固体物理学当中一条极其重要的定理——布洛赫定理。

布洛赫（Felix Bloch）是一位瑞士物理学家，他就是在解阵列中电子的薛定谔方程的过程中，得出了布洛赫定理。这条定理说的就是在一个做周期性变化的势能场中，薛定谔方程的解的形式是一个正弦波叠加一些局部的变化。也就是说在阵列当中，**电子的波函数的形态大致上是一列正弦波**，但是有一些局部变化。

能带结构

有了布洛赫定理，通过薛定谔方程解出来的波函数，叫布洛赫波。相应地，不同的布洛赫波对应了不同的能量状态，这些能量的解，验证了我们之前的物理直觉，也就是电子在晶体中的能量依然是量子化的。周期性阵列对于电子能量的量子化规律有修正，但是相对复杂。原来单个原子中电子的不同能量叫能级，到了晶体，能级就变成了能量带，简称能带（energy band），单个原子中电子的能级是一个数值，而晶体

中电子的能存在的能量是一个能量范围，一个区域就是一条能带。

电子可以处在不同的能带，一条能带里电子的能量是连续的（当我们把材料的大小想象成无穷大的话，能带里的能量是连续的，但是真实情况下，一块材料总是有大小的，所以，比较安全的说法是，能带里电子的能量是接近连续的），但是不同的能带之间有一个能量间隔，这个间隔叫作能隙（energy gap）。

原来单个原子中的能级是量子化的，每个能级的数值是一个单一的值，在阵列结构中，能量间隔还在，但是能级被“拉宽”成能量带。这条能量带对应的不再是一个能量值，而是一个范围内连续的能量值，但是整体量子化的能隙还是存在的。

如何理解电子在一个能量带里能量是连续的呢？当一个电子在能量带里取到不同的、连续的能量时，对应于什么运动状态？这就要回到布洛赫定理。

布洛赫定理说的是，电子的波函数总体来说是正弦波，只是局部有修正。那么答案就很容易理解了，那就是在一条能带里，不同的能量对应于电子作为一个整体正弦波的不同的波长。可以想象电子的波函数在晶体里大致还是像电磁波那样的正弦波，但是它的能量获得了修正。

不同波长的波，对应于不同的能量高低。

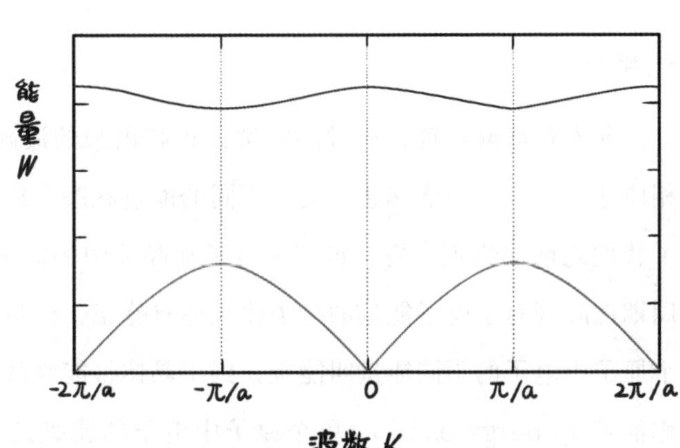

图19-3　能带结构示意图

如图 19-3 所示，横坐标是不同电子波函数的波数，波数就是单位长度内波的个数，用字母 k 表示（k=2π/λ，λ 是波长），波数反比于波长，波长越短，波数越多。波数是矢量，它的方向代表了波的传播方向。不同方向以及不同波数的波，对应不同的能量，这个关系叫作色散关系（dispersion relation），也就是电子的概率波的波长与能量的关系。

通过能带结构可以看到晶体的特点，那就是只有特定能量和特定波长电子的波函数可以存在，晶体结构本质上是对电子的状态进行了选择。

有了这个认知，我们对于固体量子效果的研究，就变成对固体能带结构的研究。固体的量子性质的图景，也逐渐清晰了。

第二节

导体、绝缘体、半导体

有了能带理论，再回过头来看看，什么是导体、绝缘体、半导体？什么是自由电子？这些问题都可以用能带理论统一解决，再也不用像我们上一章讲的，用一种半宏观半微观的定性方式去分析了。

什么是自由电子？

首先来讨论一下，什么是自由电子。

什么叫自由？这里对于自由的理解应该是：只要想让它动，它就能动。要让电子动，肯定要施加外力，这个外力就是电磁力。所谓的动，就是电子在电场的作用下开始移动，这里的动是定向的运动，如果不是定向运动，就不能形成电流。比如，一个电子被一个原子束缚住，加个电场它确实可以动，但是简单动一下就会被原子拽回来，这种动最后变成了一种振动，它不是定向流动，形成不了电流。

所以，自由电子应该是只要加个电场，它就能发生定向运动。这里还有一个隐含假设，就是不论加的电场有多小，它都能定向运动。可能加的电场小一点儿，它动得会慢一些，但是不改变它能动的事实。自由电子应该更准确地被描述为：**不论加多小的电场，只要有个电场，它就能开始定向运动**。

尽管有电阻存在，但只要一直加电场，它就能维持定向流动。电场小，相当于电压小，电压小电流就小，电流小的意义其实就是单位时间内通过的电子的数量少，对应的就是电子运动速度慢。

到这里，我们再来看看用能带理论如何解释导体、绝缘体，甚至半导体。导体需要有自由电子，也就是那些只要加了电场，不管这个电场多小，都能够定向运动的电子。

什么是导体?

现在来看能带结构，首先要参考我们是如何理解原子中电子排布的，先把原子里的电子轨道解出来，然后能量从低到高，参照泡利不相容原理，每个轨道放两个电子，一层层地放上去。

那么对于晶体的能带结构，这个过程是完全一样的。从能量低的那些点开始，把一个个电子按照能量由低到高放进去。就是对着图 19-3，从低到高放电子，每个放进去的电子，都有自己的波函数，这个波函数是局部有变化的正弦波，波的传播方向由能带图的波数（k）的方向决定。有 k 就有能量，有多少电子，就能填多高。

金属的原子最外层电子数都是不到半数填满的，在填能带图的时候，金属这类导体的电子，不能填满整条低能的能带，而是半满的。这时可以论证，这种没有被填满的能带代表了导体的能带。为什么？我们加一个电场看看有什么效果。

图19-4 导体能带图，电子在能带中半满

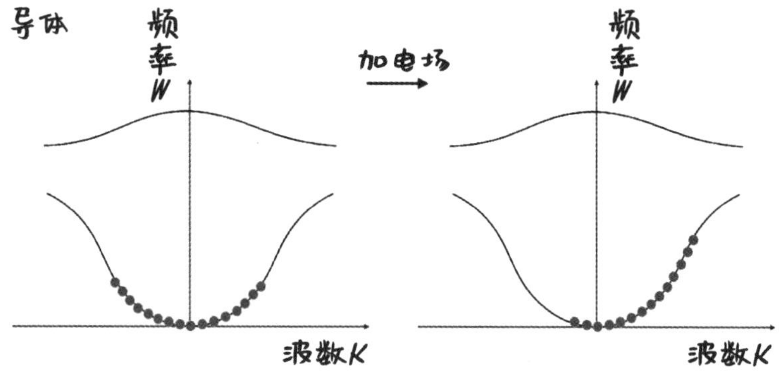

在没有电场的时候，电子的运动是杂乱的。虽然在导体里，这些电子的状态都用波函数来描述，但是各个方向的波都有，所以总体不呈现为电子的定向流动。但是加了电场就不一样了，加了电场之后，所有电子的能量都会向一个特定方向整体升高。也就是说，能带里的这些电子，都要往能量高的地方跑。

假如电场的方向，跟能带图 19-4 中右半边的波函数的方向一样，那么能带里这些电子的整体位置要向右移动，才能获得能量的整体升高。

恰恰因为现在的能带还不满，所以这些电子有整体向右移动的空间，加一个电场，就能让所有电子的动能都升高，原本能量低的电子可以在能带上没有被填满的地方找到空隙放下。这时，能带中的电子分布就不再左右对称了。换句话说，往能带图右边运动的电子的数量，比往左边运动的电子数量多。能带图的横坐标代表了电子波函数的运动方向，往某个方向运动的电子数量就比别的方向多，就体现为电子的定向流动，这就导电了。

什么是绝缘体？

用类似的分析方法，绝缘体也好理解了，它的原子外层轨道超过半数填满，对应到能带结构，是它的能带是被电子填满的。

图19-5　绝缘体能带图，电子在能带中填满

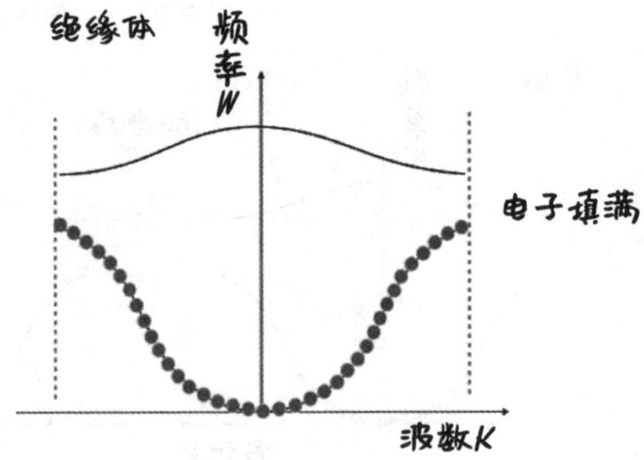

根据泡利不相容原理，能带里每个点只能有一个电子，由于能带已经被填满，所以没有办法在同一条能带里让所有电子能量升高，除非跳出这条能带，往上面的能带去。但是不要忘了，上下能带之间有能隙，也就是有能量间隔。如果电场加得不够大，达不到能隙的大小，电子是没有办法跳到上一条能带去的。这种情况下，电子无法发生定向运动，这就是绝缘体。

什么是半导体？

半导体也很好理解，它是最外层电子半满的原子，比如硅。用能带理论解释起来更加直观，半导体就是能隙间隔很小的晶体。半导体的上

图19-6　半导体能带图，电子可以跳跃能隙

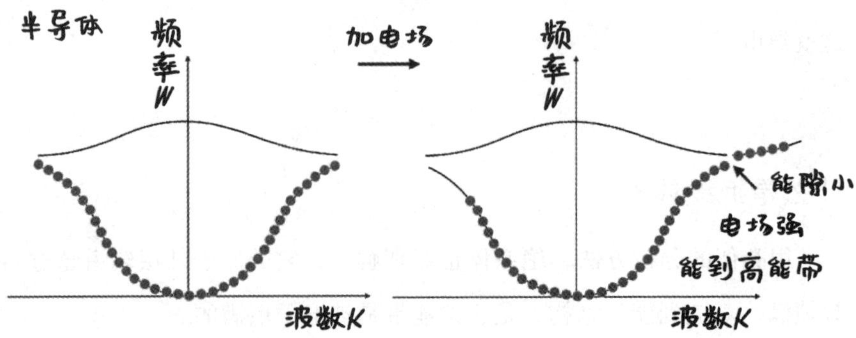

下层能带间的能量间隔非常小，电场稍微大一点儿，电子就可以跳上去发生定向移动。

至此，我们可以发现固体物理的能带理论非常强大，我们再也不用定性地分析导体、半导体、绝缘体，而是用一套统一的理论体系就可以描述相关性质。

第三节

固体磁性的统合性研究方式

材料的磁性可以分为抗磁性、顺磁性和铁磁性。其中抗磁性比较简单，顺磁性和铁磁性是非常有趣的物理学现象。顺磁性和铁磁性之间有居里温度作为连接，也就是说，当固体的温度超过它的居里温度以后，就会变成顺磁性。所以，铁磁性才是最有趣的一类磁学效应。

为了研究铁磁性，以及在不同环境下（比如加磁场、温度变化）铁磁性会如何变化，我们需要像研究固体的导电性那样，建立一个简单、抽象的模型，通过研究模型，对材料的磁学性质进行更深入的了解。

伊辛模型（Ising model）

简单来说，拥有铁磁性和顺磁性的材料，就是加了磁场之后，固体内部电子自旋在磁场的作用下形成定向排列，使其内部的磁场进一步加强。在磁场的作用下，固体内部的电子自旋所代表的小磁铁都倾向于整齐排列变成一个大磁铁，所以除了内部，固体周围的磁场也会加强。

铁磁体之所以会有加强磁场的特点，是因为它外层轨道中的电子，并没有以自旋相反的方式成对出现在轨道中，而是最外层的电子，一个电子占据一个轨道。它们就像自由散落在固体里的小磁铁，相互独立。一旦受到磁场的作用，这些小磁铁就听从磁场的号召，往一个方向排列，从而加强了磁场。

铁磁体的原理这样解释虽然已经相对清楚，但是我们不能只满足于解释这种现象，还要去研究它在不同物理环境下表现出来的物理规律。例如，为什么把磁场撤了，铁磁体的磁性还在，而顺磁体就不行？为什么铁磁体加热到超过居里温度就变成了顺磁体？

既然铁磁体里的电子像一个个小磁铁，那不如构造一个模型，把电子排列成阵列。在这个阵列里，我们关注电子的磁性质，也就是它们自旋方向的排列。这个模型叫伊辛模型，它是德国物理学家楞次（Emil Lenz）发明的。楞次把这个问题给了自己的学生伊辛（Ernst Ising），伊辛也是一位德国物理学家兼数学家，最早的伊辛模型就是伊辛解出来的。

要了解这个自旋阵列模型，就要看阵列里小磁铁的指向是怎样的形态：是指向同一个方向，还是完全随机，杂乱无章，抑或随着时间迅速变换方向？这些小磁铁是不是可以形成一定的图形，比如以一点为中心，所有的小磁铁排列成一个涡旋？

这个阵列不是一个静态的阵列，小磁铁会产生磁场，磁场又会影响到周围的小磁铁，它们之间存在相互作用。假设系统有温度，而温度本

图19–7　二维伊辛模型中的电子自旋方形阵列和涡旋阵列

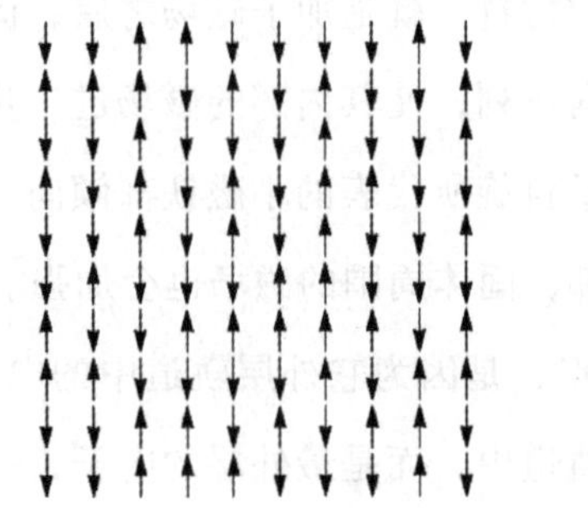

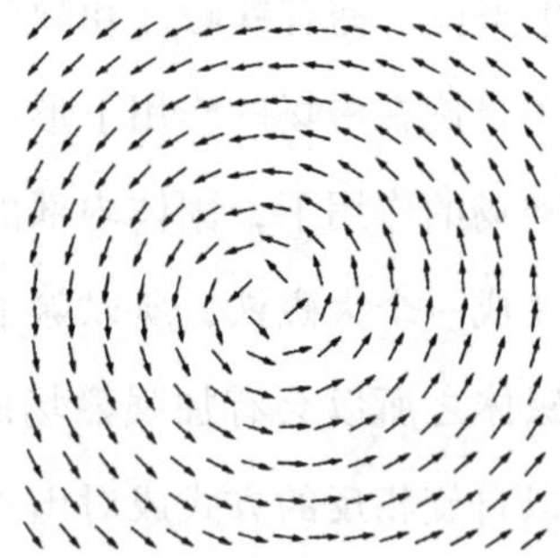

质上就是这些小磁铁做无规则运动，也就是说，这是一个既有自旋之间的相互作用能，又满足统计力学规律的系统，要解释它，就必须找到这个系统的行为所遵循的原则。

一个系统的稳态是其能量最低的状态。我们可以把这个系统的最低能量的状态解出来，看看什么状态下能量最小。很显然，当两个磁铁反平行放置，也就是 N 级对着另外一个磁铁的 S 级时，能量最低、最稳定。你试着把两个磁铁扔在一块儿，一定会发现它们会自发形成这种连接方式。根据能量最低原理可以得出，这个二维的伊辛方阵中，电子自旋的排布方式，应当是相邻磁铁的指向相反。

但是这个系统同时是有温度的，是一个满足统计力学规律的系统。这说明系统的状态如果是稳态，一定是熵最大的形态。熵对应于系统的混乱程度，如果所有相邻的自旋都反平行排列，这种状态是一种极其有秩序的状态，那么很明显，应当有更加混乱的状态可以增大它的熵。也就是说，能量最低原理和熵增原理在这个问题上似乎存在矛盾。

自由能（free energy）

我们忽视了一个问题：这个系统的总能量，并非只有自旋之间的磁相互作用。系统本身具有温度，有温度说明有无规则运动的热能，温度恒定的情况下，热能也是恒定的，也就是这个系统在恒温情况下拥有热能的“背景噪声”一般是无法排除的，否则这个系统就不可能具有恒定的温度。因此要降低的不只是这部分自旋之间磁相互作用的能量。这就对应了一个统计力学的概念——自由能，我们要做的是使自由能最低。

自由能可以简单理解为能量减去它的温度乘以熵，$F=E-TS$。在这个方程式里，F 是自由能，F 要达到最小，能量 E 则要尽量小，熵 S 要尽量大（TS 就好像整个系统的背景噪声一样，要做到的是排除了热能的“背景噪声”以后的系统的总能量，也就是自由能是最低的）。我们的最终目标，是通过自旋的反平行趋势与系统倾向于混乱的趋势之间的博弈，达到一个互相都满意的状态。系统的熵固然必须尽可能大，但是此处综合了自旋反平行趋势的影响。

几种力量的博弈

在温度不太高的情况下，自旋之间的反平行趋势占优，最终会呈现为规则的排列。反之，如果温度足够高，熵增的趋势占据主导地位，则这种秩序性将被破坏。这是一个秩序与非秩序的博弈过程，实际上是看秩序性降低的能量使自由能降低得更多，还是非秩序性提升的熵使得自由能降低得更多，谁使自由能降低得多，谁的效果就占据主导地位。

这时，如果加上一个让全部自旋平行排列的趋势的外磁场，就会变成三种力量间的博弈：如果外磁场特别强，它将战胜另外两股力量，最终形成自旋平行排列的阵列结构；如果温度特别高，而磁场力量不够，最终的状态应该是混乱的；如果温度不够高，而磁场也不够强，阵列会形成反平行排列的结构。

除了平行、反平行、混乱三种比较明显的状态之外，随着温度、磁场、自旋相互作用强度几个参数的不同变化，阵列还有可能形成多种不同的形态，这些不同的形态就是伊辛模型不同的相。当这些排列的物理性质以及解决难度发生改变，我们就说这个系统发生了相变。

通过调节不同参数，能解出在不同参数条件下，系统会呈现出什么样的相。可调节的参数非常多，除了温度、磁场、相互作用的强度以外，我们还可以改变系统的维度，一维、二维、三维的阵列形态的物理性质以及解决难度是完全不同的。

除此之外，还可以把阵列中的电子排布成不同的几何形状，比如排成三角形。这种形态的阵列解起来尤其复杂，对于一个三角形单元来说，无法做到正方形阵列那样的反平行排列，总会有一个非常尴尬不知道应该上还是下的自旋。

一般研究伊辛模型会假设只有相邻的自旋之间有相互作用，可以拓展一下，让相互作用并非只在相邻的电子间发生，还可以隔一个电子发生，这样的行为就更加有趣了。也就是说，对应于现实中不同的材料，我们可以做各种各样的参数调整，如此一来，解各种形态的伊辛模型将会是我们研究固体相变的一种重要手段。

对铁磁体性质的研究，只是伊辛模型的一项功能。伊辛模型虽说是个老问题，但是在参数变化的情况下，却没那么容易解决。近百年来，物理学家、数学家们尝试了各种办法，至今仍未彻底解决，而越来越多新的神奇形态从这个模型当中涌现，对于这个模型的研究，已经诞生了好几个诺贝尔奖了。

第四节

固体的光学性质

材料的光学性质，从宏观上大致分为透明与非透明，仅仅进行这样的粗线条描述是不够的，我们还要深入地分析，光是如何与材料的微观结构相互作用的。

既然来到了微观，我们就要基于光是电磁波的观点，通过研究电磁波与材料微观结构的相互作用规律，来描述材料的光学性质。

光如何与固体相互作用?

从宏观上看，光照射到固体上，总的来说有三种效果：反射、吸收和穿透。

反射很好理解，任何不是理想黑体的物体，都对光有反射作用，只有理想黑体会百分百地吸收光，用以升高内部原子中的电子的能量。由于高能量不稳定，它还会释放出电磁波，这部分电磁波就是热辐射。

但是，理想黑体在现实世界中并不存在，所有物体都会对光有一定反射作用。不同物体在光照射下呈现出不同的色彩，本质上是因为不同物体对不同频率的光的吸收程度不同，树叶是绿色的是因为它对绿色的反射率最强，对其他频率的太阳光吸收的比例高。

光被吸收的部分被用来提升原子内电子的能量，透射的部分则是穿透了材料。当然，穿透的形式多种多样，有不改变光的运动方向的，也有散射的。比如，天空之所以是蓝色的，本质上是因为蓝光的波长易于被大气里的分子散射，散射得各个方向都有，所以我们看到的天空呈现为蓝色。这种散射被称为瑞利散射（Rayleigh scattering）。

金属为什么不透明？

被反射部分的物理学机制比较简单，我们比较关注的是光进入材料之后，如何与材料发生反应。

我们知道金属是不透明的，这是为什么？

我们把光当成电磁波来研究光进入材料后的行为。电磁波是变化的电磁场，既然是电磁场，就会和电荷发生相互作用。我们之前定义了，自由电子就是只要有电场作用在上面就能形成定向电流的电子。从能带的角度来看，要让电子的能量增加是没有门槛的。

绝缘体中的电子在加了电场后，要提升能量必须跨越一个有限大小的能隙，导致加电场并不一定能使其电子形成定向流动。

但是金属不同，只要有电场，它就能提升能量。电磁波既然是电磁场，碰到金属里的自由电子，它就注定会被电子吸收，使电子的能量升高。也就是说，电磁波是可以激发自由电子的。如此一来，电磁波就被自由电子吸收了，它们无法穿透金属，所以，金属是不透明的。

但是这也与电磁波的能量有关，可见光的能量都不高，所以会被金属内部的自由电子尽数吸收，但是能量高的 X 射线、γ 射线，是可以部分穿透金属的。

透明的机制（mechanism of transparency）

金属之所以不透明，是因为自由电子易于吸收电磁波能量。那我们依此可以推测：透明的材料大多是绝缘的。这是因为透明材料必然没有大量的自由电子，否则电磁波进入之后很容易被吸收，不会呈现透明的形态。

透明的材料主要是绝缘体，是因为原子中的电子都被原子束缚住了，并不自由，或者说它们的能带处于填满状态，能隙还很大，电磁波没有办法把电子激发到更高的能量状态。

但是，电磁波并非畅通无阻地通过透明介质，它还会与电子有相互作用。这种相互作用不是永远地把电子激发到高能形态，而是使电子在电磁波的作用下振动。由于高能不稳定，它会原封不动地按照原来的电磁波频率释放出新的电磁波，新释放的电磁波与入射的电磁波综合在一起形成了新的光。

电子与电磁波相互作用，放出频率相同的电磁波的现象，与之前提到的激光的受激辐射的过程类似。

折射率（refraction index）的机制

透明物体与电磁波的作用过程，解释了什么是折射率。

我们知道光有折射现象，光从一种介质射入另外一种介质，如果这束光不是垂直于两种介质交界处的平面射入，它的路线会转过一个角度，这就是光的折射现象，可以用光在两种介质中的折射率不同来解释。

光在真空中的速度除以光在介质中的速度就是折射率。这种光在介质中减速的效果与光和受原子束缚的电子之间的作用有关，也就是说，从电磁波被电子吸收再到电子放出一个频率相同的光子，这个过程需要时间。从总体的效果来看，就是电磁波传播的速度减慢了，等效体现为存在折射率。

实际上，折射率不单单是一个数值。透射出来的光，是入射的电磁波与被电子吸收再放出的电磁波的叠加，也就是说，最后射出的光是一种总效果。电磁波满足叠加原理，入射的波和电子受激发后再放出的电磁波有干涉现象，根据电子吸收再放出的电磁波的情况的不同，最后射出的电磁波也有不同的性质。电子射出的电磁波，大概率与入射电磁波的相位不同。

如果入射波和射出波刚好差 1/4 个波长，这种叠加总体上会使得光减速，呈现为普通透明介质折射率的效果；如果差的是 1/2 个波长，就会干涉相消，这样透明性就没有了，这种绝缘材料就不透明了；如果是刚好差波长的整数倍，这种材料很少见，它的性质跟激光的形成过程很像。

随着电子放出电磁波与入射电磁波的关系的不同，材料表现出不同的光学性质。

光子晶体（photonic crystal）

解电子在晶体中的能带结构时，我们了解了周期性的薛定谔方程，也就是说，薛定谔方程解出来的能带和能隙的结构，其实只是用了布洛赫定理，周期性的波函数无非是一列做了局部修正的正弦波。

描述量子力学规律的方程式是薛定谔方程，它只是波函数的一个波动方程。电磁波是波，它满足麦克斯韦方程，也是个波动方程。既然都是波动方程，就可以借鉴能带结构的规律发明一种材料，它能像电子的能带结构一样让电磁波在材料里传播时拥有能带结构。

也就是说，这种材料对光的频率有选择性，有些频率的光可以通过，而有些频率处在能隙范围里的光则无法通过。这种材料就是光子晶体，它的原理是让不同折射率的材料呈周期性排布，这样一来，我们在写电磁波在晶体里的波动方程时，会发现它的形式和算布洛赫波时几乎是一致的，我们可以类似地解出能带结构。对于光子晶体的研究，是非常前沿的研究方向。

至此，我们完成了固体物理这一章的讲解，但是固体物理是博大精深的，此处只讨论了固体物理的一些基本方法论。

固体物理研究材料的性质千变万化，而且研究深入之后，它的应用价值非常高。从材料学过渡到固体物理，可以说是研究的尺度越来越小，越来越细，从经典理论过渡到了量子理论。

目前说到的固体性质，是在室温环境下的固体的性质。虽然跟“极热篇”的温度比起来也算“极冷”了，但是室温的温度离“极冷”还有很远的距离。真正的极冷是当我们把温度降到接近绝对零度，几乎排除热运动的影响，这样多粒子系统的量子性质才会彻底显现。就像在讲铁磁体时说的温度足够低，铁磁体这种神奇的物质形态就展现了出来，这恰恰是一种多粒子系统的量子属性。

第二十章 凝聚态物理
Chapter 20 Condensed Matter Physics

第一节
玻色－爱因斯坦凝聚

凝聚态物理，顾名思义就是研究处在凝聚物态的物理系统的性质。这里的凝聚物态，跟“极热篇”讲的系综一样，研究的都是粒子数极其庞大的物理系统。区别在于，低温下物质的形态大多是液体和固体，液体、固体与气体不同，液体和固体分子之间有显著的相互作用，气体的分子之间则没有太强的相互作用，气体粒子是近乎自由的。固体和液体的分子和原子之间通过比较强的相互作用关联在一起，构成一种凝聚的状态，叫作凝聚态。

固体物理，也可以被认为是凝聚态物理中的一个部分，或者说是凝聚态物理的奠基性理论。只不过固体物理研究的固体形态较为规则，例如微观上呈几何规则排列的晶体，凝聚态物理的范围则更加宽泛。

现代的凝聚态物理，对于那些温度极低的物理系统非常感兴趣。在温度极低、粒子数量极大的情况下，凝聚态物理系统将变得很复杂，需要同时满足量子力学、电磁学以及统计力学的规律，它是一个综合性的物理学领域，会出现非常多的神奇的物质形态。

量子力学与统计力学的博弈

在研究铁磁体时，我们就发现温度是影响固体形态的重要因素，不同温度会导致完全不同的固体形态，比如铁磁体的温度升高到超过居里温度，铁磁性就会消失。更专业的说法是，不同温度会导致物质处在不同的“相”。

在能带理论中，我们已经着眼于固体的量子性质了。做一个简单的推测，如果温度降到接近绝对零度，我们要研究的更应该是物质的量子性质。从微观定义出发，温度就是微观粒子原子、分子在做无规则运动。如果温度降低至接近绝对零度，原子、分子的无规则运动会减弱，这种情况下，基本粒子的量子性质会显得非常强烈。这其实是两种不确定性的博弈，当温度高的时候，原子、分子无规则运动的不确定性，会占据主导，量子的不确定性与热运动的不确定性相比之下没那么明显。这时候，我们关注微观粒子热运动的不确定性，这种不确定性可以用微观粒子的经典运动来表达，用统计力学的理论进行研究即可。

但是，温度较低时，量子不确定性原理的效果占据主导地位。量子层面的不确定性就不能用经典运动来表达了，统计力学也不够用了。根据量子力学的不确定性原理，微观粒子的位置和速度无法同时确定，只能用概率波来描述。

玻色－爱因斯坦凝聚

量子系统的一大特点，就是它稳定态的能量通常是量子化的。原子里电子能级之间有能隙，基态（ground state）、激发态（excited state）的能量之间有能隙。电子是费米子，在原子中，电子按照能量由低到高一层层排布。但如果一个系统里的粒子都是玻色子，那么当我们给这个系统降温，会出现什么情况呢？随着温度不断降低，这些玻色子会往能量低的状态跑，可能会出现物质的第五形态——玻色－爱因斯

图20-1 低温时不同种类粒子能量的分布形态：（1）线，低温时玻色子能量分布，明显能量趋向于0时，处于基态的粒子密度趋向于无穷大；（2）线，低温时费米子的能量分布；（3）线，低温时常规的经典玻尔兹曼分布

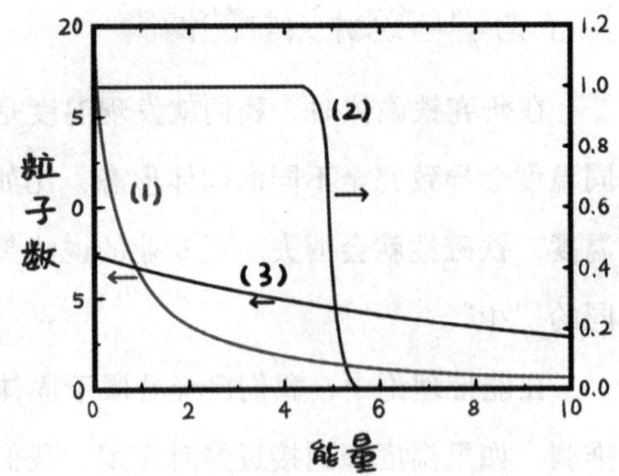

坦凝聚的状态，这是爱因斯坦和一位印度物理学家玻色的共同研究成果。

玻色－爱因斯坦凝聚的机制不太好解释，但是我们可以来看一类特殊情况，这类特殊的玻色－爱因斯坦凝聚的状态，就是当温度低到一定程度，粒子的平均动能不比基态能量和激发态能量之间的能量差更大（大部分的玻色－爱因斯坦凝聚态并没有基态和激发态之间的能隙，我们只是讨论这种特殊情况来帮助理解），也就是大部分粒子无法因为热能被激发到能量较高的状态，这时大部分粒子会主动掉到能量最低的状态，这就形成了玻色－爱因斯坦凝聚状态，它是一个典型的量子化状态。只有玻色子能发生玻色－爱因斯坦凝聚，因为费米子要满足泡利不相容原理，不可能出现众多费米子都同时处在基态的状态。

一个热力学系统内部粒子的速度分布应该是一种正态分布，这种正态分布体现为一条两头小中间大的曲线，也就是大部分粒子的能量应该出现在平均温度对应的能量附近。但是对于玻色－爱因斯坦凝聚的状态，由于能量的量子化特点在低温的时候变得非常明显，所以大部分粒子其实无法被激发到高能量的状态，所以大部分粒子就掉到了能量最低的状态。这种情况下，玻色－爱因斯坦凝聚系统中粒子的能量分布就不是正态分布了。

这就是温度降低，量子力学占据主导，不再满足经典统计力学的一个最好的例证。

超流体

除了玻色－爱因斯坦凝聚这种神奇的物质形态以外，还有一种特殊的物质形态，叫作超流体。超流体通常都处在玻色 - 爱因斯坦凝聚的状态。

超流体，可以简单理解为内部摩擦力为零的流体，在 20 世纪上半叶就已经被发现。当氦气被降温到 4 开尔文（相当于零下 269 摄氏度）左右时，形成的液氦流体是一种超流体。与我们平常认知的普通流体完全不同，如果让超流体开始流动，它永远都不会停下。搅动一桶水，它最终肯定因为内部摩擦力而停下，但是轻微搅动一桶超流体，它永远不会停下来。

超流的状态，跟玻色－爱因斯坦凝聚有很大关系，超流态往往是玻色－爱因斯坦凝聚的状态。超流的微观机制，到今天都没有完全弄清楚，但是如果单从现象出发，我们可以通过分析玻色－爱因斯坦凝聚，给出一定的解释。

我们上一章提到过，一个满足统计规律的系统的稳定态一定是对应自由能最低、熵最高的状态，也就是说，它要自发降低自己的自由能。一桶水这样的普通流体的摩擦，本质是因为可以通过摩擦降低自由能，摩擦生热，热提升熵，熵的提升会降低自由能。如果超流体没有摩擦，从自由能的观点看，就是超流体无法通过丧失动能来减小自由能。

普通液体的内部摩擦本质上是流动的液体要把运动的动能给到周围的其他的动能没那么高的流体。超流体既然不会降低流速，换个角度看就是超流体的动能“给”不出去。

流体如果已经处在玻色－爱因斯坦凝聚的状态，则大部分的粒子处在能量最低的基态，这时由于量子力学的性质占据主导，基态跟激发态的能量之间有一个能隙（此处为方便理解，我们讨论存在能隙的情况，广义的超流机制则更加复杂）。要把这些处在基态的粒子能量升高到激发态，至少要给到多于基态和激发态能隙之间的能量。

超流体的流速都不高，只能较为缓慢地流动。因为有能隙存在，超流体中流动的粒子的动能也不是很高，这个动能如果不超过基态和激发态之间的能隙，就无法把这些能量给出去。这就好像你在某个停车场停了一晚上车，第二天准备出去的时候，停车费要 100 元，但是你身上只带了 50 元，不够付，显然你就出不去了，这里的道理是类似的。

当运动粒子的能量给不出去，无法让周围基态粒子的能量升高的时候，它就只能一直保持继续流动的状态，体现为一种超流的形态。

从超流的现象，我们可以初步看到，量子力学在低温世界开始充分展现它的效果。虽然说量子力学规律是低温物理系统里最重要的物理学规律，但本质上我们讨论的是多粒子系统的量子物理规律，这与研究单个粒子、原子性质时用到的量子力学技巧截然不同。

第二节
声子（phonon）

有了对超流体的认知，一个直接的联想，就是超导体，让超流体带上电，这不就是超导体了吗？但在讨论超导体之前，我们先要了解一个重要的物理学概念——声子，顾名思义，这是一种"声音"形态的粒子，它跟材料的声学性质息息相关。

为什么我们要在一个看似用量子力学讨论问题的章节讨论声学性质呢？声学跟量子力学似乎毫无关系，声波无非是机械振动而已。当然，低频的、人耳可听到的声波，甚至几万、几十万赫兹的超高频的超声波，都不会涉及量子力学。声子可以被认为是声波的量子化，就好像光波的量子化叫光子一样，声波的量子化就是声子。

晶格振动（lattice vibration）

声音到底是什么呢？从物理学的角度来看，声音就是一种机械振动。比如，声音在空气里传播，空气分子在声波带动下传递这种振动，形成了声波。声波也可以在固体中传播，由于固体拥有更大的密度，分子之间的距离更近，相互作用更加迅速，所以固体中的声速要高于空气中的声速。

在讨论晶体能带结构的时候，我们做了一定的模型简化，假设晶格（crystal lattice，晶格指的是晶体结构当中原子平衡位置所处的几何位点）上的原子核不动，只是提供正电荷，让电子感受到多个正电荷的电势能。但实际情况并非如此，晶格的振动是存在的。固体之所以能形成，是因为原子之间有相互作用力（不论是范德瓦耳斯力，还是形成了化学键），这个相互作用允许原子在平衡位置附近振动，否则就成为刚体（rigid body）了，而我们知道刚体只是物理学的理想模型，现实中并不存在。当然，固体里的原子只能在平衡位置周围振动，如果能自由移动就不是固体，而是液体或气体了。

晶格振动的量子化

原子的振动从根本上也遵循量子力学的规律，可以用量子力学解原子按晶格排列的薛定谔方程。它依然是一个按晶体的几何结构进行周期性变化的薛定谔方程，这样，我们就可以解出原子振动的能带结构。带和带之间存在能隙，能隙中间的这段频率无法在晶体中传播。

晶格的振动，亦即原子在其平衡位置周围的振动，应当被视为一种量子化的行为。宏观的机械波，其能量由机械波的振幅和频率共同决定。满足薛定谔方程的晶格振动能量则由它的频率唯一确定，也就是用薛定谔方程解出来晶格振动的行为不像波，而像粒子。晶格振动起来，把这种振动模式传递出去，振动模式在晶格之间传递，它就更像是粒子的行为，而非波的行为，因此这种量子化的晶格振动行为被称为声子。

我们不能通过增大某一种频率的声子振幅，来让它的能量更高，因为振幅是固定的，是量子化的，我们能做的，是增加这种频率的声子的个数。这就特别像在“极小篇”第十一章中讨论量子力学的最初问题——黑体辐射时所说，普朗克解释黑体辐射的基本假设就是光子的能量是一份一份的，声子的能量也是一份一份的。

声子到声波的过渡

经典意义上的声波（也就是机械波），有振幅，有频率，确实可以在固体里传播，这与声子的定义似乎是有冲突的。我们应该如何理解量子化的声子到经典意义上的声波的过渡呢？

普通的声波，人耳可以听到的，频率其实非常低，钢琴的音，频率大概也就是几百到几千赫兹，但是量子化的声子的频率是极高的，大约能高到 10^{12} 赫兹，也就是一万亿赫兹的数量级。频率低，波长长（频率高，波长短）。

经典的声波波长都很长，普通声波的波长在厘米、分米，甚至米这样的数量级，当这种量级的声波进入固体，固体中的原子会随之做整体运动，任何两个相邻原子发生的位移几乎没有什么差别。

普通声波的传播是一种宏观行为，不涉及原子微观的运动，但是对于量子化的声子这样高频率、波长在纳米数量级的声波，相邻原子的运动方式会有巨大的区别。声波波长的长短，直接决定了应当考虑经典的宏观性质还是量子的微观性质。

第三节

超导（superconductivity）

超导现象就是物体的电阻为零，超导体就是电阻为零的导体。超导这种现象在 20 世纪初就已经被发现了。当时有一位荷兰物理学家，把水银的温度降到十分接近绝对零度时，发现这时水银居然超导了。超导的形成机制也多种多样，我们到今天也无法完全解释清楚。

BCS 理论

电阻的本质是电子运输过程中的各种阻碍，比如与晶格的碰撞，这其实体现为一种摩擦。既然超流摩擦力为零，只要让超流体带上电，岂不就是超导了？但这里有一个巨大的鸿沟，超流通常都处在玻色－爱因斯坦凝聚状态，但是玻色－爱因斯坦凝聚只能发生在玻色子身上，而电子是费米子，费米子无法发生玻色－爱因斯坦凝聚，因此单纯给大量电子降温是无法达到超导的状态的。

最早关于超导的微观理论叫 BCS 理论，由三位美国物理学家约翰·巴丁（John Bardeen）、利昂·库珀（Leon Cooper）和约翰·罗伯特·施里弗（John Robert Schrieffer）共同提出，BCS 就是他们三人名字首字母的连写。该理论让这三位物理学家获得了 1972 年的诺贝尔物理学奖。

BCS 理论的关键在于如何让电子变成玻色子，这里就要说到上一

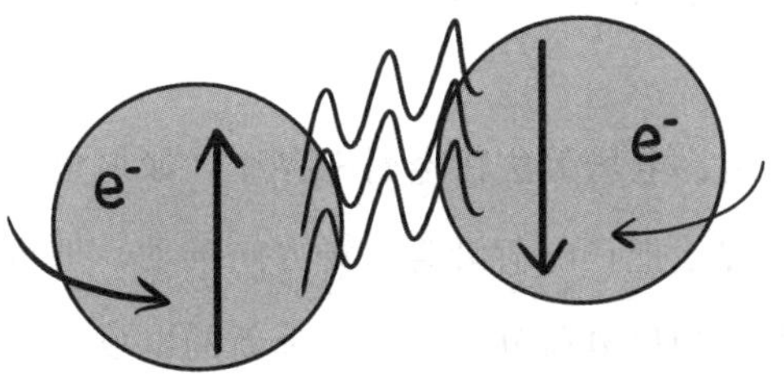

图20-2　库珀对

节提到的声子。在“极小篇”讨论过，粒子物理中，力的本质就是有粒子的交换。BCS 理论的关键，就是两个电子通过交换声子，产生了一个等效的吸引作用。在交换声子的过程中，两个电子以自旋相反的方式被束缚在一起形成了一个电子对，这个电子对叫作库珀对（Cooper pair），它是一个玻色子。

既然变成了玻色子，就可以发生玻色 - 爱因斯坦凝聚，成为超流，并且这个玻色子是带电的玻色子，因此就成了超导。

完全抗磁性

超导拥有完全抗磁性，也就是说，磁场无法进入超导体，它内部的磁场一定为零。

如何理解完全抗磁性？磁场进入超导之后，会激发起超导体里的电流，当然，并非只有超导体里会被磁场激发起电流，任何材质都可以。但是，由于超导体的电阻为零，电流一旦被激发起来之后就不会消失，电流会产生新的磁场，它与入射磁场的方向相反，会抵消入射磁场的强度，并且是完全抵消。如果不完全抵消，就会有新的电流被激发起来，新电流的磁场会抵消之前还没有被抵消的部分，因此最终的状态必然是所有磁场都被抵消（否则能量就不守恒了）。这样，超导体的内部才会是稳定的。这就是超导完全抗磁性的来源。

超导体完全抗磁性的分析和另外一种电学现象——静电屏蔽(static shielding）现象的分析一样。为什么飞机即便被闪电击中，飞机内的乘客也不会受伤？为什么手机进入电梯经常没有信号？这些其实都是静电屏蔽现象。

静电屏蔽现象说的是，电场无法在金属中存在。如果金属中存在电场，那么这个电场会倾向于把正电荷沿着电场方向推动，把负电荷沿着相反的方向推动，正电荷和负电荷分开产生一个新的电场，这个新电场的方向与外部电场方向刚好相反，与外部电场相抵消，因此最终的效果是金属里的电场为零。之所以有这个现象，是因为金属里有大量自由电子，而绝缘体不行则是因为电场无法让绝缘体里的正负电荷充分分开。

所以金属拥有完全抗电性（静电屏蔽），超导拥有完全抗磁性。

高温超导

BCS 理论对应的是最普通的一种超导体，这种超导的临界温度非常低，大概是液氦对应的 4 开尔文。后来科学家们发现，超导的临界温度可以通过改变物质的种类提高，比如用结构十分复杂的化合物，能把这个温度提升到 100 开尔文以上。

科学家们竞相提升超导的临界温度，这个研究领域变成了一个全新的领域，叫作高温超导。此处的高温并不是我们认为的那种几千、几万摄氏度的高温，而是跟绝对零度相比之下的高温，100 开尔文（零下 170 摄氏度）的临界温度，跟 4 开尔文的液氦超导相比温度要高得多。

科学家们对高温超导原理的研究，目前也只是在半摸索的状态中前进，至今还没有完全弄清楚。主流的高温超导原理有若干种，但是万变不离其宗，大多需要形成库珀对，要想让电子形成库珀对，其机制，在高温超导中未必是通过声子，而是通过一些其他的方式。

有一种机制叫自旋密度波（spin density wave），可以这么理解，我们上一章通过伊辛模型讨论过铁磁体，也就是加了一个磁场以后，电子的自旋都倾向于平行排列。当然，我们也讨论了反铁磁体，也就是相邻的自旋倾向反平行排列。

自旋密度波说的是在低温情况下，这些电子的自旋情况与反铁磁体类似，它自身产生的磁场，倾向于让周围的电子都以反向平行的形态靠拢并形成反平行排列的电子对，如同波动在传播一样，因此叫自旋密度波。

超导的应用

超导的应用十分广泛，在“极小篇”里，粒子物理实验用的对撞机需要产生巨大的磁场来束缚粒子的运动，就要靠巨大的电流，但是一般的线圈在有电阻的情况下是无法支撑超大的电流的（因为发热量巨大），而超导在承受大电流方面就有天然优势。除此之外，为了束缚住 1 亿摄氏度高温的反应物，可控核聚变也需要用强大的磁场，这种磁场也是依靠超导来承载的。

如果高温超导（尤其是室温超导）能实现，将为人类的用电方式带来革命性的改变。我们目前之所以用的是交流电，是因为交流电可以通过超高的电压，降低在传输过程中的线路损耗。如果超导输电实现，超高压的交流电也许将退出历史舞台。

超导和超流可以说是在低温状态下最早被发现的奇异物理现象，从 20 世纪 80 年代起，低温状态下的奇异物理学现象越来越多，这开启了一个全新的物理学领域——强关联系统。

第四节

霍尔效应（Hall effect）

…●…

什么是霍尔效应?

超流和超导是凝聚态中比较奇特的物质形态，但凝聚态系统中的神奇物态远不止于此，20 世纪 70 年代被发现的量子霍尔效应翻开了凝聚态物理中研究的新篇章。

什么是量子霍尔效应？

首先要了解一下普通的霍尔效应。霍尔效应在 1879 年由美国物理学家霍尔（Edwin Hall）发现。最初的霍尔效应其实很简单，将一块方

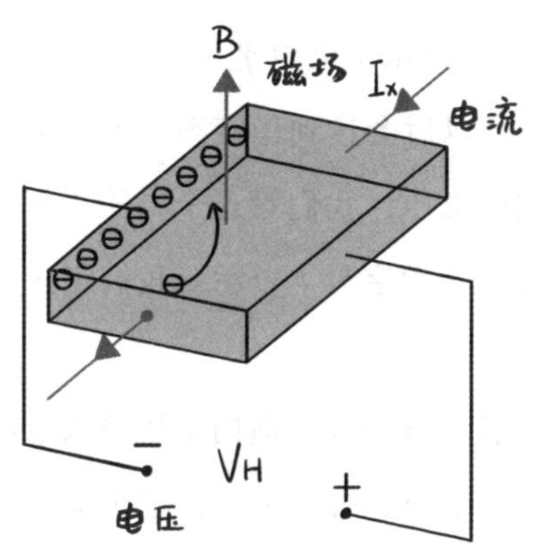

图20-3　霍尔效应的设置

形金属板两端接上导线通上电，导线里会有电流通过，这个时候垂直于金属板加上一个磁场，稳定之后就会在金属板垂直于电流方向产生一个电压。外加磁场并产生垂直于电流方向的电压的效应，就是霍尔效应。

为什么会产生垂直于电流方向的电压呢？我们知道，电流就是带电粒子的定向流动。由于有垂直于速度方向的磁场，带电粒子会在洛伦兹力的作用下拐弯，电荷打到金属板的侧面上并堆积起来。

堆积起来的电荷会产生一个电场，这个电场又会对电流里的电子产生库仑力，库仑力的方向跟洛伦兹力的方向相反。也就是说，当堆积的电子多到一定程度，库仑力和洛伦兹力互相抵消时，电荷堆积的现象就会停止。这时带电粒子的受力恢复平衡，它会继续往原本的电流方向运动。堆积的电荷会在垂直于电流流动方向产生一个电压，这就是霍尔效应。此处我们可以定义一个数值，叫霍尔电阻，它等于横向的霍尔电压的大小，除以纵向流动电流的大小。

霍尔效应的物理图像

霍尔效应要解释起来其实比较容易，但是神奇的是，20世纪70年代，科学家们发现了一种奇特的霍尔效应——量子霍尔效应。

在温度极低的环境下，把霍尔效应中的外磁场加强到一个极强的等级，就会出现量子霍尔效应，这时系统的霍尔电阻是一个量子化的数值。

普通的霍尔效应在加了一个磁场以后会达到稳定态，这时由于电荷的堆积会产生一个垂直于电流方向的电压，我们管这个电压叫 V，原本的系统通电后会产生一个正常的电流，用字母 I 表示。我们定义一个数值叫霍尔电阻 R，$R=V/I$。

霍尔电阻 R 应该跟什么参数有关？电阻等于横向电压除以电流，影响电流大小的有电荷密度，以及单个电荷的带电量，这里带电粒子就是电子，所以单个电荷带电量就是 e。

堆积的电荷建立的横向电场产生的库仑力要跟洛伦兹力平衡，但是洛伦兹力又正比于外加磁场，由此可以简单推断，这个横向的电场应该与磁场的大小有关。可以想象，当我们调节外磁场的大小时，整个霍尔电阻也会随之变化，且变化图像应该是一条斜向上的平滑直线。磁场越强，堆积的电荷越多，相应的横向电压就越大，霍尔电阻就应该越大。

如果我们把磁场加到很强，强到 10 个特斯拉（Tesla，磁感应强度单位，地球的磁场只有 1/100 特斯拉左右，10 特斯拉基本上是地球上能造出来的最强磁场的等级了），再将温度降低到 1 开尔文左右。这个

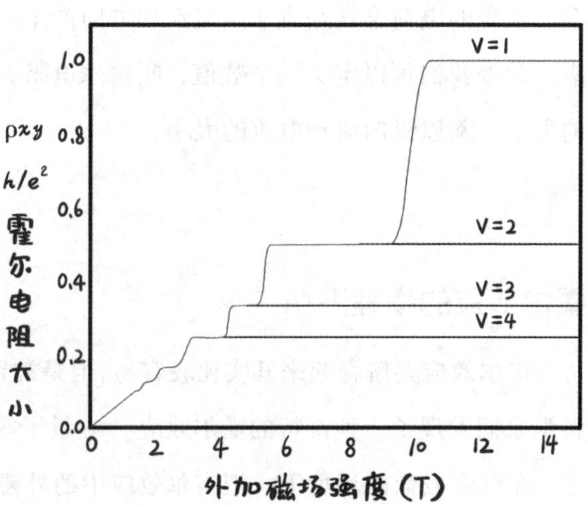

图20-4　不同磁场强度下的霍尔电阻

实验的效果非常神奇，我们会发现这个霍尔电阻随磁场大小而变化的图像，画出来居然是一个阶梯状。

也就是说，随着外加磁场的变化，当磁场很强的时候，霍尔电阻在一定范围内都是一个精确的恒定值，只有当磁场再上一个大台阶，电阻才会有一个大的跳跃，然后再到一个新的恒定值稳定住。这每一个台阶的霍尔电阻的大小，其实可以写成（$1/\nu$）h/e^2，ν 是任何正整数，可以是 1，2，3，4…… 也就是说，霍尔电阻的大小其实是以整数分之一个霍尔电阻单位来变化的。ν 叫作填充因子（filling factor），它的具体物理意义稍后介绍。

并且这个电阻的阶梯形特别稳定，哪怕金属板形状有变化、纯度不高，一些细微的扰动和变化都不会影响霍尔电阻的阶梯形，它的数值是一个精度达到了 $1/10^{10}$ 的整数，也就是误差不超过百亿分之一。

明明外加磁场是连续变化的，为什么霍尔电阻却按整数规律离散地变化呢？其实说到离散，就想到量子化，并且这个电阻里还有普朗克常数 h，说明与量子力学有关。极低温下，正是多粒子系统量子力学效果占据优势的时候。

接下来我们继续来讨论，如何理解量子霍尔效应中阶梯化的霍尔电阻。

第五节

量子霍尔效应

量子化的霍尔电阻

如何用量子力学来分析量子霍尔效应呢？首先来想象一下当磁场比较弱的时候电子的运动轨迹。

磁场比较弱的时候，洛伦兹力小，电子在洛伦兹力作用下做圆周运动的半径比较大，因为力很小，没法让它产生很大的偏转。这种情况下，大部分电子起初都会被打到金属板的侧面。但如果磁场极强，这些电子会受到极强的洛伦兹力，甚至可以让这些电子原地转圈，形成一个个圆圈状的运动轨迹。

在这种情况下，这个金属板要想导电就没那么容易了。在金属板内部的电子都在原地转圈，就没有办法在电路里形成电流。但金属板边缘的这些电子还是可以形成电流的。金属板边缘的电子，我们假设它跟金属板边是弹性碰撞，正面碰上去之后会原速反弹继续形成一个新的半圆，转下去，再正碰，再反弹，如此反复。

所以，在磁场极强的情况下，只有边缘的电子可以参与导电。

有了这个认知，再来看看强磁场以及低温的情况下，金属板里电子的运动状态满足什么规律。我们显然不能再用经典的电磁学去描述这些电子的运动，而是应该用薛定谔方程去描述它们的量子行为。

之前在解原子内部电子的运动的波函数的时候，用到了薛定谔方程，它描述了电子的能量。电子的能量有两部分，一部分是电子的动能，一部分是电子受到原子核库仑力的电势能。

对于量子霍尔效应也一样，这个金属板里的电子有动能，并且由于金属里的电子是自由电子，所以外加磁场以后，电子的势能也只用考虑外磁场的势能，这样就可以求解金属板中自由电子的薛定谔方程了。那

图20-5 金属板导电

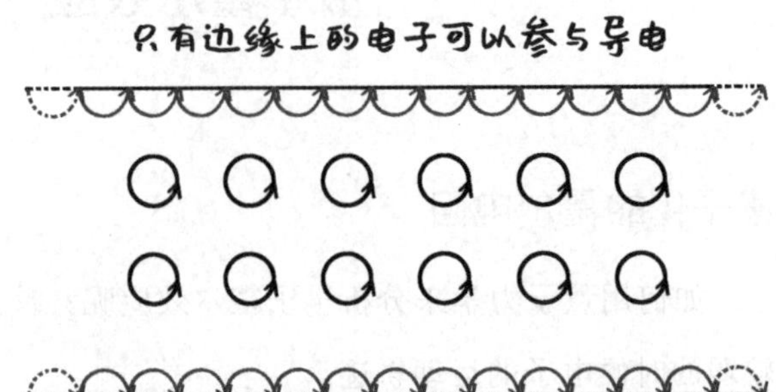

么很自然地，可以猜想这跟原子里的电子轨道一样，量子霍尔效应的薛定谔方程也可以解出能量的量子化。在量子霍尔效应里解出来的量子化的能级，叫作朗道能级，这是由苏联著名物理学家朗道率先发现的。

每个朗道能级都可以放电子。在量子霍尔效应环境下的电子能量都是量子化的，至于具体处在哪个朗道能级，就跟在原子里把电子填到各个轨道里的过程一样，量子霍尔效应里的电子，要先填能量最低的等级，然后一个个往高能量等级填。

朗道能级怎么解释量子霍尔效应呢？霍尔电阻的阶梯状是怎么出来的？

这里要深入地理解一下霍尔电阻的定义，霍尔电阻就是横向电压比电流。根据图 20-5，我们发现电流其实只跟边缘的电子运动状态有关。横向电压又跟什么有关呢？横向电压与堆积在金属板边缘的电荷数量有关，也就是跟堆积在金属板边缘的电荷密度有关。两个密度之比其实就决定了霍尔电阻的大小。

在变化磁场的情况下，如果金属板边缘的电荷密度与边缘电流的电子密度之比是一个恒定不变的值，这样就可以解释为什么霍尔电阻在提升磁场的情况下是一个恒定的值了。

通过解薛定谔方程可以发现，电子的不同能量等级对应了不同的朗道能级，也就是说电子在二维金属板当中，它的排布状态也是从低能量开始，填满了低能量的朗道能级，才会再填高能量的朗道能级。

来看单个朗道能级的特点。每个朗道能级中电子所处的运动形态，实际上是电子转圈或者转半圈的状态。电子转圈，本质是因为有磁场通过，电子围绕着磁场转圈，磁场强度越大转圈的半径就越小。因为磁场强度越大，洛伦兹力充当的向心力就越强，越强的向心力就能转越小的圈。每个圈代表了一个电子可以占据的状态。每个圆圈都有面积，磁场越强圆圈的面积就越小。定义一个物理量 n_{ϕ}，它是单位面积里能够存在的一个朗道能级所对应的电子转圈的个数。那么可以知道外磁场越强，朗道能级的圆圈的面积就越小，n_ϕ 的数值就越大。再有一个物理量，就是电荷密度，写成 n_e。前文说到的填充因子 ν 就等于 n_e/n_ϕ。

我们现在来看一个朗道能级对应的圆圈所占据的面积当中，有多少电子，单个朗道能级所占面积中的电子数其实就是填充因子 ν。我们论证，外磁场越大，ν 就越小，则导电性越差，霍尔电阻就越大。当外部磁场增强的时候，单个朗道能级对应的圆圈面积就越小，单位面积中的朗道能级数量就越多，因此 n_ϕ 就越大，根据填充因子 ν 的定义，ν 越小。朗道能级的圆圈面积越小，这块面积当中存在的电子数就越少，因此在边缘上，能够参与导电的电子数就越少，参与导电的电子数越少就说明电流越小，电流越小则说明霍尔电阻越大。因此我们就论证了，即便在量子霍尔效应的情况下，增大外磁场也会使得霍尔电阻变大。

电阻的阶梯状又应该怎么解释呢？这里的关键是，正常情况下导体金属板不可能没有任何杂质，这种杂质体现为系统中的无序（disorder）效果，电子的运动状态是局域化地集中在紊乱地区附近的，它们都不参与导电，在外磁场强度变化比较小的过程中，这些局部的紊乱无法被破坏，因此在外磁场强度变化不大时，霍尔电阻呈现出稳定不变的特性。反而当系统极其纯净的时候，电阻的阶梯状是不存在的。

这就是为什么霍尔电阻在强磁场的情况下，不是连续变化，而是跳跃变化的。磁场的大小在一定范围内，霍尔电阻的变化呈阶梯状。

分数量子霍尔效应（fractional quantum Hall effect）

上述的量子霍尔效应是“整数量子霍尔效应”（integer quantum hall effect），整数量子霍尔效应当中电子之间的相互作用不计入在内，如果考虑电子之间的相互作用的话，就可以得到“分数量子霍尔效应”。华人科学家崔琦，就是因为在实验中做出了分数量子霍尔效应获得了1998 年的诺贝尔物理学奖。

霍尔电阻不仅在强磁场下有整数变化的规律，还有分数变化的规律。分数量子霍尔效应可以说是打开了一个全新的领域，甚至可以说是把凝聚态物理的地位提升到了一个新的高度。分数量子霍尔效应意味着，我们可以通过凝聚态的量子系统去人为创造出一些自然界本不存在的物理学规律。

比如之前讲的基本粒子在量子统计规律上分为两大类：玻色子、费米子。如果两个玻色子相互交换位置，它们整体的波函数会获得一个数值是 1 的相位，比方本来的波函数假设是 ϕ（x，y），x 和 y 分别是两个玻色子的坐标，然后把两个玻色子交换，变成了 ϕ（y，x），两个玻色子的交换会告诉我们，ϕ（x，y）=ϕ（y，x），但如果是费米子的话，它会获得一个 -1 的相位，也就是 ϕ（x，y）=-ϕ（x，y）。

但是分数量子霍尔效应这个“分数”的意义在于，我们可以在量子系统中获得一些准粒子（quarsi-particle），它们并非粒子物理当中那些真实存在的基本粒子，而是凝聚态物理系统中被激发起来的一些量子行为，这些行为像是量子粒子的行为。其实我们前文提到的“声子”也可以被认为是一种准粒子，它不是粒子物理意义上的基本粒子，而是一个量子系统在某种情况下表现得像粒子（act like a particle），这些准粒子是从凝聚态物理系统中“涌现”（emergent）出来的。准粒子的概念最早也是由朗道提出的。分数量子霍尔效应中的一些准粒子在量子统计规律上，它们既不是玻色子也不是费米子。交换这两个准粒子，它们的波函数获得的相位不是 1 也不是 -1，而是一个模是 1 的复数。这种统计规律叫分数统计（fractioanl statistics）。当然，它们只能存在于分数量子霍尔效应这样的二维量子多体系统中。这些既不像玻色子也不像费米子的准粒子也被称为任意子（anyon）。

这样的任意子，目前在自然界看来是不存在的，也就是说，粒子物理的实验中完全没有发现这样拥有分数统计的粒子，粒子物理中也没有针对分数统计的理论。这完全是分数量子霍尔效应当中产生的奇特现象。

这其实是给我们的基础物理研究指出了一个新方向，就是除了用高能对撞机不断撞出更小的粒子以外，我们还可以尝试用人为构造的凝聚态系统，模拟一些最基本的物理原理，分数量子霍尔效应就是一个很好的例子。我们通过这个凝聚态系统甚至模拟出了自然界中本不存在的粒子物理规律。这同时也启发了我们，准粒子是从凝聚态系统中涌现出来的，那么粒子物理意义上的这些基本粒子，是不是也是某些更加基本的“凝聚”当中“涌现”出来的呢？也就是，时空未必只有时间和空间，基本粒子并非独立存在于时空当中，基本粒子也许只是一些更基本的“凝聚”系统中的“涌现”。由华人物理学家文小刚提出的“弦网凝聚”（string-net condensation）阐述的正是这种思想，弦网凝聚理论中，电子和光子都是从弦网中涌现出来的。

第六节

强关联系统与量子计算

强关联系统（strongly correlated system）

量子霍尔效应的发现，尤其是分数量子霍尔效应的发现，催生了一个全新的物理学领域——强关联系统。什么叫强关联系统？可以先回顾一下上一章讲能带结构的时候，对晶体当中电子、原子核进行的分析。

晶体里原子核带正电，电子带负电，其中有三组相互作用，分别是电子和原子核之间的电磁相互作用、原子核之间的电磁相互作用，以及电子和电子之间的电磁相互作用。通过分析，我们论证了一般晶体中原子核之间的相互作用是不显著的，因为在晶体里原子核的位置比较固定，即便有振动会产生声子，其贡献也无法达到质变的等级。晶体里电子和电子之间的距离也比较大，不会显著影响电子的行为，只有电子和原子核之间的作用是最显著的，我们在能带理论里只考虑了电子和原子核之间的相互作用。因此，才得出了能带理论来研究固体物理。

但是分数量子霍尔效应告诉我们：在很多情况（尤其是温度极低的情况）下，电子的量子特性占据主导，存在很多电子和电子之间的相互作用不能忽略的情况。这其实就是强关联系统在研究的问题。强关联中的强，指的就是系统中电子和电子之间的相互作用强到不能忽略了。前文的超导，考虑的就是电子和电子之间的相互作用，两个电子通过交换声子形成电子对，从而发生超流并形成超导。再譬如前文提到过的莫特绝缘体，像氧化镍（NiO）、氧化钴（CoO）和氧化锰（MnO）这样的化合物，若是按照能带理论进行分析，它们应当是导电性良好的导体，但是实际上它们却是透明的绝缘体，这当中的原因就是能带理论是不考虑电子间相互作用的，然后在莫特绝缘体当中，电子之间的相互作用已经强到不能忽略，因此能带理论不再适用。

上一节的分数量子霍尔效应，也是因为电子之间的相互作用非常明显而导致的。因此，强关联系统是一个非常值得研究的课题，它是凝聚态物理中最前沿的研究领域。

量子纠缠

此处可以回顾一下“极小篇”当中提到过的一个概念——量子纠缠。

量子纠缠是指几个量子系统同时处在一定的叠加态，比如两个电子，它们同时处在同为自旋向上和同为自旋向下的状态。这个时候探测其中一个电子的状态，就能立刻知道另外一个电子的状态，不用进行额外的探测。

强关联系统里的电子，是可以处在量子纠缠态的。我们在讲伊辛模型时提到过，一个二维的电子自旋阵列，它可以形成一个大的涡旋的阵列，这就是一种量子纠缠的状态。也就是说，这些材料里的电子之间虽

图20-6 咖啡杯的拓扑结构和甜甜圈是一样的

然有相互作用，但其实是短程相互作用，每个电子主要还是受到离它近的电子的作用。

神奇的是，由于量子力学的效果，这些电子的形态有可能形成长程关联（long-range entanglement）的形态。

这些长程关联的形态涉及了几何学中一个重要的分支——拓扑学。拓扑学简单来说，就是不关心几何图形的具体形状，只关心它们的连接方式。比如，一个有把手的咖啡杯，在拓扑学上跟一个甜甜圈是一样的，在拓扑学看来它们是同一个东西，因为它们都只有一个洞。

如果用橡皮泥捏出一个咖啡杯，我们可以在不补上洞的情况下，再把它捏成一个甜甜圈。但是一个球就不行了，球体是没有洞的，你要把它捏成一个咖啡杯，是必须要在上面挖一个洞，或者要把它拉长两端粘在一起。

也就是说，我们无法顺滑地把一个物体变化成一个拓扑结构跟它不一样的物体。拓扑结构意味着稳定性，一个拓扑结构一旦形成，连续、顺滑的扰动和干扰无法改变它的拓扑结构。

当这些量子粒子形成长程关联以后，这种长程关联也会构成一个拓扑结构。这个拓扑结构非常稳定，我们无法顺滑地把它变成一个其他的拓扑结构。也就是说，一旦一个量子的长程关联形成了以后，只是给这个系统做一些轻微的扰动，其结构不会改变。

这就是为什么一旦磁场足够强，温度足够低，形成一个量子霍尔效应系统以后，霍尔电阻不会随着金属板形状、纯度的变化而变化，这就是一个神奇的拓扑性质。根据我们中学学的，一块材料的电阻是跟它的形状、横截面积、纯度息息相关的。但是一旦变成量子霍尔效应，这些形状、横截面积、纯度等都只是对于系统的轻微扰动，不会从根本上改变系统的性质。这样的材料就构成了一种拓扑材料，它对于量子计算机的研发有很大的帮助。

量子计算与拓扑材料

量子计算机为什么那么强大呢？因为它与电子计算机的计算原理有着本质上的不同。

我们知道，电子计算机用 0 和 1 的二进制信号来代表信息。一个电子只能代表 0 或者 1，非此即彼，非常明确。但是量子系统就不一样了，一个量子状态的电子可以处在叠加态。例如我们可以用电子自旋向上的状态代表信号 1，用电子自旋向下的状态代表信号 0，一个电子的状态可以是 1 和 0 的叠加态。

假设有两个相互纠缠在一块儿的电子，它们可以同时表达四个状态，分别是 00、01、10 和 11。如果是 3 个电子纠缠在一起，就能表达 8 个状态，也就是 000、001、010、100、011、101、110 和 111。

依此类推，N 个纠缠在一起的电子，就可以表示 2^N 个状态。这 2^N 个状态就对应了 2^N 个不同信息的信号。前段时间谷歌号称实现的量子霸权（quantum supremacy），就是 53 个纠缠在一起的量子比特。用 53 个量子比特，就可以表示 2^{53} 个信息，这是巨大的信息量。

根据计算的原理，量子计算机的计算能力对电子计算机的碾压是指数级的。这也是为什么量子计算机可以在几分钟内完成传统计算机要算一万多年的计算任务。但是量子计算机有一个实际操作上的巨大问题，它对于误差、微扰太过敏感。由于量子力学的不确定性，微扰、误差一旦发生，这个错误完全是随机的，这就导致即便想要人为修正也变得不可能。

拓扑材料就有希望解决这个问题，拓扑材料是极其稳定的，如果只是有一些微扰和误差,并不会影响拓扑材料的量子状态。因此可以想象，我们用拓扑材料做成的量子计算单元将对微扰免疫，十分稳定。因此，拓扑材料的研究对量子计算来说，有着非凡的意义。

这也是为什么在今天的物理学界，对于拓扑材料的研究，是最前沿、最热门的领域。

至此，“极冷篇”讲解完毕。总的来说，温度比较低的形态，大多处在固体的形态，因此我们先从宏观的角度分析固体的各种性质，有力学性质、热学性质、电学性质和磁性质等。

固体的性质说到底还是由它们的微观结构决定的，因此我们不得不深入地去从量子力学的角度来研究固体的微观性质，由此引出了固体物理这门学科。能带理论是固体物理中最重要的理论，但是固体物理远非我们对于固体研究的终点，因此需要进入低温物理领域进行研究。

任何固体都拥有温度，但是温度导致的粒子无规则运动和粒子的量子特性处在相互博弈的状态，当我们把系统温度降低到接近绝对零度的时候,微观粒子的量子特性会变得极其显著。微观粒子之间的相互作用,如电子之间的相互作用，都会极大地影响物质形态和物质的特性，这也是为什么凝聚态物理，尤其是其中的强关联系统、拓扑材料会变得如此热门，因为它的形态太丰富了。凝聚态系统启发我们，除了用直接的方法追究宇宙终极，还可以用凝聚态系统模拟的办法去制造我们从未见过的物理学系统，去发现我们从未在自然界中发现过，甚至原本并不存在的性质。

/// 结语 ///

首先，祝贺你完成了长达 38 万字的物理学知识的学习。相信对于大部分读者来说，这样比较深入地了解和学习物理学是头一回，能坚持下来，很了不起。

我帮你统计了一下，如果你完整阅读并思考了书中二十章的全部内容的话，其实你已经接触到了整个物理学当中大部分领域的知识了。我们可以先对这六篇二十章内容所涵盖的领域做一个简单的梳理：

在“极快篇”，我们学习了狭义相对论以及少量空气动力学的知识；在“极大篇”，我们集中了解了天体物理领域的知识；在“极重篇”，我们学习了广义相对论；在“极小篇”，我们学习了原子物理、量子物理、核物理、粒子物理和一些量子场论；在“极热篇”，我们了解了热力学、统计力学以及复杂科学；在“极冷篇”，我们又涉猎了材料物理、固体物理和凝聚态物理。

如果再细一些的话，在二十章的篇幅中，我们认识了 73 位伟大的科学家，了解了 47 条物理学原理和定理，讲解了 25 个物理实验和思维实验，解释了 44 个物理学理论，以及 541 个物理学、数学概念。

但此处我一定要再强调一下《六极物理》这本书的目标以及它的定位：我希望《六极物理》可以是你对物理学好奇心的一个起点，而不是到此为止了。

《六极物理》的目标，是绕过烦琐的数学计算，只把物理学当中最精妙的物理学思想交付给你，因为我始终认为，物理学的大道，不会是复杂的。物理学的核心思想不应当是纯数学的，数学是表达物理学的工具。就好像我曾经听说过的一个故事：六祖慧能不识字，就有人质疑他，不认字怎么能学习佛法，传道解惑呢？于是慧能说，佛法是与文字无关的，它像是天上的明月，而文字只是指月的手指，手指可以指出明月的所在，但手指并不是明月，看月也不一定必须透过手指。所以我认为，物理学的思维，物理学的道，就好像这一轮明月一样。很多人对物理望而却步，实际上是对于数学的畏惧，所以我的初衷便是希望能够不借助这根指向月亮的手指，也能让你欣赏到物理学这美妙的月色。爱因斯坦也说过类似的话，大意是一个理论如果无法用简单的语言描述清楚，要么就是自己还不是真懂，要么这个理论是错的。现在回想起来，我们的课程中，除了“极小篇”第十四章讲规范场论的时候，用了一点点数学的知识以外，在其他章节中，我们基本做到了不通过数学计算阐述物理学的核心思想。

但是这绝不代表数学不重要。我相信对于大部分读者来说，只是希望通过本书，相对深入地了解一下物理学，而不是只停留在一般的科普故事层面，除了想知其然，也想了解一些所以然。《六极物理》的定位显然是对于非专业人士想要比较深入地了解物理学的一个比较合适的途径。

如果你今后有可能会读物理学专业，或想要从事相关工作，我则希望《六极物理》可以成为你真正进入这个领域之前的一道开胃小菜，能够点燃你对科学的好奇心之火。不得不承认，专业地去学习物理学、数学，甚至工程学，如果老师讲得不够精彩的话，很容易会觉得枯燥无味，解不完的微分方程，求不尽的本征函数……如果你今后碰到了这样枯燥乏味的时刻，想要放弃的时刻，我希望这个时候《六极物理》曾经带给你的对于科学的好奇心，对于科学的激情，可以帮助你度过这些困难、孤独、焦躁的时刻。

总之，对于并不把物理学、数学这些理工类学科作为今后专业的读者来说，希望本书传达给你的是现有知识的总结，以及帮助你培养一些物理学思维。对于今后会考虑以此为专业的读者，希望本书可以帮你建立一些最初的对物理学的美好的印象。《六极物理》只是对于物理学的一个“旁通”式的讲述，而并非对于物理学的“正通”。想要“正通”物理学，彻彻底底地了解，对于高等数学的学习可以说是必须一丝不苟才行，少不得任何一门必要的数学课，因为物理学是一门定量学科，不是单纯靠逻辑上的推演和因果关系的架构就能完全弄明白的。

对于现代正在发展的物理学，有很多是还没有获得实验验证的，譬如说宇宙学当中的很多知识，关于暗物质、暗能量、暴胀理论的，再譬如在极小这个方向上，试图统一强力、弱力、电磁力的大统一理论，试图统一广义相对论和量子力学的弦论，追问时空本质的圈量子重力等，我们都未做系统讲解，因为这些理论都未被实验证实，未来有被证伪的可能性，并且我还是始终坚信，物理学说到底它要解释世界，它必须是一门建立在实验基础上的实证科学，因此我们只讲那些已经被证明为是物理学的物理学知识，弦论等理论我们现在甚至不能说它们是科学，因此我们就不在此赘述了。

既然说到了科学，最后我还是想在这篇结语中，与你探讨究竟什么是科学，什么是科学精神，以及什么是科学的对与错。

关于什么是科学，其实我在开篇序言中就提到过，波普尔的总结非常到位，具有可证伪性的才能算作科学，也就是一个科学理论的提出，它必须有被证伪的可能性，即我们能够设计一个实验去验证它，才能够称之为科学。能够论对错的，并且能够明确指出如何论对错，且这个“如何”还必须是可在现实世界进行操作的，才能够称之为科学。

那什么是科学精神呢？首先我必须要反对一种我认为是思维误区的思维，就是凡事以“是否科学”为判断事物的唯一标准，这样的思维方式看似是一种崇尚科学的思维方式，但恰恰相反，这样的思维方式非常不科学。因为科学思维的核心之一，就是质疑精神，科学在发展过程中，其实也在不断地经历自我推翻，如果不由分说，只要说是“科学的”就相信，那么这终将是对科学的“迷信”。因为科学远非真理，并且人类是否有可能有一天获得真理，这还是未知数，至少在数学领域当中，哥德尔已经从逻辑上证明了，数学中的公理是无穷的，以有穷窥无穷，则无穷尽之日。因此，如果我们真的具备科学精神，我们恰恰应当时时抱着质疑的精神来看待科学。

但是谈到了质疑精神，我们也要来谈谈什么样的质疑精神才是科学的质疑精神。这就要说到科学的“对”与“错”。其实当我们说一个科学理论是对的或者是错的，这句话其实是毫无意义的，因为我们没有去讨论某个科学理论的适用范围。科学理论的对与错是相对的，当我们讨论科学理论的对错时，我们一定要明确，其实我们说的是这个科学理论在它的适用范围内是否正确。譬如我们先在“极大篇”讨论了牛顿的万有引力定律，但是随后在“极重篇”，我们又用广义相对论改进了万有引力的理论。但这并不代表万有引力定律是错误的，而只能说，广义相对论的描述范围比万有引力定律的描述范围要大，在万有引力定律适用的范围内，万有引力定律是准确的，是好用的，只是超出了这个范围，万有引力定律就不好用了，不够精确了，广义相对论在更大的范围内是准确的，是更贴近本质的，仅此而已。因此相较于科学理论的对错，我们首先应该关注的是每个理论的适用边界。只有明确了边界，我们才能讨论科学理论的对错，甚至“对错”的形容都不准确，应当用一个理论在其适用边界内是否准确来形容。因为我们其实有个基本假设，我们无法真正获得真理，更先进、适用范围更大的科学理论，它无非是一个更加贴近真理的、由人类创造的、能在人类逻辑当中运行的思维模型，我们通过思维模型尝试去揣摩真理而已。

明确了这一点，我们就可以来谈谈什么是科学的质疑精神，很多业余的科学爱好者热衷于去推翻一些成名的科学理论，譬如相对论与量子力学，但他们并不明白质疑和推翻应该怎么做。质疑成熟理论，应当在理论的适用边界之外去质疑，因为边界之外是还没有获得验证的。譬如我们在“极小篇”提到的杨振宁与李政道的宇称不守恒定律，当时杨李二人质疑宇称在弱相互作用中是否守恒，恰恰是因为从来没有人验证过宇称在弱相互作用中是否守恒，只是想当然地认为一定守恒，这恰恰是当时物理学理论的边界之外，这样的质疑才是有意义的。不由分说地、不经系统学习地去质疑成熟理论，大多最后会成为妄想。因为对于大多数人来说，这样高深的理论，想要知道它的边界在哪里，都需要通过多年的、专业的、扎实的学习才有可能实现。因此，什么是科学的质疑精神？第一，要坚持不懈地、积极努力地去学习，这样才能够知道科学理论的边界在什么地方；第二，是往边界以外去质疑，其实，对于边界外的质疑，本身就已经是一种探索了，成功的科学探索，本质上都是在扩大科学的边界，这其实已经是真真正正的科学研究了。否则，盲目地为了质疑而质疑，还觉得这是自己拥有科学精神的体现的话，这样的情况，可以用杨绛先生的一句话来概括：你的问题在于，想得太多，书却读得太少。

其实，讲了那么多，千言万语汇成一句话，追求科学，就是不断学习，不断思考，不断怀疑。怀疑和思考的先决条件，是要先不断地学习。

希望《六极物理》绝非你对于科学好奇心和求知欲的终点，而是让你把从《六极物理》中学到的物理学思维作为求知的起点，从此奔向更加广阔的、神秘的海洋。

我要感谢青年物理学者周思益博士，周博士为本书担任了审稿人，她的真知灼见为本书的严谨性和易读性给出了非常重要的支持。

最后，谨以此书献给我的外公外婆、父亲母亲。